普通高等教育"十三五"规划教材（软件工程专业）

Visual C++ 6.0 程序项目案例教程

朱 铭 曾强聪 编 著

中国水利水电出版社
www.waterpub.com.cn
· 北京 ·

内 容 提 要

本书介绍了 Visual C++ 6.0 集成开发环境与常用资源、计算机辅助制图工具、局域网即时通信工具、高校学籍管理系统，详细讲解了几个各具特色的 Visual C++程序实际项目案例，涵盖 GDI、网络通信、MIS（管理信息系统）、数据库、COM 组件等软件编程技术，并且有从技术特征到工程建模、程序构建与编码的较全面的细节说明。

本书实用性强，案例均来自实际软件研发的教学提炼，并且案例源程序都已全部构建，可作为配套教学资源使用。

本书可作为高年级本科生或研究生 Visual C++ 6.0 案例教学的教材，也可供自学者及软件开发人员参考。

图书在版编目（CIP）数据

Visual C++ 6.0程序项目案例教程 / 朱铭，曾强聪编著. -- 北京 : 中国水利水电出版社，2018.4
普通高等教育“十三五”规划教材. 软件工程专业
ISBN 978-7-5170-6439-8

Ⅰ. ①V… Ⅱ. ①朱… ②曾… Ⅲ. ①C语言－程序设计－高等学校－教材 Ⅳ. ①TP312.8

中国版本图书馆CIP数据核字(2018)第095136号

策划编辑：周益丹　　责任编辑：张玉玲　　加工编辑：王玉梅　　封面设计：李　佳

书　　名	普通高等教育“十三五”规划教材（软件工程专业） Visual C++ 6.0 程序项目案例教程 Visual C++ 6.0 CHENGXU XIANGMU ANLI JIAOCHENG
作　　者	朱　铭　曾强聪　编　著
出版发行	中国水利水电出版社 （北京市海淀区玉渊潭南路 1 号 D 座　100038） 网址：www.waterpub.com.cn E-mail：mchannel@263.net（万水） 　　　sales@waterpub.com.cn 电话：（010）68367658（营销中心）、82562819（万水）
经　　售	全国各地新华书店和相关出版物销售网点
排　　版	北京万水电子信息有限公司
印　　刷	三河市鑫金马印装有限公司
规　　格	184mm×260mm　16 开本　15.25 印张　374 千字
版　　次	2018 年 4 月第 1 版　2018 年 4 月第 1 次印刷
印　　数	0001—3000 册
定　　价	32.00 元

前　　言

Microsoft Visual C++ 6.0 是 Windows 环境下非常经典的程序开发工具。它有良好的 C++源代码编辑环境，并提供了一个很全面的集成开发环境（IDE，Integrated Development Environment），涉及源代码编辑器、编译器、调试器等诸多软件工具，可使代码编写、程序分析，以及编译、调试等诸多功能集成在一体化的开发环境下进行。虽然软件技术在不断进步，许多新的程序语言与编程工具也在不断涌现，但针对 Windows 环境下的 C++程序构建，Visual C++ 6.0 仍有其存在的价值，并仍在为高效底层程序的构建发挥应有的作用。然而，Visual C++ 6.0 的应用有一定的技术难度，对程序员有一定的技术要求，不仅要求熟悉 C++程序语法与数据结构，还要求熟悉 Visual C++ 6.0 编程环境中诸多资源的有效应用。

本书主要讲解 Visual C++ 6.0 的项目案例，案例均采用面向对象软件工程方法，模拟软件项目的实践演变过程。编者编写本书的目的在于让学习者通过对实际案例的模仿，不仅掌握 Visual C++ 6.0 程序构建技术，而且能够学习和体会到软件工程中面向对象分析和设计方法在具体项目中的应用。

阅读本书需要有一定的 C++语言、数据结构、软件工程学基础。建议读者学习每个案例时按照书中所述的步骤创建工程、文件、类、方法和代码，这样才能正确构建程序并取得预期结果，体会编程带来的成就感，之后还可举一反三，将书中构建的程序修改成自己设计的程序。

本书分 5 章讲解：第 1 章 Visual C++ 基础是对 Visual C++ 6.0 集成开发环境与常用资源的介绍；第 2 章计算机辅助制图工具、第 3 章局域网即时通信工具、第 4 章高校学籍管理系统、第 5 章高校学籍管理系统改进与完善涵盖 GDI、网络通信、MIS（管理信息系统）数据库、COM 组件等软件编程技术。

此外，C++语言在大型服务器中仍被广泛应用，但受体例及篇幅限制，本书中没有涉及。如需了解 C++语言在大型服务器中的应用，则在学习完本书后，可继续学习此类案例，阅读相关开源项目代码。编者推荐读者学习和研究 ACE（The Adaptive Communication Environment，自适应通信环境）开源框架。

本书实用性强，案例均来自实际软件研发的教学提炼，并且案例源程序都已全部构建，可作为配套教学资源使用。

编　者
2018 年 2 月

目　录

第 1 章　Visual C++基础

20 世纪 80 年代，美国贝尔实验室的丹尼斯·里奇（Dennis Ritchie）在 B 语言基础上开发出了万人瞩目的 C 语言。C 语言是一个面向过程的编程语言，它以语言简洁灵活、执行效率高等优点在当时得到了广泛应用，成为主流的程序设计语言。面临软件复杂度迅速增长等危机，面向过程的语言已经不能很好地满足软件开发的需要。应时代的需求，20 世纪 90 年代出现的 C++语言是一个划时代的创作。C++语言是贝尔实验室的 Bjarne Stroustrup（本贾尼·斯特劳斯特卢普）创建的。Bjarne Stroustrup 解释之所以给这个语言起名为“C++”仅仅是因为它的名字很短，并且在 C 语言里“++”（根据上下文）可以读作“下一个”“后继者”或者“增加”。

Visual C++是 Microsoft 公司的一个采用 C/C++语言作为基础语言的可视化开发工具。Visual C++ 6.0 是 Microsoft Visual Studio 6.0 开发工具套件中的一员，它不仅是一个源代码编辑器，还是一个全面的 IDE（集成开发环境）。

1.1　Visual C++ 6.0 开发环境

1.1.1　Visual C++ 6.0 的特点

1. 源代码编辑器

Visual C++ 6.0 包含了一个完善的源代码编辑器，它支持许多语言特性，例如动态语法着色、制表符缩进等，还具有代码补全功能特性，即只要键入程序语句的开头，编辑器将提供一系列可能的完成语句，以便用户选择。当你正在处理 C++对象，而且忘记了准确的成员函数或者成员变量时，这个特性相当方便——它们都在列表中，用户只需要选择即可。因为有了这个新特性，用户不再需要记住几千个 Win32 API 的函数名，也不必过分依赖联机帮助系统。

2. 直接支持 Win32 API

Win32 API 是 Windows 操作系统提供的应用程序编程接口。作为 Microsoft 32 位平台的应用程序编程接口，Win32 API 是从事 Windows 应用程序开发所必备的，分为五大类函数：窗口管理、图形设备接口、系统服务、国际特性、网络服务。

3. 功能强大的向导

AppWizard（应用程序向导）是一个代码生成器，用于帮助用户生成各种不同类型应用程序的基本框架，使用户能够快速开发出一个新的应用程序。例如，可以使用 MFC AppWizard 来生成一个最基本的 MFC 应用程序所必需的源文件和资源文件。这样程序员可以避免编写繁琐重复的应用程序框架代码。

ClassWizard（类向导）主要用来管理程序中的对象和消息，它使程序员从维护 Visual C++类代码这样繁琐复杂的工作中解脱出来。在需要一个新的类、一个新的虚函数或者一个新的消息处理函数时，ClassWizard 可以编写原型、函数体框架，以及把 Windows 消息与函数链接起来的代码。

4. MFC

MFC 是微软公司开发的一个包含了许多已经定义好的对象的类库。虽然要编写的应用程序在功能上千差万别，但从本质上讲，都可以化为用户界面的设计、对文件的操作、多媒体的使用、数据库的访问以及网络等一些主要的方面。在进行程序设计时，如果类库中的某个类能完成所需要的功能，这时只要简单地调用已有对象的方法就可以了。还可以在现有类库的基础上扩充类库，利用面向对象技术中很重要的“继承”方法从类库中的已有对象派生出自己的对象，这时派生出来的对象除了具有类库中的对象的特性和功能外，还具有由我们自己根据需要加上的特性和功能。

1.1.2 Visual C++ 6.0 开发环境

Visual C++ 6.0 开发环境由一套综合的开发工具组成，它提供了良好的可视化编程环境。在该环境下，可以对 C 或 C++程序进行各种操作，包括建立、打开、浏览、编辑、保存、编译、链接和调试等，而这些操作都可以通过鼠标单击操作完成，非常方便有效。启动 Visual C++ 6.0，打开一个工程后将显示 Visual C++ 6.0 的主窗口，如图 1-1 所示。

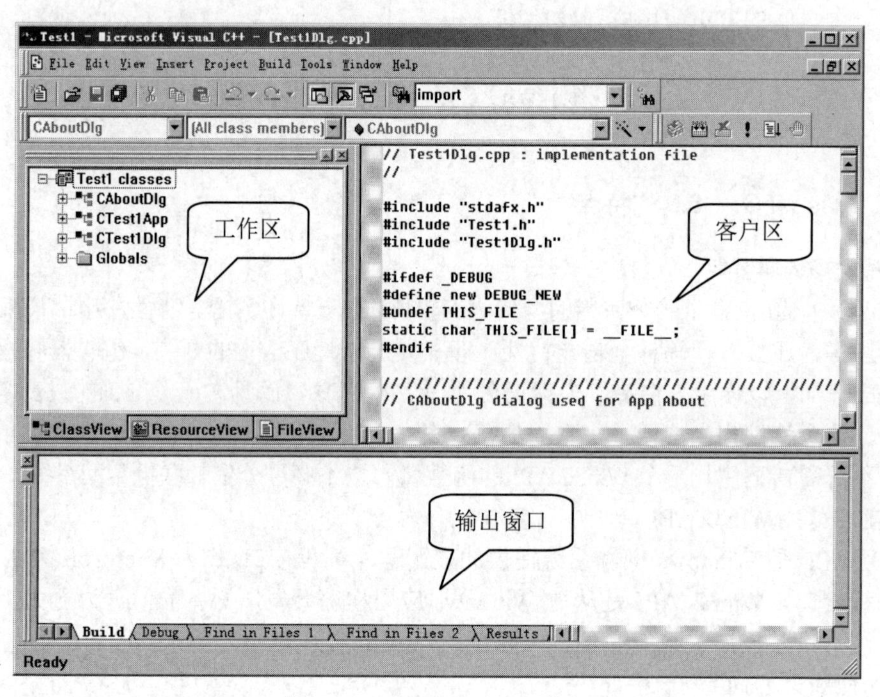

图 1-1 Visual C++ 6.0 主窗口

Visual C++ 6.0 集成开发环境主窗口由标题栏、菜单栏、工具栏、工作区、客户区、输出窗口和状态栏等组成。

1. 标题栏

Visual C++ 6.0 集成开发环境主窗口的标题栏位于窗口最顶端，通常显示当前工程名和当前编辑的文件名。

2. 菜单栏

菜单栏位于标题栏的下面，由 9 个顶级菜单组成。下面对常用的菜单项进行说明。

（1）File 菜单。

【File|New】菜单项用于新建文件、工程、工作区和文档。选择【File|New】菜单项，将弹出 New 对话框。New 对话框中包含 4 个选项卡：Files 选项卡、Projects 选项卡、Workspaces 选项卡和 Other Documents 选项卡。

Files 选项卡可以创建多种类型的文件，如图 1-2 所示。

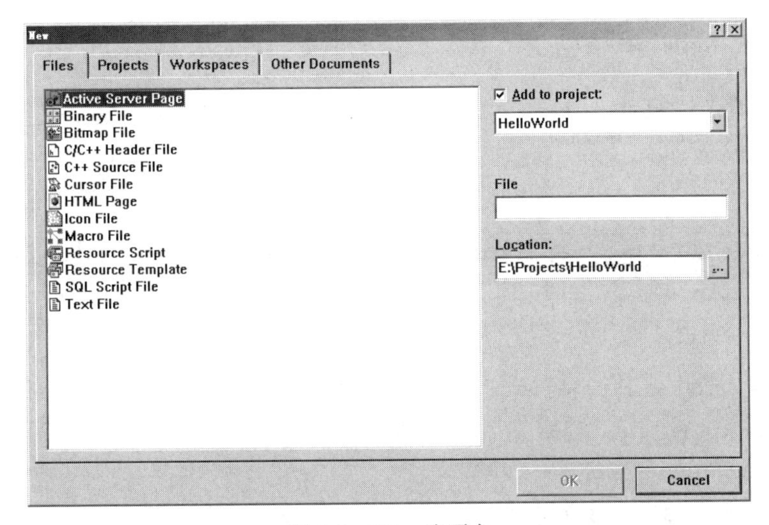

图 1-2　Files 选项卡

Files 选项卡中列出了可以创建的文件类型：

- Active Server Page：ASP 文件。
- Binary File：二进制文件。
- Bitmap File：位图文件。
- C/C++ Header File：C/C++头文件。
- C/C++ Source File：C/C++源文件。
- Cursor File：光标文件。
- HTML Page：HTML 超文本文件。
- Icon File：图标文件。
- Macro File：宏文件。
- Resource Script：资源脚本文件。
- Resource Template：资源模板文件。
- SQL Script File：SQL 脚本文件。
- Text File：文本文件。

选择要创建的文件类型，在 File 文本框中输入新文件名，在 Location 文本框中输入新文件存放的位置或通过单击“浏览”按钮选择新文件存放的位置。如果要将新文件加入当前已经打开的工程，则选中 Add to project 复选框并指定工程名，然后单击 OK 按钮创建新文件。

Projects 选项卡可以创建多种类型的工程，如图 1-3 所示。

Projects 选项卡中列出了可以创建的工程类型：

- ATL COM AppWizard：基于 ATL 的 COM 工程。

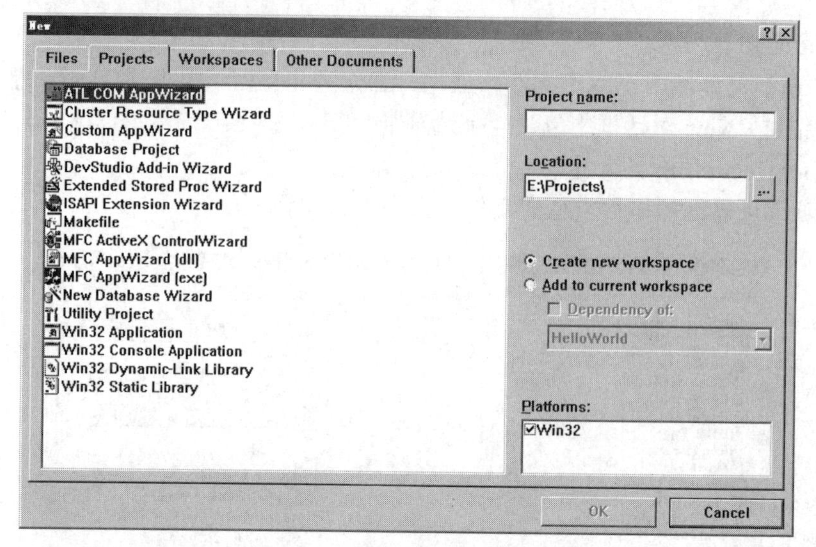

图 1-3 Projects 选项卡

- Cluster Resource Type Wizard：资源动态链接库及超级扩展动态链接库。
- Custom AppWizard：自定义 AppWizard。
- Database Project：数据库工程。
- DevStudio Add-in Wizard：自动化宏。
- Extended Stored Proc Wizard：Microsoft SQL Server 扩展存储过程工程。
- ISAPI Extension Wizard：Internet 服务器或过滤器。
- Makefile：Make 文件。
- MFC ActiveX ControlWizard：创建 ActiveX 控件。
- MFC AppWizard(dll)：MFC 动态链接库。
- MFC AppWizard(exe)：MFC 应用程序。
- New Database Wizard：创建 Microsoft SQL Server 新数据库。
- Utility Project：空白实用工程。
- Win32 Application：Win32 应用程序。
- Win32 Console Application：Win32 控制台应用程序。
- Win32 Dynamic-Link Library：Win32 动态链接库。
- Win32 Static Library：Win32 静态库。

选择工程类型，在 Project name 文本框中输入工程名，在 Location 文本框中输入工程的存放位置。如果想将新工程加入打开的工作区中，可以选择 Add to current workspace，否则将为新工程创建一个新工作区。最后单击 OK 按钮创建新工程。

Workspaces 选项卡用于创建空白新工作区。如果要创建新工作区，选择 Blank Workspace，在 Workspace name 文本框中输入工作区名，在 Location 文本框中指定工作区存放的位置，然后单击 OK 按钮创建新工作区。

工作区用来集中统一管理工程，一个工作区可以包含多个工程，在工作区中可以很方便地在多个工程之间交替开发。

Other Documents 选项卡用于创建其他类型的文档。例如，如果安装了 Microsoft Office，则在该选项卡中会列出 Microsoft Excel 工作表、Microsoft Excel 图表、Microsoft PowerPoint 演示文稿和 Microsoft Word 文档。

如果要创建新文档，选择文档类型，在 Filename 文本框中输入新文件名，在 Location 文本框中输入存放新文件的位置，然后单击 OK 按钮创建新文档。

【File| Open Workspace】菜单项用于打开工作区。选中该菜单项，将弹出 Open Workspace 对话框，在对话框中选择要打开的工作区文件（.dsw），单击“打开”按钮打开工作区。

（2）Edit 菜单。

【Edit|Find】菜单项用于在打开的文件中查找指定的字符串。选中该菜单项，弹出 Find 对话框，如图 1-4 所示。

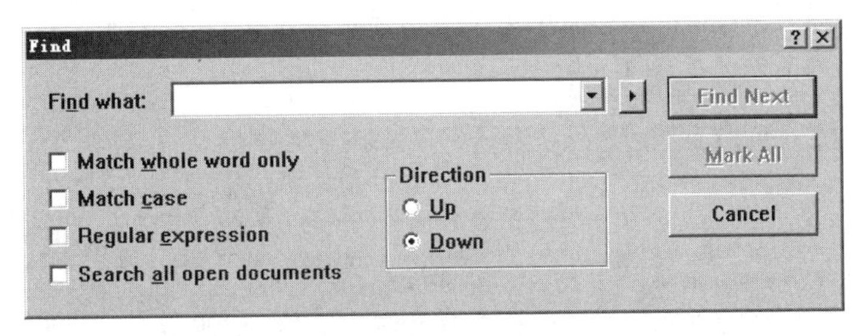

图 1-4 Find 对话框

- Find what 组合框：输入待查找的字符串。
- Match whole word only 复选框：仅查找整个匹配的单词。
- Match case 复选框：区分大小写。
- Regular expression 复选框：待查找的字符串中可以有通配符（有关通配符的使用请参见 MSDN 的 Regular Expression Syntax）。
- Search all open documents 复选框：在所有打开的文件中搜索。
- Down 单选按钮：从上向下搜索。
- Up 单选按钮：从下向上搜索。
- Mark All 按钮：标记所有找到的字符串所在的行。

注意：单击 Find what 组合框右边的向右小按钮，会弹出一个关联菜单，在其中可以设置待查找的特殊字符串。例如选择 Decimal digit，将在 Find what 组合框中显示\:d，表示查找所有的十进制数字。

【Edit|Find in Files】菜单项用于在多个文件中查找指定的字符串。选中该菜单项，弹出 Find In Files 对话框，如图 1-5 所示。

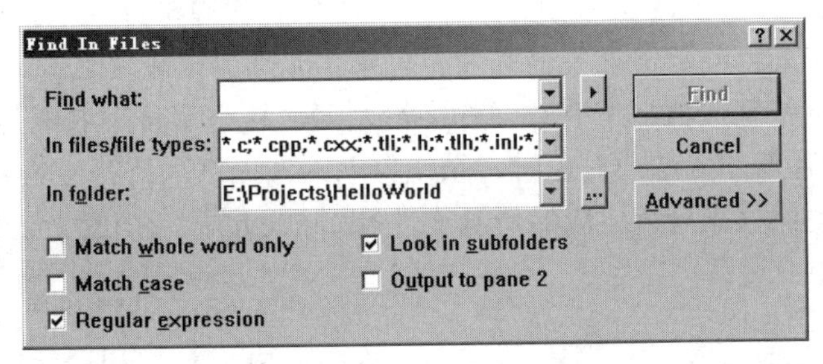

图 1-5 Find In Files 对话框

- Find what 组合框：输入待查找的字符串。
- In files/file types 组合框：指定查找的目标文件名或文件类型。
- In folder 组合框：指定查找的目标文件夹。
- Match whole word only 复选框：仅查找整个匹配的单词。
- Match case 复选框：区分大小写。
- Regular expression 复选框：待查找的字符串中可以有通配符（有关通配符的使用请参见 MSDN 的 Regular Expression Syntax）。
- Look in subfolders 复选框：在目标文件夹的子文件夹中查找。
- Output to pane 2 复选框：将查找结果显示在输出窗口的第 2 个面板上。

【Edit|Replace】菜单项用于将打开文件中的指定字符串替换成另一字符串。选中该菜单项，弹出 Replace 对话框，如图 1-6 所示。

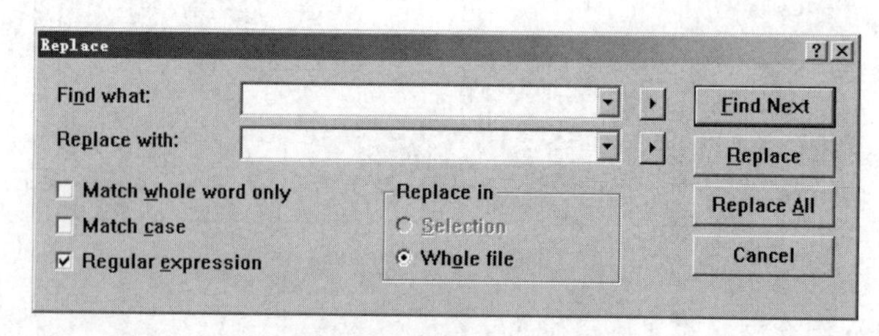

图 1-6 Replace 对话框

Replace 对话框类似 Find 对话框。首先要像 Find 对话框一样设置待查找的字符串，然后设置将找到的字符串替换成的文本。

Replace with 组合框：用 Replace with 组合框中的字符串替换找到的字符串。

Replace 按钮：替换当前找到的字符串。

Replace All 按钮：替换所有找到的字符串。

（3）View 菜单。

View 菜单主要用来管理开发环境的子窗口，包括显示 ClassWizard（类向导）、Resource Symbols（资源符号）、Full screen（全屏）、Workspace（工作区窗口）、Output（输出窗口）、Debug Window（调试窗口）等。下面介绍较常用的菜单项。

【View|ClassWizard】菜单项用来启动 ClassWizard（类向导）。ClassWizard 是 Visual C++ 6.0 中一个非常重要的工具，主要用来管理类，涉及消息映射、添加类成员变量等常用功能。ClassWizard 的具体用法在后续章节有详细介绍。

【View|Resource Symbols】菜单项用来管理工程中的资源符号。为了唯一标识工程中的众多资源和对象，系统采用整数值来表示资源和对象。但是要记住缺乏意义的数值是很困难的，为了便于记忆，给这些整数值取个有意义的字符别名，这些字符别名就是 Resource Symbols（资源符号）。在创建新的资源或对象时，系统自动为其提供默认符号名和符号值。缺省时，符号名和符号值自动保存在系统生成的资源文件 resource.h 中。在资源文件中用一条宏定义指令定义符号名，例如：

```
#define IDD_ABOUTBOX                100
```

100 是标识某资源的整数值（符号值），IDD_ABOUTBOX 为这个资源的符号名。

选择【View|Resource Symbols】菜单项后显示 Resource Symbols（资源符号）对话框，如图 1-7 所示。

Resource Symbols 对话框管理工程中的资源符号。Name 列中显示了所有的符号名称；Value 列中显示了符号的数值；当 In Use 列被选中时，表示对应的符号被一个或多个资源引用，这些资源在 Used by 中被列出。

单击 New 按钮可以添加一个新的符号。

单击 Delete 按钮可以删除尚未使用的符号。

单击 Change 按钮打开 Change Symbols 对话框可以改变一个符号的名称或值。如果符号被控件或资源引用，则符号仅能从相应的资源编辑器中改变。

单击 View Use 按钮用相应的资源编辑器打开引用符号的资源。

【View|Full Screen】菜单项以全屏模式显示客户区窗口。在全屏模式下按 Esc 键或单击 Toggle Full Screen 按钮可退出全屏模式。

【View|Workspace】菜单项显示工作区窗口。

【View|Output】菜单项显示输出窗口。

（4）Insert 菜单。

Insert 菜单主要用来往工程中添加新类、新窗体、新资源等。下面介绍较常用的菜单项。

【Insert|New Class】菜单项用来往工程中添加新类。选择该菜单项，弹出 New Class 对话框，如图 1-8 所示。

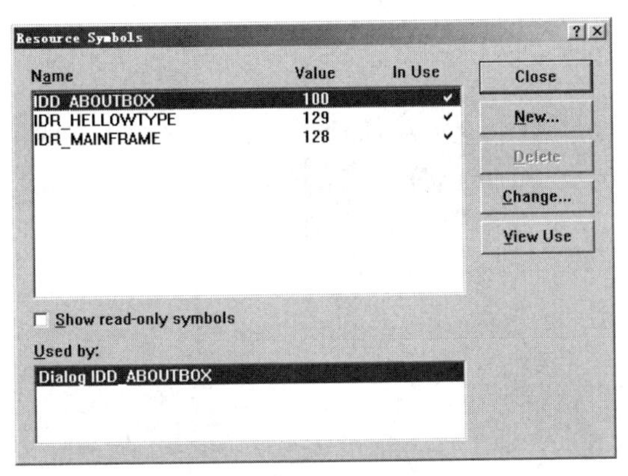

图 1-7　Resource Symbols 对话框

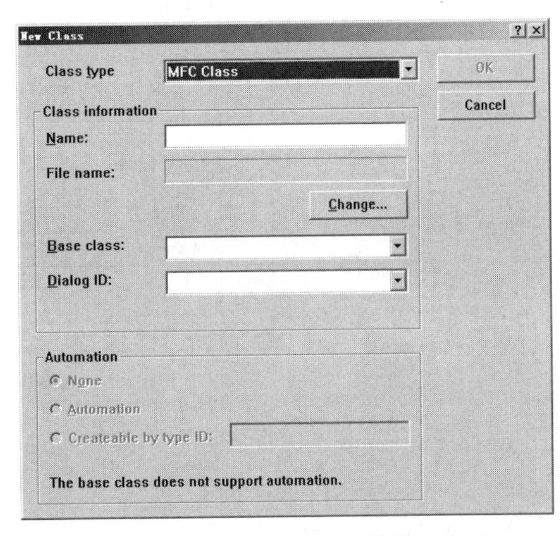

图 1-8　New Class 对话框

在对话框中指定新类的 Class type（类型）、Name（类名）、Base class（基类）等信息后，单击 OK 按钮即可添加新类。

【Insert|New Form】菜单项用来往工程中添加窗体类型的新类。选择该菜单项，弹出 New Form 对话框，如图 1-9 所示。

在对话框中指定 Name（类名）、Base class（基类）、Dialog ID（对话框资源）等信息后，单击 OK 按钮即可添加新窗体类。

【Insert|Resource】菜单项用来往工程中添加新资源。选择该菜单项，弹出 Insert Resource

对话框，如图 1-10 所示。

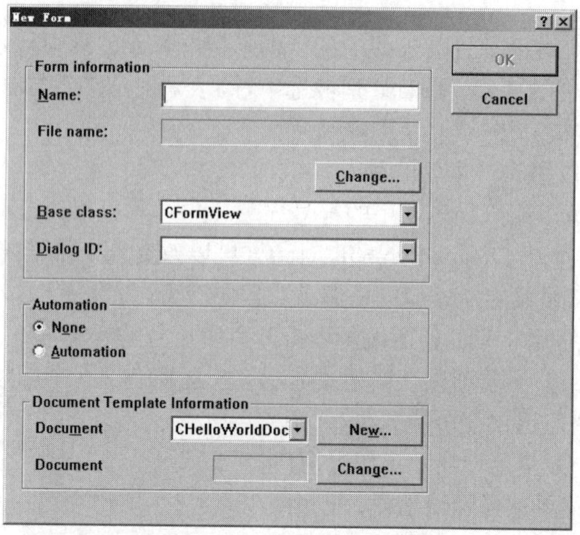

图 1-9　New Form 对话框

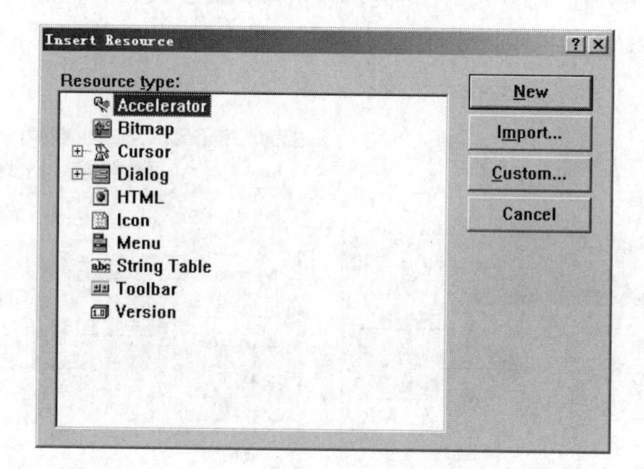

图 1-10　Insert Resource 对话框

Insert Resource 对话框中列出了可以添加的资源类型：

- Accelerator：加速键。
- Bitmap：位图。
- Cursor：光标。
- Dialog：对话框。
- HTML：超文本标记语言。
- Icon：图标。
- Menu：菜单。
- String Table：字符串表。
- Toolbar：工具栏。
- Version：版本。

单击 New 按钮将添加指定类型的资源到资源文件中，并打开相应的资源编辑器以便立即编辑资源。

单击 Import 按钮弹出 Import Resource 对话框，在对话框中选择指定的资源文件，单击 Import 按钮可以将外部资源文件导入到工程中。下面列出了部分资源文件的扩展名：

- .Ico：图标文件。
- .Cur：光标文件。
- .Wav：声音文件。
- .frm：窗体文件。
- . html/.htm：超文本标记语言文件。

单击 Custom 按钮将添加一个自定义资源到资源文件中，自定义资源仅能被二进制资源编辑器编辑。

【Insert|Insert Resource】菜单项将插入当前编辑资源的副本到资源文件中。

（5）Project 菜单。

Project 菜单提供管理工作区和工程的相关命令，包括添加工程到工作区、设置活动工程、添加文件到工程、设置工程属性等。下面介绍较常用的菜单命令。

【Project|Set Active Project】菜单项设置工作区中的某个工程为活动工程。如果在一个工作区中有多个工程，那么当执行编译、运行等操作时，开发环境不知道编译哪个工程，所以要告知开发环境当前活动的工程。选择此菜单项，其子菜单中列出了工作区中的所有工程，选择一个工程，确定此工程为活动工程。

【Project|Add to Project】菜单项用来添加文件、文件夹、数据库连接、组件和 ActiveX 控件到活动工程中。

【Project|Source Control】菜单项启用 VSS（Microsoft Visual Source Safe）功能来管理源代码。

【Project|Setting】菜单项用来设置工程的属性，包括通用属性、调试属性、C/C++属性、连接属性、资源属性等。

【Project|Insert Project into Workspace】菜单项插入现有工程到当前工作区中。

（6）Build 菜单。

Build 菜单主要提供编译、链接操作的相关命令。下面介绍较常用的菜单命令。

【Build|Compile】菜单项用于编译指定的 C/C++源文件。

【Build|Build】菜单项用于编译自上次编译后改动的 C/C++源文件，生成目标文件，并链接这些新的目标文件。

【Build|Rebuild All】菜单项可以重新编译活动工程中的所有 C/C++源文件和资源文件，并链接这些重新编译的文件。

【Build|Batch Build】菜单项可以编译、链接工作区中的所有工程。

【Build|Clear】菜单项可以清除活动工程的中间文件和输出文件，如 obj 文件、exe 文件等。

【Build|Start Debug】菜单项提供调试程序的相关命令。

【Build|Execute】菜单项用于执行应用程序。

（7）Tools 菜单。

Tools 菜单主要提供访问开发实用工具的命令，包括 Spy++、MFC tracker 等实用工具。有关实用工具的用法请参考其他书籍。

（8）Window 菜单。

Window 菜单提供窗口操作相关命令，包括新建窗口、分割窗口、关闭窗口、切换窗口等。

3. 工具栏

工具栏位于菜单栏的下面，当然工具栏是可停靠的，可以按照自己的习惯改变其位置。Visual C++ 6.0 提供了数十种工具栏，包括 Standard、Build、ATL、Resource 等。每个工具栏由一组工具按钮组成，通常一个工具按钮对应一个菜单项，以便快速访问菜单命令。若要显示隐藏的工具栏，只要在任意一个工具栏上右击，然后在弹出的快捷菜单中选择要显示的工具栏即可。

4. 工作区

工作区窗口用来集中管理所属工程及其类、资源、文件等。工作区窗口通常显示在主窗口的左边（当然也可以根据自己的习惯自由放置）。如果工作区窗口不可见，可以通过以下任何一种方式显示出工作区窗口：

- 在工具栏的任意位置右击，然后在弹出的快捷菜单中选择 Workspace。
- 选择【View|Workspace】菜单项。
- 按 Alt+0 组合键。

工作区由三个选项卡组成，分别为：ClassView（类视图）、ResourceView（资源视图）、FileView（文件视图）。

ClassView 用来管理工程中的类、全局函数和全局变量等，如图 1-11 所示为某工程的 ClassView 选项卡。

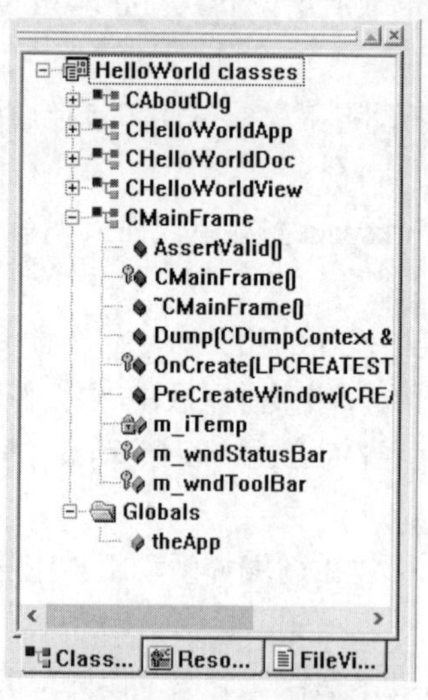

图 1-11　ClassView

图标表示类，这个工程有五个类，分别为：CAboutDlg、CHelloWorldApp、CHelloWorldDoc、CHelloWorldView、CMainFrame。展开类，在类的下面将显示类中的所有成员：图标表示成员函数，图标表示成员变量，带钥匙的图标表示保护（protected）成员

（如图标表示保护成员函数），带锁的图标表示私有（private）成员（如图标表示私有成员变量）。Globals 文件夹列出了所有的全局函数或变量。

使用 ClassView 可以添加新类及其成员、快速定位、查看类的信息等。

（1）添加新类。

在 ClassView 中的工程上右击，然后在弹出的快捷菜单中选择 New Class 菜单项，弹出 New Class 对话框，如图 1-12 所示。

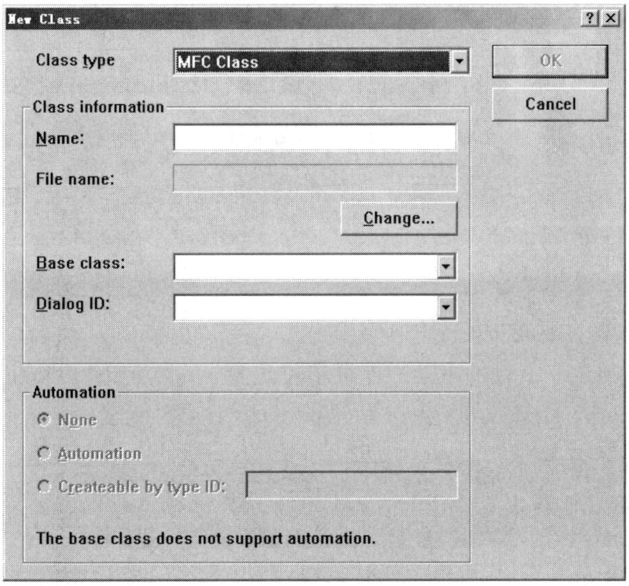

图 1-12　New Class 对话框

在对话框中选择类的 Class type（类型）、输入 Name（类名）、选择 Base class（基类）等后，单击 OK 按钮即可添加新类。

（2）快速定位。

1）快速定位到类的定义。使用该功能可以打开类定义所在的文件，并将光标显示在类定义的开始处，以便进一步编辑类定义。快速定位到类定义的方法是：双击一个类；或者在类上右击，然后在弹出的快捷菜单中选择 Go to Definition。

2）快速定位到类成员函数的声明。使用该功能可以打开类定义所在的文件，并将光标显示在类成员函数的声明处。快速定位到类成员函数声明的方法是：双击一个类成员函数；或者在类成员函数上右击，然后在弹出的快捷菜单中选择 Go to Declaration。

3）快速定位到类成员函数的定义。使用该功能可以打开类成员函数定义所在的文件，并将光标显示在类成员函数的定义处。快速定位到类成员函数的定义的方法是：双击一个类成员函数；或者在类成员函数上右击，然后在弹出的快捷菜单中选择 Go to Definition。

4）快速定位到类成员变量的定义。使用该功能可以打开类成员变量定义所在的文件，并将光标显示在类成员变量的定义处。快速定位到类成员变量的定义的方法是：双击一个类成员变量；或者在类成员变量上右击，然后在弹出的快捷菜单中选择 Go to Definition。

（3）添加类成员。

添加类成员函数：在类上右击，然后在弹出的快捷菜单中选择 Add Member Function 菜单项，弹出 Add Member Function 对话框，如图 1-13 所示。

输入 Function Type（函数类型）、Function Declaration（函数声明）、Access（访问类型）等参数，单击 OK 按钮，光标定位到新的类成员函数处。

添加类成员变量：在类上右击，在弹出的快捷菜单中选择 Add Member Variable 菜单项，弹出 Add Member Variable 对话框，如图 1-14 所示。

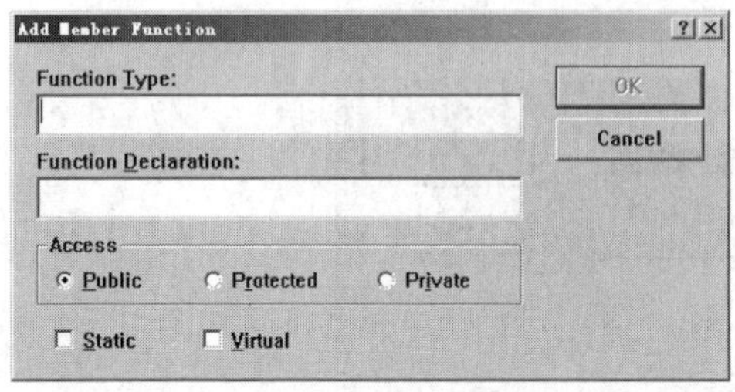

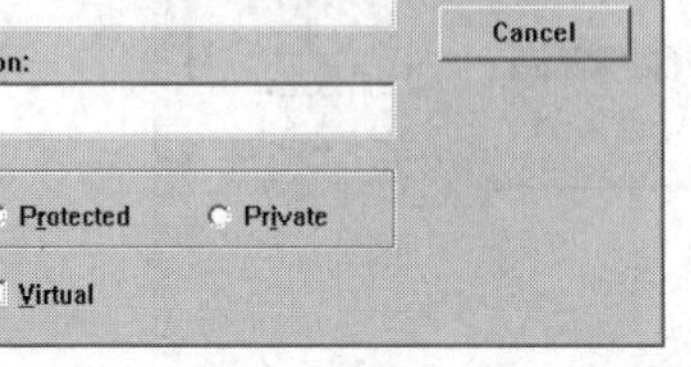

图 1-13 Add Member Function 对话框

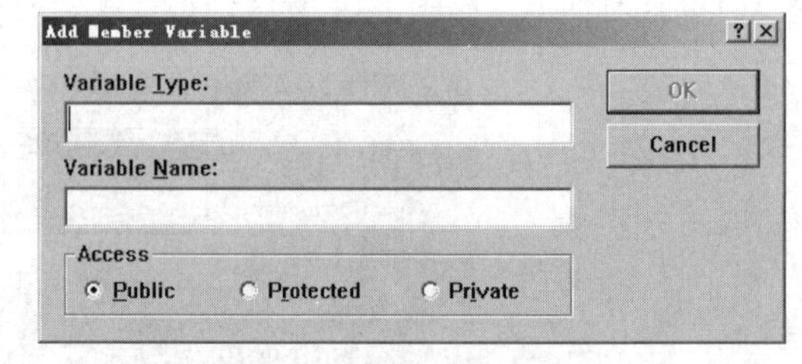

图 1-14 Add Member Variable 对话框

输入 Variable Type（变量类型）、Variable Name（变量名）、Access（访问类型）等参数，单击 OK 按钮，添加新的类成员变量。

添加虚函数：在类上右击，在弹出快捷菜单中选择 Add Virtual Function 菜单项，弹出 New Virtual Override for class CHelloWorldApp 对话框，如图 1-15 所示。

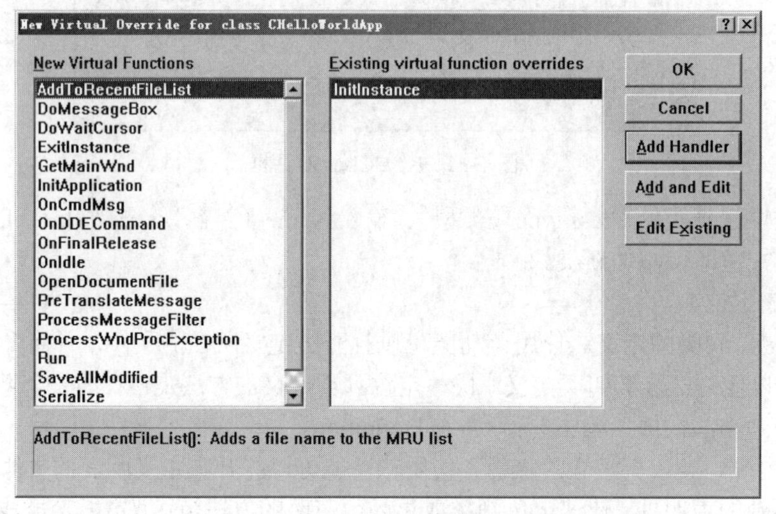

图 1-15 New Virtual Override for class CHelloWorldApp 对话框

在 New Virtual Function 列表框中选择新的虚函数，单击 Add Handler 按钮重载新的虚函数，或单击 Add and Edit 按钮重载新的虚函数并定位到该函数处。

添加 Windows 消息处理函数：在类上右击，在弹出的快捷菜单中选择 Add Windows Message Handler 菜单项，弹出 New Windows Message and Event Handlers for class CMainFrame 对话框，如图 1-16 所示。

在 Class or object to handle 列表框中选择要处理的类或对象；在 New Windows message/events 列表框中选择要处理的消息或事件；单击 Add Handler 按钮添加消息处理函数；单击 Add and Edit 按钮添加消息处理函数并定位到该函数处。

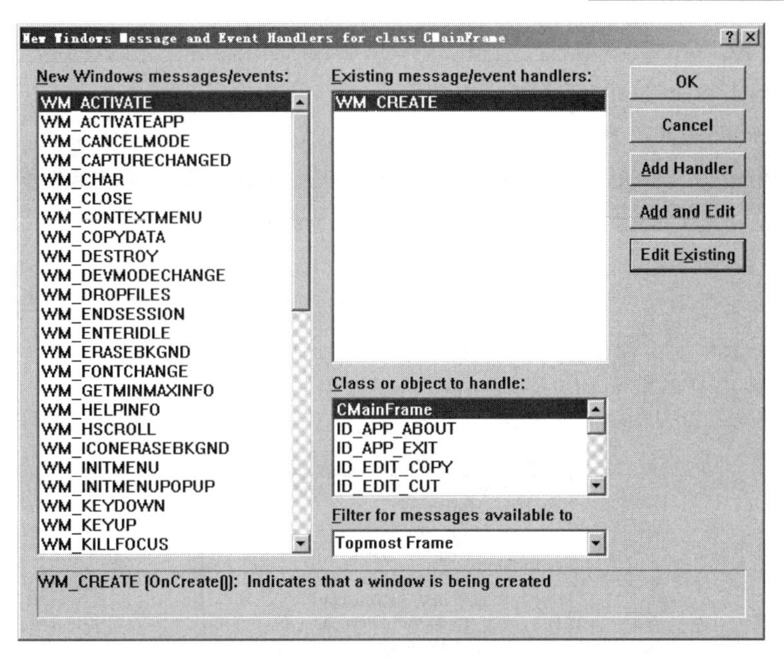

图 1-16　New Windows Message and Event Handlers for class CMainFrame 对话框

ResourceView 用来管理工程中的资源，其中列出了工程中的各种资源，如图 1-17 所示为某工程的 ResourceView 选项卡。

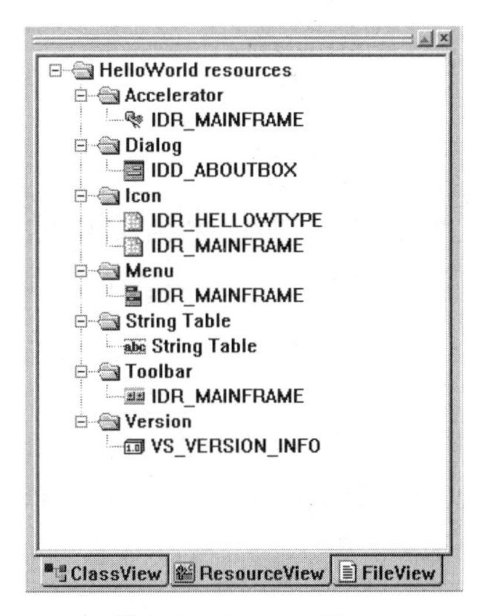

图 1-17　ResourceView

图 1-17 列出了某工程的所有资源，包括 Accelerator（加速键资源）、Dialog（对话框资源）、Icon（图标资源）、Menu（菜单资源）、String Table（字符串资源）、Toolbar（工具栏资源）、Version（版本资源）。

使用 ResourceView，可以新建资源、导入外部资源、编辑资源等。

（1）新建资源。

在 ResourceView 中新建资源与选择【Insert|Resource】菜单项效果一样。在任意一个资源

文件夹上右击，然后在弹出的快捷菜单中选择 Insert 菜单项，弹出 Insert Resource 对话框，选择资源类型后单击 New 按钮添加新资源。

（2）导入外部资源。

在任意一个资源文件夹上右击，然后在弹出的快捷菜单中选择 Import 菜单项，弹出 Import Resource 对话框，选定资源文件后单击 Import 按钮导入外部资源。

（3）编辑资源。

在资源文件夹中双击一个资源，可以打开相应资源编辑器编辑资源。

FileView 用来管理工程中的文件，其中列出了当前工作区中的所有工程以及每个工程中的所有文件，如图 1-18 所示为某工程的 FileView 选项卡。

图 1-18　工程 FileView

使用 FileView 可以打开工程文件、添加文件到工程、设置活动工程等。

（1）打开工程文件。

在 FileView 中分类别组织工程文件，通常分为 Source Files（源文件）、Header Files（头文件）、Resource Files（资源文件）等。打开工程文件的操作非常简单，在文件夹中双击文件即可。

（2）添加文件到工程。

在工程上右击，然后在弹出的快捷菜单中选择 Add Files to Project 菜单项，弹出 Insert Files into Project 对话框，选择文件，单击 OK 按钮即可添加文件到工程中。

（3）设置活动工程。

要设置工作区中的某个工程为活动工程，只要在工程上右击，然后在弹出的快捷菜单中选择 Set as Active Project 菜单项。

5. 客户区

客户区用来编辑源代码和资源，在客户区中可以同时打开多个编辑窗口。

6. 输出窗口

输出窗口通常在工作区和客户区的下面，用于输出编译链接信息、调试信息和一些查询结果信息等。

7. 状态栏

状态栏位于主窗口的最下方，用来显示菜单、工具栏命令提示等开发环境当前状态的信息。

1.1.3 AppWizard

AppWizard（应用程序向导）用于帮助用户生成应用程序的基本框架，使用户快速开发一个新的应用程序。例如，可以使用 MFC AppWizard 来生成一个最基本的 MFC 应用程序所必需的源文件和资源文件。这样程序员可以避免编写繁琐重复的应用程序框架代码。

启动 Visual C++，进入主窗口。单击【File|New】菜单项，弹出 New 对话框。选择 Projects（工程）选项卡，Projects（工程）选项卡中列出了所有的工程类型，选择工程类型；在 Project Name 文本框中输入工程名；在 Location 文本框中输入工程存放的位置；若选择 Create New Workspace（创建新工作区）将创建一个跟工程同名的工作区来管理这个工程。设置好以上信息后，单击 OK 按钮，将启动相应的 AppWizard。这里假设选择了 MFC AppWizard(exe)工程，将启动 MFC AppWizard。图 1-19 所示为 MFC AppWizard - Step 1 对话框。

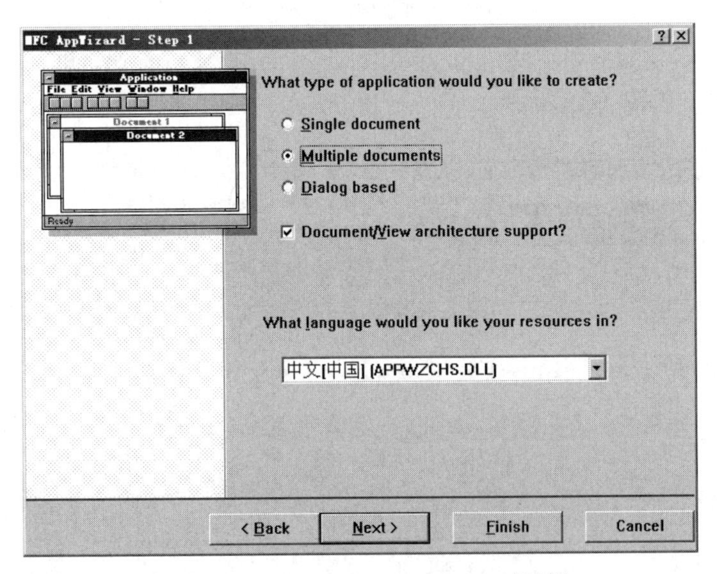

图 1-19 MFC AppWizard - Step 1 对话框

在这一步中要确定 MFC 应用程序的类型和资源的语种。有三种 MFC 应用程序：

- Single document（单文档应用程序）：特点是只能打开一个窗口，Windows 的记事本程序就是一个典型的单文档应用程序。
- Multiple documents（多文档应用程序）：特点是能同时打开多个子窗口，Microsoft Word 是一个典型的多文档应用程序。
- Dialog based（基于对话框的应用程序）：特点是主程序基于一个空白对话框窗口，没有预先添加菜单栏、工具栏、打印功能等。

选择 Single document 后，单击 Next 按钮，进入 MFC AppWizard - Step 2 of 6 对话框，如图 1-20 所示。

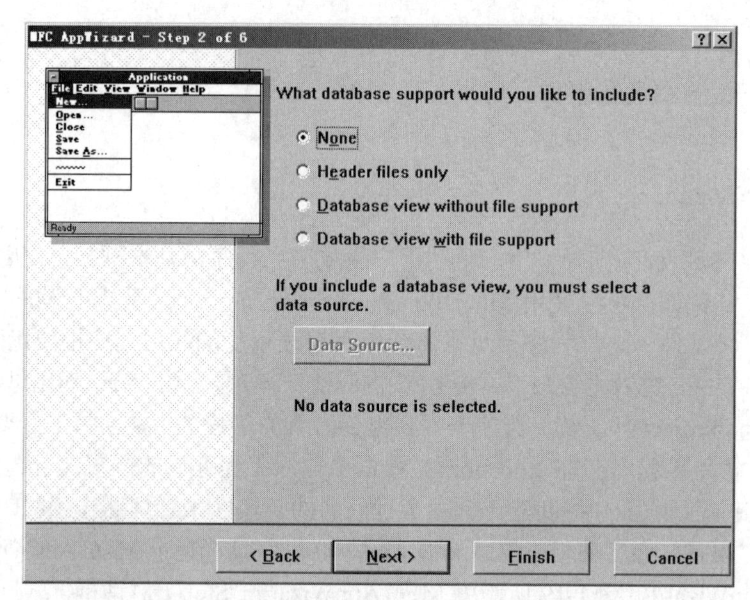

图 1-20　MFC AppWizard - Step 2 of 6 对话框

在这一步中要确定数据库支持方式，选择 None 后单击 Next 按钮，进入 MFC AppWizard - Step 3 of 6 对话框，如图 1-21 所示。

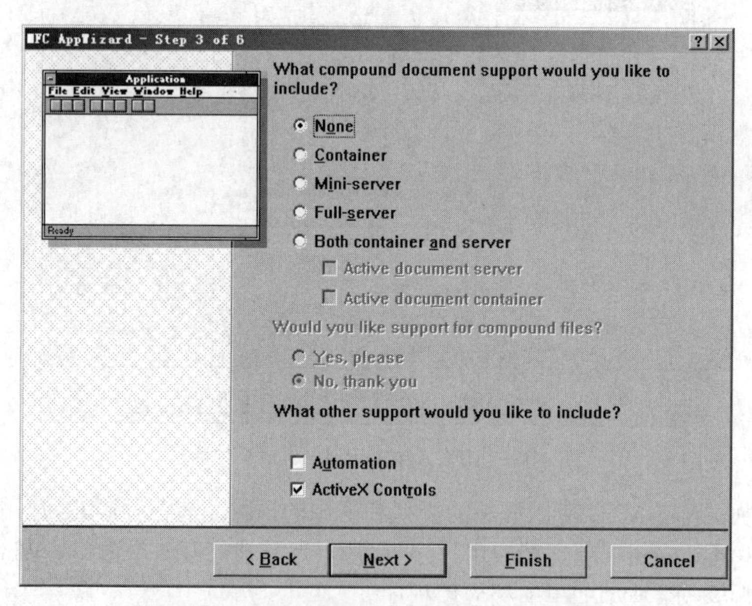

图 1-21　MFC AppWizard - Step 3 of 6 对话框

在这一步中要确定应用程序对复合文档的支持方式，选择 None 后单击 Next 按钮，进入 MFC AppWizard - Step 4 of 6 对话框，如图 1-22 所示。

在这一步中要确定应用程序的一些其他特性，如停靠工具栏风格、打印和打印预览支持等。选择系统的默认设置后单击 Next 按钮，进入 MFC AppWizard－Step 5 of 6 对话框，如图 1-23 所示。

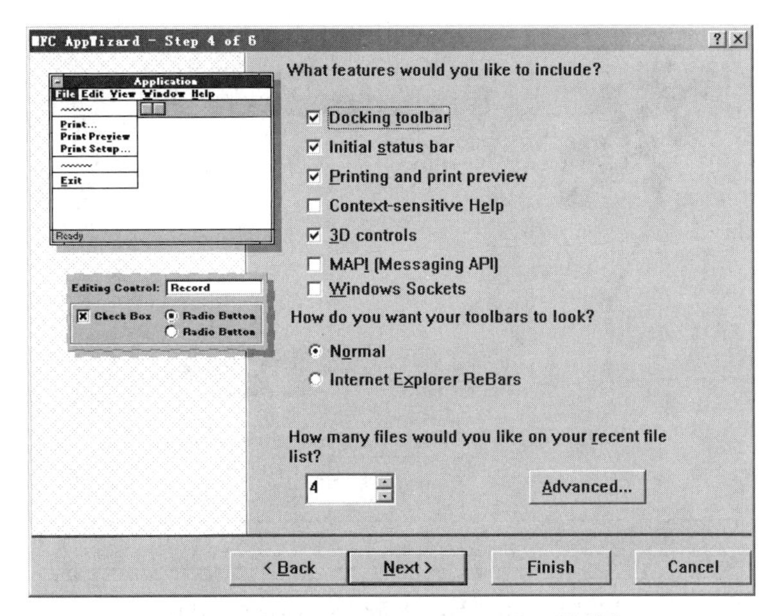

图 1-22　MFC AppWizar－Step 4 of 6 对话框

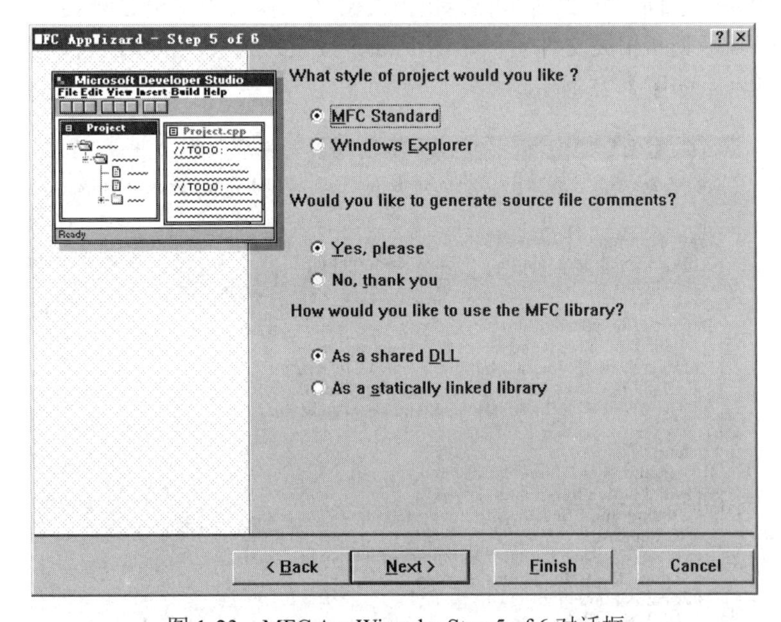

图 1-23　MFC AppWizard－Step 5 of 6 对话框

选项 Would you like to generate source file comments 询问否需要生成源代码注释；How would you like to use the MFC library 询问 MFC 的使用方式，选择 As a shared DLL（作为共享 DLL）指生成的可执行应用程序中并不是真正包含 MFC 中的对象，选择 As a statically linked library（作为静态链接库）把 MFC 中的代码生成为应用程序的一部分，这时生成的应用程序也就相对大一些。

选择系统的默认设置后单击 Next 按钮，进入 MFC AppWizard－Step 6 of 6 对话框，如图 1-24 所示。

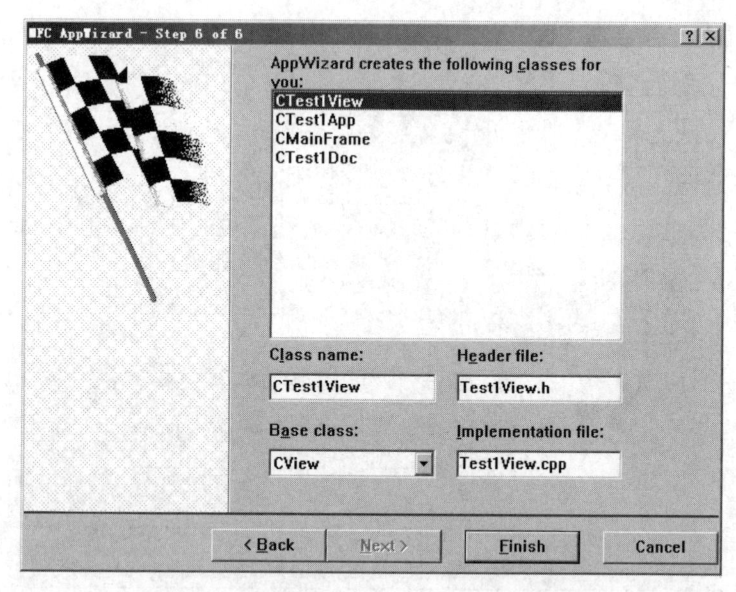

图 1-24　MFC AppWizard－Step 6 of 6 对话框

在这一步中显示了向导将要创建的类和相关文件，以及派生出这些类的基类等信息。用户可以选择改变其基类和相关文件名。单击 Finish 按钮，结束 AppWizard，弹出 New Project Information 对话框，如图 1-25 所示。

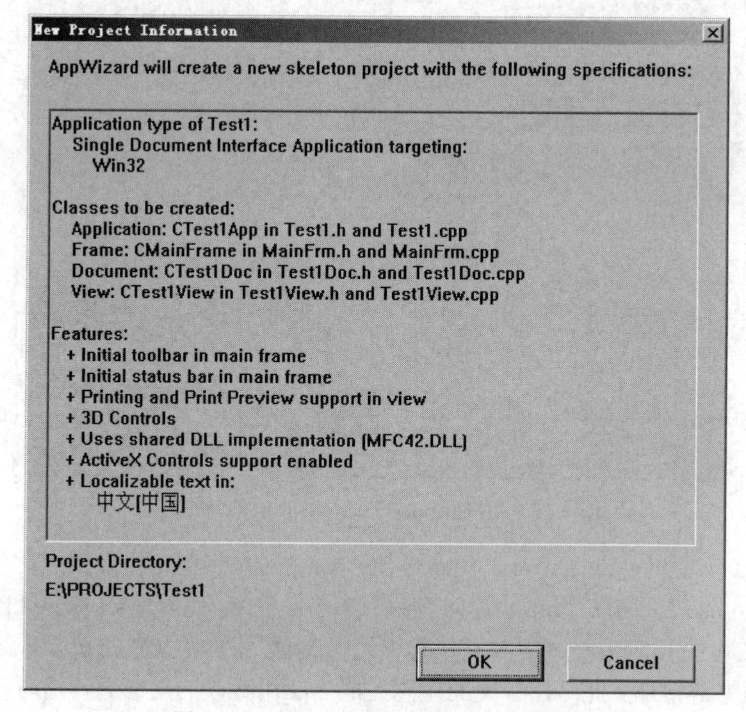

图 1-25　New Project Information 对话框

该对话框显示了新工程的详细信息，单击 OK 按钮，AppWizard 将生成一个可运行的新应用程序。

1.1.4　ClassWizard

ClassWizard（类向导）主要用来管理程序中的对象和消息，它使程序员从维护 Visual C++ 类代码这样繁琐复杂的工作中解脱出来。在需要一个新的类、一个新的虚函数或者一个新的消息处理函数时，ClassWizard 可以编写原型、函数体框架，以及把 Windows 消息与函数链接起来的代码，程序员只需要填写相关的函数实现代码。

可以用以下任何一种方式启动 ClassWizard：

- 选择【View|ClassWizard】菜单项。
- 按 Ctrl+W 组合键。
- 在客户区中右击，在弹出的快捷菜单中选择 ClassWizard。

ClassWizard 由五个选项卡组成，分别为：Message Maps（消息映射）、Member Variables（成员变量）、Automation（自动化）、ActiveX Events（ActiveX 事件）、Class Info（类信息）。

Message Maps 选项卡主要实现消息映射。在 Windows 操作系统中，用户通过鼠标选择某个菜单项或用键盘在文本框中输入一些数据等方式与 Windows 应用程序交互信息。当用户产生这些动作的时候，都会发送相应的消息给应用程序，以便通知应用程序用户进行的操作。Windows 应用程序通过处理这些消息来响应用户的操作。例如，对话框上的“计算”按钮计算两个文本框中的数值之和。在忽略操作系统在消息系统中的作用时，可以理解为：当用户单击“计算”按钮时，会发送按钮的命令消息给应用程序；应用程序接收到消息后，执行相应的加法运算以得出结果回显给用户。在这个消息系统中应用程序能够感知用户的操作，即应用程序能够准确地知道用户在什么时候单击了“计算”按钮。但是，应用程序是如何知道执行加法运算来响应用户的请求呢？这就需要添加消息处理程序。不要担心应用程序在众多的消息处理程序中无法做出正确的选择，这是应用程序框架的工作。

在 MFC 应用程序框架结构下，可以进行消息处理的类的头文件里面都会含有 DECLARE_MESSAGE_MAP()宏，这里是消息处理函数的声明。可以进行消息处理的类的实现文件里一般都含有如下结构：

```
BEGIN_MESSAGE_MAP(消息处理类名, 基类名)
//{{AFX_MSG_MAP(消息处理类名)
//}}AFX_MSG_MAP
END_MESSAGE_MAP()
```

这里主要将消息映射到特定的消息处理函数上。所有能够进行消息处理的类都派生于 CCmdTarget 类，也就是说 CCmdTarget 类是所有可以进行消息处理类的父类。CCmdTarget 类是 MFC 处理命令消息的基础和核心。

使用 ClassWizard 处理消息映射，ClassWizard 会自动添加消息映射的代码：在消息处理类的头文件的 DECLARE_MESSAGE_MAP()宏处添加消息处理函数的声明；在消息处理类的实现文件的 BEGIN_MESSAGE_MAP 宏处添加将消息映射到消息处理函数上的代码；在消息处理类的实现文件中添加消息处理函数的函数体框架。程序员只需要定位到消息处理函数上填写相应实现代码。

ClassWizard 处理消息映射的方法如下：启动 ClassWizard，选择 Message Maps 选项卡。在 Message Maps 选项卡中，要为消息映射指定两个重要的参数，即要处理的消息和处理消息的对象。

Project 和 Class name 文本框用来指定处理消息的对象：Project 文本框用来指定处理消息的工程；Class name 文本框用来指定消息处理类对象。

Object IDs 和 Messages 下拉列表框用来指定要处理的消息：Object IDs 用来指定消息的产生对象；Messages 用来指定要处理的消息。

Message Maps 选项卡中的 Member functions 中还列出了消息处理类的所有成员函数。ClassWizard 的 Message Maps 选项卡如图 1-26 所示。

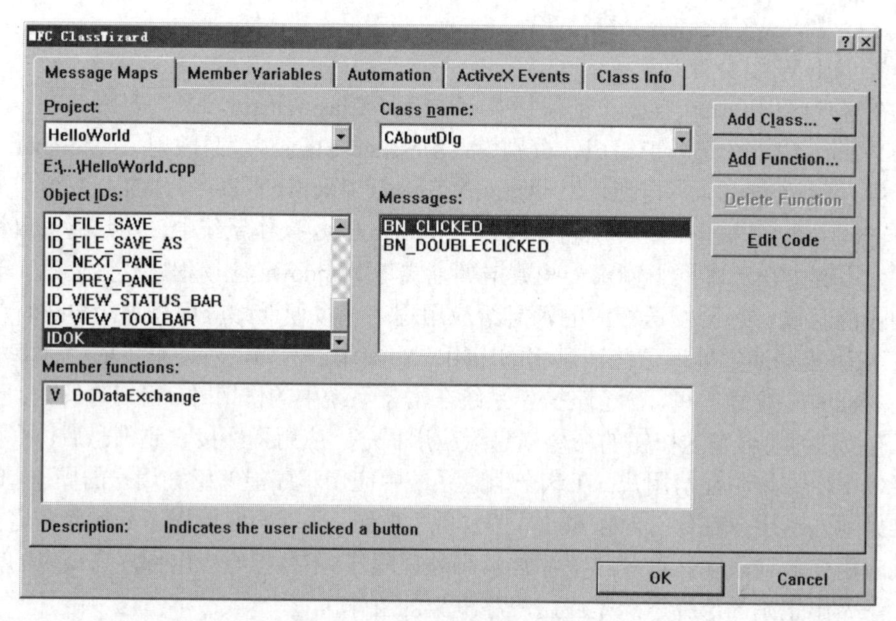

图 1-26 Message Maps 选项卡

1. 添加消息处理函数

在 Project 下拉列表框中选择要处理消息映射的工程，在 Class name 下拉列表框中选择消息处理类，在 Object IDs 列表框中选择一个消息产生对象，在 Messages 列表框中选择要处理的消息。然后单击 Add Function 按钮，弹出 Add Member Function 对话框，如图 1-27 所示。

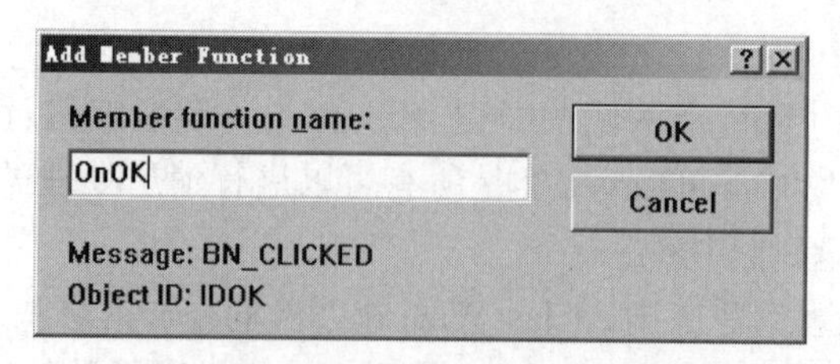

图 1-27 Add Member Function 对话框

在 Member function name 文本框中输入消息处理函数名，然后单击 OK 按钮，回到 MFC ClassWizard 对话框。Member functions 列中会列出新添加的消息处理函数。ClassWizard 已在消息处理类的头文件中添加了消息处理函数的声明；在消息处理类的实现文件中添加了消息处理函数的实现代码；并将消息映射到了消息处理函数上。

图 1-26 和图 1-27 所示为 HelloWorld 工程的 CAboutDlg 类（关于对话框）处理 IDOK（对话框上的“确定”按钮）的 Command（单击）命令消息。当单击关于对话框的“确定”按钮时，CAboutDlg 类对象将收到“确定”按钮的命令消息，并执行 CAboutDlg::OnOK 消息处理函数。

2. 编辑消息处理函数

双击 Member functions 列表框中的消息处理函数，将打开消息处理函数所在的文件，并将光标定位到该函数处，以便实现该函数。

1.2 HelloWorld 与应用程序框架

1.2.1 实现 HelloWorld 应用程序

1. 创建 HelloWorld 工程

启动 Visual C++ 6.0，在主窗口中选择【File|New】菜单项，在弹出的 New 对话框的 Projects 选项卡中选择 MFC AppWizard（exe），在 Project name 文本框中输入 HelloWorld，在 Location 文本框中指定工程存放的位置，然后单击 OK 按钮，启动 MFC AppWizard。在 MFC AppWizard Step 1 中指定应用程序类型为 SDI，其他步骤接受默认设置。

2. 输出 HelloWorld 字样

在 ClassView 中双击 CHelloWorldView 类的 OnDraw 函数，定位到 CHelloWorldView::OnDraw 函数上，在客户区中将显示 OnDraw 函数的实现代码，如图 1-28 所示。

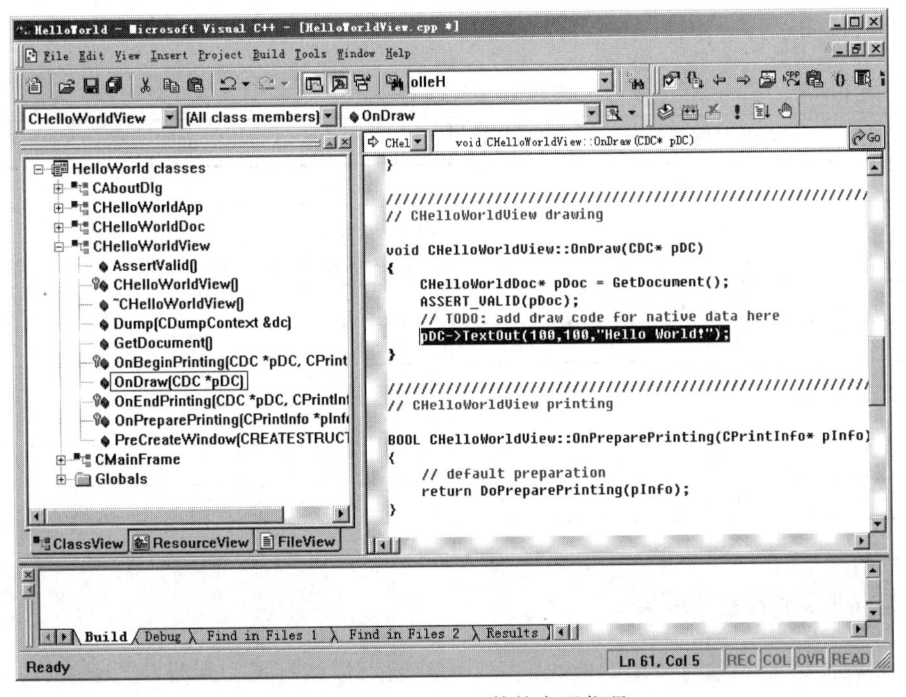

图 1-28 OnDraw 函数的实现代码

在 OnDraw 函数中输入语句：

```
pDC->TextOut(100,100,"Hello World!");
```

3．编译、运行 HelloWorld 应用程序

选择【Build|Build】菜单项，编译并链接 HelloWorld 应用程序，然后选择【Build|Execute】菜单项，执行 HelloWorld 应用程序。HelloWorld 应用程序的运行效果如图 1-29 所示。

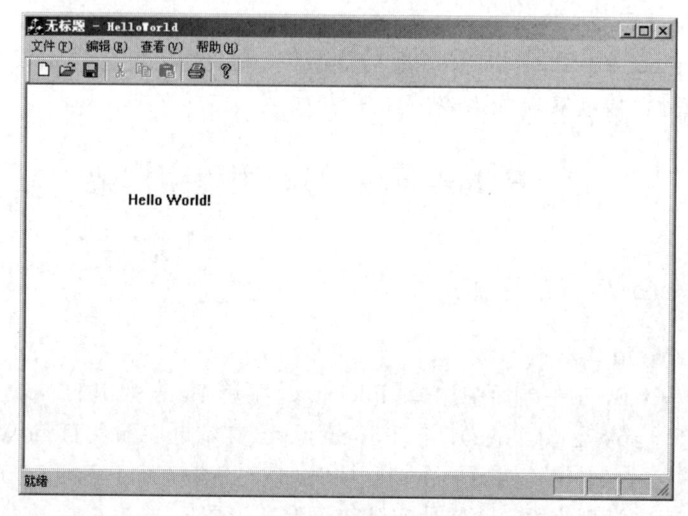

图 1-29 HelloWorld 应用程序的运行效果

1.2.2 Visual C++ 6.0 文件

打开 HelloWorld 应用程序存放的目录，可以看到 Visual C++创建了多种类型的文件。表 1-1 列出了 Visual C++文件。

表 1-1 Visual C++文件

文件扩展名	说明
APS	ResourceView 文件
BSC	浏览器信息文件
CLW	ClassWizard 文件
DSP	工程文件
DSW	工作区文件
MAK	外部生成文件
NCB	ClassView 文件
OPT	保存工作区配置
PLG	日志文件
RC	资源文件

1.2.3 MFC 应用程序框架

为什么我们只需要编写少量的代码，应用程序就可以运行了？那要归功于 MFC 应用程序框架。

应用程序框架是“提供一般应用程序需要的全部面向对象软件组件的集成集合”。应用程序框架实现了一个一般应用程序可以运行的基本代码（WinMain 函数和消息循环等），留给程序员的仅仅是填写与业务逻辑相关（实现软件功能）的代码，以便使程序员从繁琐重复的工作中解脱出来，集中精力实现软件的业务逻辑，提高软件开发效率。正如那个古老的 HelloWorld 应用程序，真正编写的代码仅仅就是那行在屏幕上输出“Hello World”字样的代码。这正是“Hello World”应用程序要实现的功能。

下面以 HelloWorld 应用程序为例，剖析 MFC 应用程序框架。

1. WinMain 函数

Windows 要求应用程序有一个 WinMain 函数。在 MFC 应用程序中，不需要编写 WinMain 函数，是因为应用程序框架实现了它，并且将其隐藏起来。

2. CHelloWorldApp 类

CHelloWorldApp 类继承自 CWinApp 类。该类的一个对象代表一个应用程序，CHelloWorldApp 类的对象代表 HelloWorld 应用程序，这正是 CHelloWorldApp 类命名的方法。CHelloWorldApp 类负责初始化应用程序并且运行应用程序。

应用程序框架定义了一个全局的 CHelloWorldApp 对象，即 theApp。theApp 对象在 C++全局对象构造的时候（主程序执行之前）被构造，并且在整个应用程序运行期间都可用。代码如下：

```
CHelloWorldApp theApp;
```

这行代码在 HelloWorld.cpp 文件中 CHelloWorldApp 类的构造函数的下面。

MFC 提供了以下几个全局方法访问 CWinApp 对象和其他全局信息：

- AfxGetApp：获得 CWinApp 对象的一个指针。
- AfxGetAppName：获得应用程序名称。如果用 AfxGetApp 获得 CWinApp 对象的一个指针，还可以通过 CWinApp 对象的 m_pszExeName 属性获得应用程序名称。
- AfxGetInstanceHandle：获得当前应用程序的实例句柄。
- AfxGetResourceHandle：获得当前应用程序的资源句柄。

下面介绍 CHelloWorldApp 类继承自 CWinApp 类的几个重要的成员函数。

（1）CHelloWorldApp::InitInstance。

WinMain 函数调用全局应用程序对象 theApp 的虚函数 InitInstance。这个成员函数调用所需要的构造和显示应用程序框架的主框架窗口。CWinApp 类的派生类 CHelloWorldApp 重载了 InitInstance 函数，使程序员有机会初始化特定的应用程序主框架窗口。

（2）CHelloWorldApp::Run。

CHelloWorldApp::Run 隐藏在 CWinApp 类中。MFC 应用程序框架并没有自动重载该函数，因为大多数情况下不需要重载该函数。WinMain 函数调用了 InitInstance 函数后就调用了继承自类 CWinApp 的 Run 函数。Run 函数运行消息循环，将消息派发到其他窗口。

（3）CHelloWorldApp::ExitInstance。

ExitInstance 函数由 Run 函数在退出应用程序时调用，负责做一些应用程序退出后的清理工作。

应用程序执行的顺序如图 1-30 所示。

3. CMainFrame 类

CMainFrame 类继承自 CFrameWnd 类。CMainFrame 类的一个对象代表应用程序的主框架窗口。CMainFrame 类可以拥有状态栏、工具栏等，这些都可以通过 AppWizard 设置。关闭主框架窗口将退出应用程序。

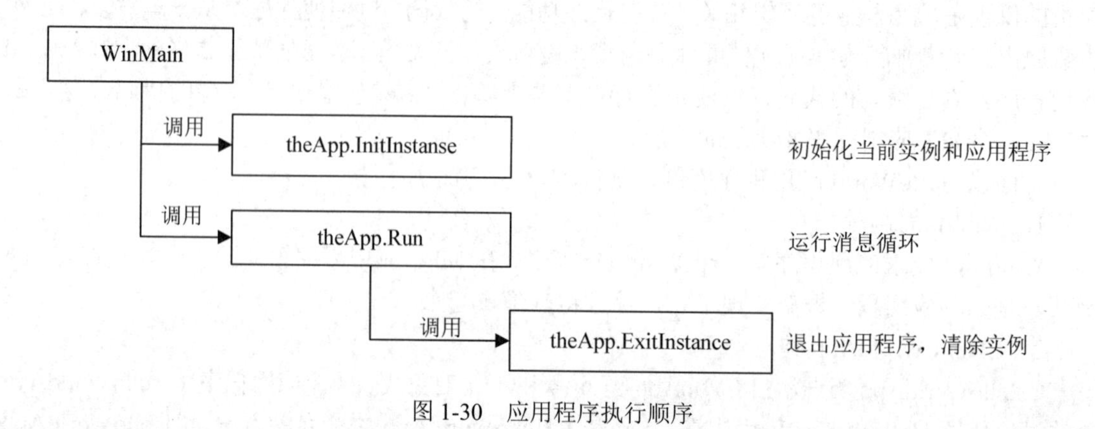

图 1-30　应用程序执行顺序

MFC 应用程序框架还为 HelloWorld 应用程序实现了两个类：CHelloWorldDoc 和 CHelloWorldView。这两个类是 MFC 应用程序框架中的文档视图结构。有关文档视图结构方面的知识将在后面的章节详细介绍。

1.3　对话框

对话框是用来和用户交换信息的窗口。它可能是一个简单的 OK 消息框，反馈程序的执行情况；也可能是一个功能复杂的数据输入窗体，与应用程序交换数据。

对话框与其他窗口不同的地方在于对话框始终与 Windows 资源相关联，这些资源标识对话框元素。通过使用对话框编辑器来创建和编辑对话框资源，可以快速、高效地以可视化的方式生成对话框资源。

对话框上可以包含许多控件元素，众多的对话框控件丰富了信息的表现形式。这些控件有编辑控件（文本框）、按钮、列表框、组合框、静态文本（标签）、树状视图、列表视图、进度条等。Windows 使用特殊的分组逻辑和 Tab 键次序来管理这些控件。对话框控件可以由 CWnd 类或由它派生的相应子类的指针访问。控件发送消息到它的父对话框，以响应键入文本或者单击按钮之类的动作。

Visual C++ 6.0 的 ClassWizard 能为对话框资源生成由 CDialog 派生的相应的对话框类，该类实现了对话框的所有功能。ClassWizard 还可以为对话框控件元素添加相应的成员变量，这样就可以简单地通过这些成员变量来访问控件，还可以为一些控件指定一些参数，如最大文本长度、数值上下限等。

对话框分为模态对话框与非模态对话框两种。

模态对话框表现为：在对话框打开的时候，用户不能在同一个应用程序的其他窗口工作。Word 的 Open File（打开文件）对话框就是一个典型的模态对话框。

非模态对话框与模态对话框相反，在对话框打开的同时，用户还可以在应用程序的其他窗口工作。Word 的“查找和替换”对话框是一个典型的非模态对话框。

1.3.1　模态对话框

模态对话框是最常用的对话框。模态对话框的工作模式为：用户通过操作（例如，选择菜单或单击按钮）打开一个对话框，然后在对话框中工作，并在工作完了之后关闭对话框。下面是在当前工程中增加一个模态对话框的步骤。

- 使用资源编辑器来创建对话框资源。资源编辑器更新工程的 RC 文件，以包括新的对话框资源；并且，它使用对应的#define 常量来更新工程的 resource.h 文件。
- 使用 ClassWizard 为对话框资源创建由 CDialog 派生的对话框类。ClassWizard 为工程添加相关的代码和文件。
- 使用 ClassWizard 来添加控件成员变量到对话框类中。
- 使用 ClassWizard 为对话框类需要处理的消息添加消息处理程序，并实现这些消息处理程序。
- 在适当的地方激活对话框。

下面将以一个示例来展示如何逐步实现模态对话框。这个示例建立在 HelloWorld 应用程序的基础上，当用户在视图窗口上单击时，弹出一个模态对话框。模态对话框上有一个文本框，文本框中最多只能输入 8 个字符。用户在文本框中输入数据后，单击 OK 按钮，会弹出消息框以显示用户输入的数据。单击模态对话框的 Cancel 按钮，退出模态对话框，回到主框架窗口。

通过学习这个示例，读者可以掌握资源编辑器、ClassWizard 的使用、MFC 消息映射等知识。

1. 打开 HelloWorld 工程

选择【File|Open Workspace】菜单项，弹出 Open Workspace 对话框，在存放 HelloWorld 工程的文件夹中选择其工作区文件（.dsw），然后单击“打开”按钮。

2. 创建对话框资源

创建对话框资源分为如下几步：

（1）新建对话框资源。

选择【Insert|Resource】菜单项，弹出 Insert Resource 对话框，在 Resource Type（资源类型）中选中 Dialog，然后单击 New 按钮，Visual C++创建了一个新的对话框资源，如图 1-31 所示。

（2）设置对话框属性。

在对话框资源上右击，在弹出的快捷菜单中选择 Properties 命令，弹出 Dialog Properties 对话框，如图 1-32 所示。在 Dialog Properties 对话框中可以设置诸如 Caption（对话框标题）、ID 等属性。这里设置 Caption 属性为“模态对话框”。

（3）为对话框添加控件。

控件工具栏（如果控件工具栏不可见，右击任何工具栏，在弹出的快捷菜单中选择 Controls 命令）中列出了许多常用的控件。在对话框中添加控件只需要将控件工具栏中的控件拖拽到对话框的合适位置上即可。控件工具栏如图 1-33 所示。

将文本框控件拖拽到对话框的合适位置上。右击文本框控件，弹出 Edit Properties 对话框，如图 1-34 所示。

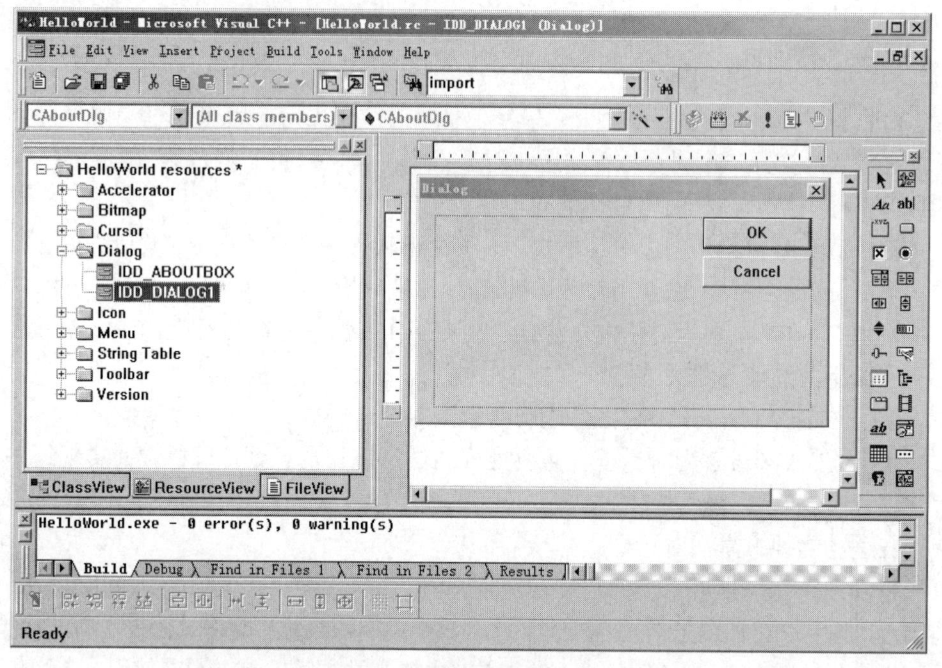

图 1-31　新的对话框资源

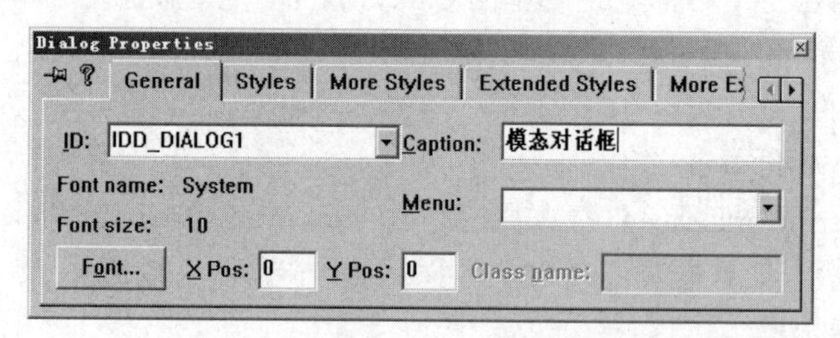

图 1-32　Dialog Properties 对话框

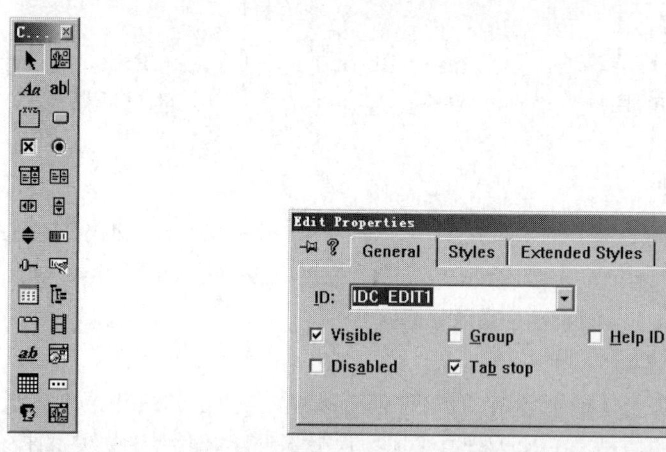

图 1-33　控件工具栏

图 1-34　Edit Properties 对话框

ID 下拉列表框中显示了控件的 ID 号 IDC_EDIT1（记住该控件的 ID 号，稍后将要用到），控件的 ID 号用来唯一地标识控件。有关控件的知识将在后续章节详细讲述。

将静态文本控件拖拽到刚才添加的文本框控件的旁边，用来提示文本框的用途。右击静态文本控件，弹出 Text Properties 对话框，在 Caption 文本框中输入“请输入您的姓名：”，如图 1-35 所示。

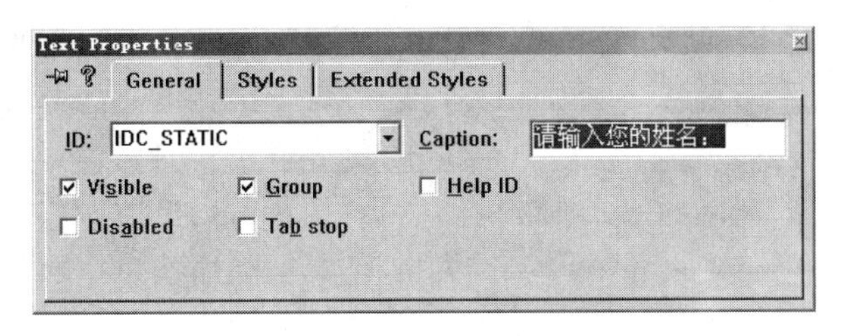

图 1-35　Text Properties 对话框

对话框编辑完了之后，可以测试一下对话框实际运行的效果。Visual C++ 6.0 可以在不运行应用程序的情况下测试对话框实际运行的效果。用户所有要做的只是在屏幕下方的 Dialog 工具栏（如果 Dialog 工具栏不可见，则右击任何工具栏，从弹出的快捷菜单中选择 Dialog 命令）上单击最左边的 Test 按钮或按 Ctrl+T 组合键。Dialog 工具栏如图 1-36 所示。

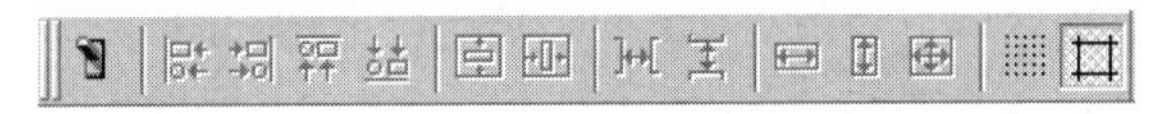

图 1-36　Dialog 工具栏

测试效果如图 1-37 所示。

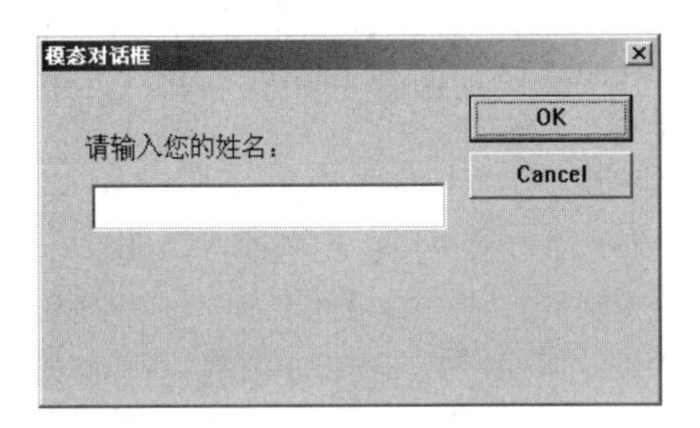

图 1-37　模态对话框的测试效果

3. 用 ClassWizard 为对话框资源添加对话框类

选择【View|ClassWizard】菜单项，运行 ClassWizard。此时 ClassWizard 会检测到新创建的对话框资源没有相关的对话框类。它弹出 Adding a Class 对话框询问是否需要为 IDD_DIALOG1 对话框资源创建一个新类或选择一个现存的类，如图 1-38 所示。

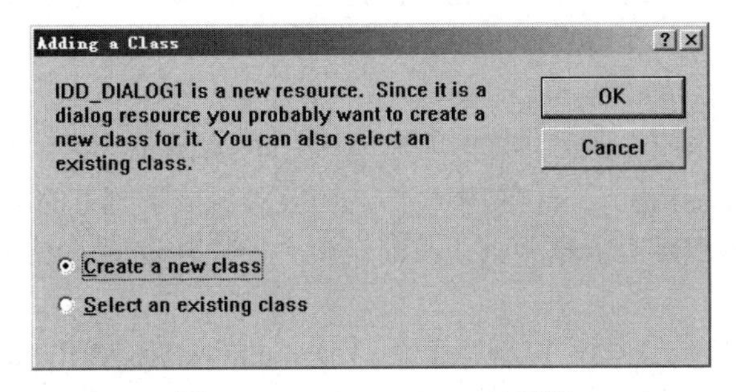

图 1-38　Adding a Class 对话框

选择 Create a new class，然后单击 OK 按钮，又弹出 New Class 对话框。在 Name 文本框中输入类名 CMyDialog（C++风格类名以大写字母 C 开头），ClassWizard 自动为 CMyDialog 准备了 MyDialog.cpp 文件作为类的实现文件。在 Base class 下拉列表框中选择新类的基类 CDialog，在 Dialog ID 下拉列表框中选择对话框资源 ID 为 IDD_DIALOG1，如图 1-39 所示。

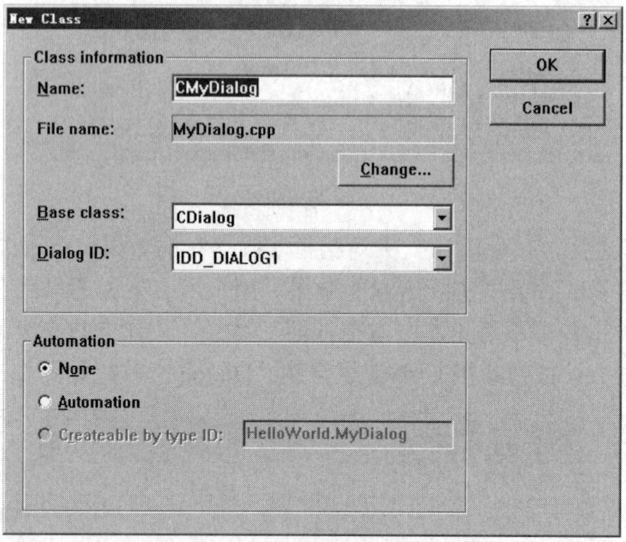

图 1-39　New Class 对话框

单击 OK 按钮，退出 New Class 对话框，回到 MFC ClassWizard 对话框中，此时 CMyDialog 新类已出现在 ClassWizard 中。

4. 添加控件成员变量

控件成员变量指控件所在类的与某个控件相关的成员变量。控件成员变量有两种：一种是 Value（值）变量，一种是 Control（控件）变量。

Value 变量是一个数据类型，如 int 型、CString 型等。Value 变量代表控件的值。如文本框控件的 Value 变量代表文本框中的字符串。

Control 变量是一个 Controls 类变量，这些 Controls 类都继承自 CWnd 类。常见的 Controls 类有 CEdit、CButton、CComboBox、CListBox、CScrollBar、CStatic、CDialog 等。通过 Control 变量可以访问控件的许多方法，如使控件获得焦点、设置控件风格。

当然，这个步骤并不是必需的。如果没有为控件添加控件成员变量，还可以通过对话框类的 GetDlgItem 函数得到控件的指针从而访问控件。控件成员变量的使用方法和原则将在后面的实例章节详细讲解，下面就为刚才添加的文本框控件添加控件成员变量。

添加控件成员变量的方法如下：

（1）选择【View|ClassWizard】菜单项，运行 ClassWizard，选择 Member Variables 选项卡，如图 1-40 所示。在 Class name 下拉列表框中选择要添加成员变量的类，这里选择 CMyDialog（对话框）类。Control IDs 列表框中列出了对话框中的控件资源（ID 号为 IDC_STATIC 的控件资源不会被列出来）。

（2）选择一个控件资源 ID，然后单击 Add Variable 按钮，弹出 Add Member Variable 对话框，如图 1-41 所示。

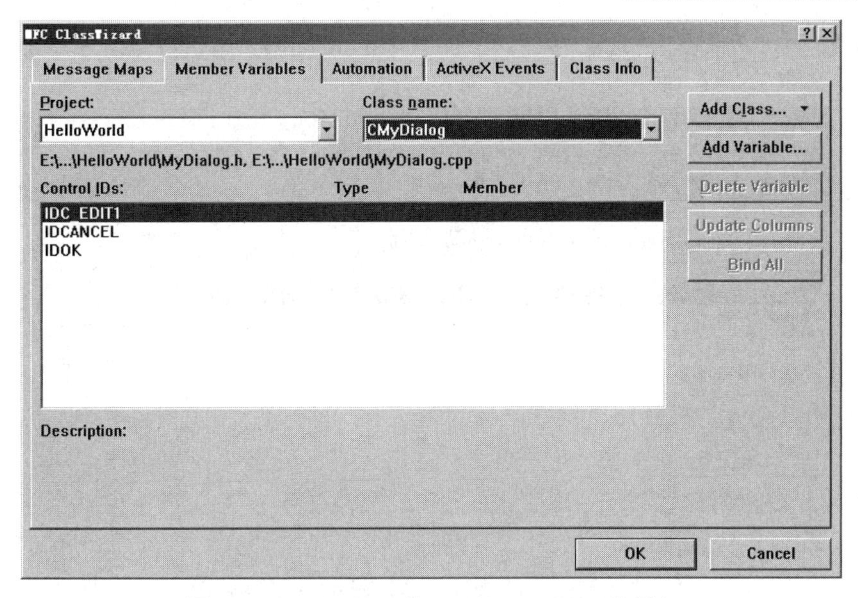

图 1-40　ClassWizard 的 Member Variables 选项卡

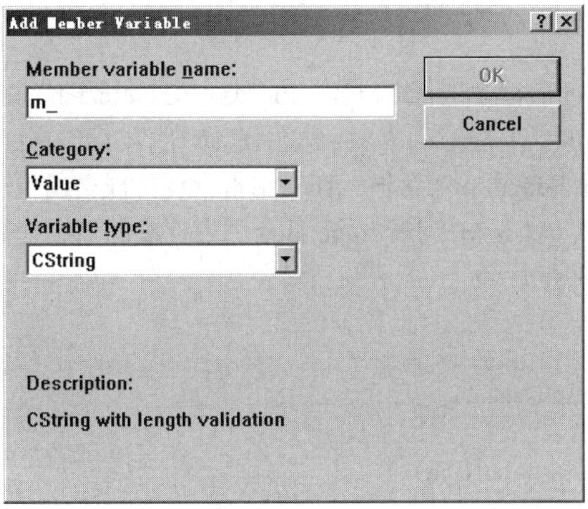

图 1-41　Add Member Variable 对话框

在 Member variable name 文本框中输入成员变量名，在 Category 下拉列表框中选择变量种类（Value 或者 Control），在 Variable type 下拉列表框中选择变量类型。设置完之后，单击 OK 按钮回到 ClassWizard。

（3）若是 Value 变量，还可以设置变量的合法性验证参数。CString 变量可以设置其长度限制（最大字符数），int、long 等数值变量可以设置其范围限制（最大值、最小值）。具体设置方法是选中一个变量，在 Member Variables 选项卡的最下方输入合法性验证参数即可，如图 1-42 所示。

在这里，为 IDC_EDIT1 控件添加一个 Value 变量 m_strName，变量类型为 CString，变量的合法性验证参数为最大字符数为 8。

5. 为对话框类添加消息处理程序

在这个示例中，当用户单击 OK 按钮时退出对话框，并将文本框中的字符串显示在视图窗口中。现在就为对话框类添加 OK 按钮产生的 BN_CLICKED（单击按钮消息）处理函数。

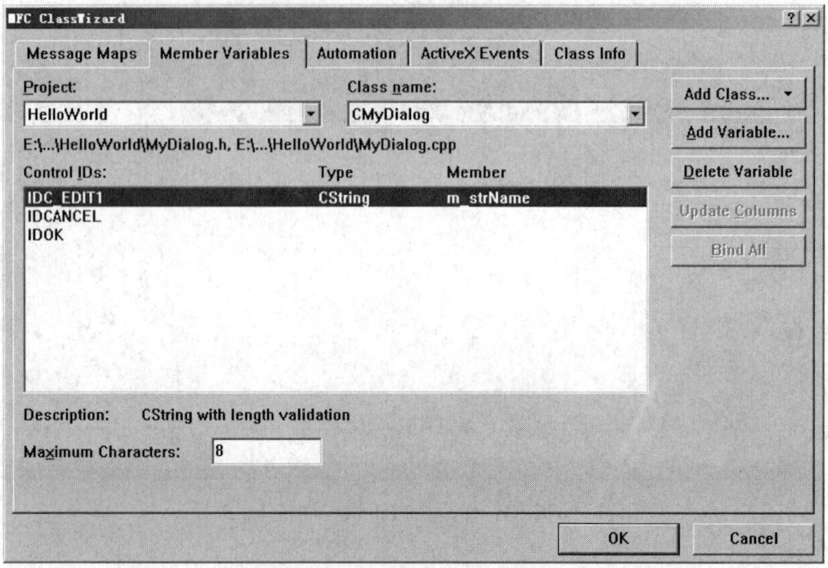

图 1-42　Value 变量的合法性验证

在 Class name 下拉列表框中选择 CMyDialog 类，在 Object IDs 列表框中选择消息产生对象 OK 按钮的 ID 号 IDOK，在 Messages 列表框中选择 BN_CLICKED，然后单击 Add Function 按钮，弹出 Add Member Function 对话框。在对话框中保持成员函数名 OnOK 不变，单击 OK 按钮，回到 ClassWizard。双击 Member functions 列表框中的消息处理函数 OnOK，光标已定位到了该函数处。输入如下代码：

```
void CMyDialog::OnOK()
{
    // TODO:Add extra validation here
    UpdateData(true);
    AfxMessageBox(this->m_strName);
    //CDialog::OnOK();
}
```

UpdateData 函数是对话框类 CMyDialog 继承自间接基类 CWnd 的成员函数，其原型如下：

```
BOOL UpdateData(BOOL bSaveAndValidate = TRUE);
```

该函数有一个 BOOL 型并带默认值为 TRUE 的参数 bSaveAndValidate。当参数 bSaveAndValidate 为 FALSE 时，函数将控件成员变量的值显示在控件上；当 bSaveAndValidate 为 TRUE 时，函数将控件上的值保存在控件成员变量上并做有效性验证。

AfxMessageBox 函数弹出消息框以显示用户输入的姓名。

OnOK 函数将关闭对话框，DoModal 函数返回。根据程序的要求，单击 OK 按钮后不需要退出对话框，所以要注释掉这条语句。

6. *激活对话框*

在上述步骤完成之后，便可激活对话框让其工作了。根据要求，用户在视图窗口上单击激活对话框。

（1）包含对话框类 CMyDialog 的头文件。在 HelloWorldView.cpp 文件的顶部添加如下语句：

```
#include "Mydialog.h"
```

（2）为视图窗口类 CHelloWorldView 添加视图窗口自身产生的鼠标左键按下（WM_LBUTTONDOWN）的消息处理函数。

在 Class name 下拉列表框中选择 CHelloWorldView，在 Object IDs 列表框中选择 CHelloWorldView，在 Messages 列表框中选择 WM_LBUTTONDOWN，然后单击 Add Function 按钮，弹出 Add Member Function 对话框。在对话框中保持成员函数名 OnLButtonDown 不变，单击 OK 按钮，回到 ClassWizard。双击 Member functions 列表框中的消息处理函数 OnLButtonDown，光标已定位到了该函数处。输入如下代码：

```
void CHelloWorldView::OnLButtonDown(UINT nFlags, CPoint point)
{
    // TODO:Add your message handler code here and/or call default
    CMyDialog myDlg;
    int nRet=-1;
    nRet=myDlg.DoModal();
    CView::OnLButtonDown(nFlags, point);
}
```

CMyDialog myDlg;语句在堆栈上创建一个对话框对象。

DoModal 函数是 CMyDialog 类继承自直接基类 CDialog 的成员函数。该函数的功能是以模态方式打开对话框并返回对话框执行的结果。

CView::OnLButtonDown(nFlags, point);语句是 ClassWizard 自动添加的语句，该语句调用基类的消息处理函数。

7. 运行应用程序

单击视图窗口启动对话框，这时不能切换到另外的窗口上工作，这正是模态对话框的特性。并且可以验证，在文本框中最多只能输入 8 个字符，这是前面设置的控件成员变量的合法性验证参数在起作用。程序的运行效果如图 1-43 所示。

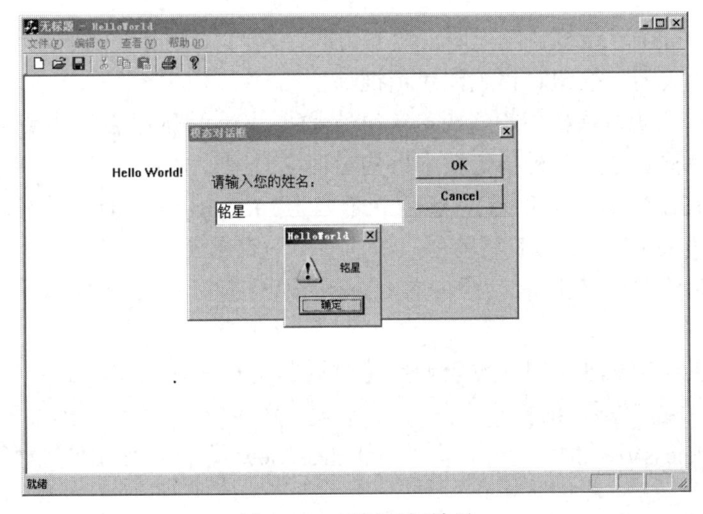

图 1-43　示例运行效果

1.3.2 非模态对话框

非模态对话框的设计与模态对话框基本类似，也包括设计对话框资源和设计 CDialog 类的派生类两部分，主要区别在于对话框的创建和删除。

在解释这些之前，先理解对话框对象和对话框窗口两个概念。对象是 C++的一个标准概念，即类的一个实例，形式上可以理解为类的一个变量。对话框对象就是一个对话框类的变量。对话框窗口是这个对话框对象创建的依附于其上的一个用户可见、可操作的对话框。对话框类有一个继承自间接基类 CWnd 的一个 public 数据成员 m_hWnd，它就是用来保存依附其上的窗口句柄，如图 1-44 所示。

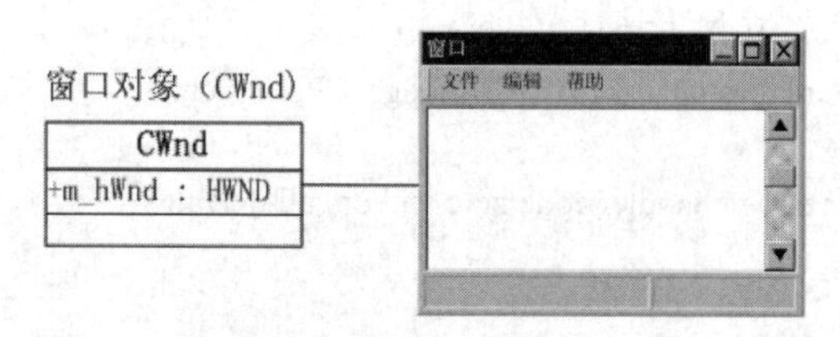

图 1-44 窗口对象与窗口的关系

非模态对话框对象的创建不同于模态对话框。模态对话框对象的创建是以局部变量的形式构建在堆栈上的，例如在 1.3.1 节的示例中的 CMyDialog myDlg 语句。非模态对话框对象是用 new 操作符在堆栈中动态创建的。通常应在对话框的拥有者窗口类中声明一个指向对话框类的指针成员变量，通过该指针成员变量可访问对话框对象。

非模态对话框创建对话框窗口也不同于模态对话框。模态对话框是通过调用其 DoModal 成员函数创建并显示对话框窗口的。在对话框窗口关闭之前将不能在其他窗口工作。非模态对话框窗口的创建是通过调用 Create 成员函数。Create 成员函数接受对话框资源 ID 作为参数，并且，在对话框窗口创建后就立即返回。对话框与应用程序共用同一个消息循环，这样在对话框打开的同时还可以工作在其他窗口。

本节仍然打算用一个示例来讲述非模态对话框的相关知识。

示例是一个 SDI 应用程序。当用户在视图窗口单击时，打开一个非模态对话框，并且在同一时刻只能打开一个对话框；在视图窗口右击时，关闭对话框。对话框上有一个“关闭”按钮，当用户单击“关闭”按钮时将关闭对话框。

视图要打开和关闭对话框窗口，就要有一个数据成员保存对话框对象的指针；视图在构造函数中构造对话框对象，在析构函数中析构对话框对象。

（1）运行 MFC AppWizard(exe)，新建一个名为 Modeless 的 SDI 应用程序。

（2）选择【Insert|Resource】菜单项，新建一个对话框资源。将对话框的 Caption（标题）设置为“非模式对话框”；删除自动添加的 Cancel 按钮控件，并将 OK 按钮控件的 Caption 改为“关闭”。

（3）运行 ClassWizard 为对话框资源创建对话框类 CModelessDlg。

（4）实现非模态对话框的打开。

1）编辑 ModelessView.h 头文件，在 CModelessView 类中声明对话框对象的指针。

```
private:
    CModelessDlg * m_dlgModeless;
```

在 ModelessView.h 头文件的开始添加如下语句：

```
class CModelessDlg;
```

加入该行的原因是在 CModelessView 类中有一个 CModelessDlg 类型的指针，因此必须保证 CModelessDlg 类的声明出现在 CModelessView 类之前，否则编译时将会出错。解决这个问题有两种办法：一种办法是保证在#include "ModelessView.h" 语句之前有#include "ModelessDlg.h"语句，这种办法造成了一种依赖关系，增加了编译负担，不是很好；另一种办法是在 CModelessView 类的声明之前加上一个对 CModelessDlg 类的声明来暂时“蒙蔽”编译器，这样在有#include "ModelessView.h"语句的模块中，除非要用到 CModelessDlg 类，否则不用加入#include "ModelessDlg.h"语句。

2）在 CModelessView 类的实现文件中构造、析构对话框对象。

为了在 ModelessView.cpp 文件中使用到对话框类，要用#include 指令包含对话框类的头文件。在 ModelessView.cpp 文件的 IMPLEMENT_DYNCREATE(CModelessView, CView)前面添加如下代码：

```
#include "ModelessDlg.h"
```

在 CModelessView 类的构造函数中构造对话框对象，代码如下：

```
CModelessView::CModelessView()
{
    m_dlgModeless=new CModelessDlg(this);
}
```

在 CModelessView 类的析构函数中析构对话框对象，代码如下：

```
CModelessView::~CModelessView()
{
    delete m_dlgModeless;
}
```

3）创建并打开对话框窗口。

当用户在视图窗口单击时将产生 WM_LBUTTONDOWN 消息，视图窗口类 CModelessView 接收该消息，创建并打开对话框窗口。运行 ClassWizard，为 CModelessView 添加 WM_LBUTTONDOWN 消息处理函数 OnLButtonDown。在 OnLButtonDown 函数中输入如下代码：

```
void CModelessView::OnLButtonDown(UINT nFlags,CPoint point)
{
    if(m_dlgModeless->GetSafeHwnd() == NULL)
    {
        m_dlgModeless->Create(CModelessDlg::IDD,this);
    }
    m_dlgModeless->ShowWindow(SW_SHOW);
    CView::OnLButtonDown(nFlags, point);
}
```

GetSafeHwnd 函数是对话框类 CModelessDlg 继承自 CWnd 类的一个成员函数，原型如下：

```
HWND GetSafeHwnd() const;
```

该函数返回窗口对象的窗口句柄。如果窗口对象上没有依附的窗口或窗口对象指针为空将返回 NULL 值。

Create 函数是对话框类 CModelessDlg 继承自 CDialog 类的一个成员函数，原型如下：

```
virtual BOOL Create(UINT nIDTemplate, CWnd* pParentWnd = NULL);
```

nIDTemplate 参数是对话框资源的 ID 号，pParentWnd 参数是对话框窗口的父窗口指针。该函数将创建依附于窗口对象上的窗口。

ShowWindow 函数是对话框类 CModelessDlg 继承自 CWnd 类的一个成员函数，原型如下：

```
BOOL ShowWindow(int nCmdShow);
```

该函数设置窗口的可见性，并返回窗口之前的状态。若之前窗口是可见的，则返回 TRUE；否则返回 FALSE。nCmdShow 参数指示窗口显示状态（其值参见 MSDN 或联机帮助手册）。这里设置其值为 SW_SHOW，表示显示窗口。若要隐藏窗口，设置其值为 SW_HIDE。

调用 GetSafeHwnd 函数，当其返回非空值时，可以断定对话框对象已经有了一个依附其上的对话框窗口，这时，调用 ShowWindow 函数简单地将其对话框窗口显示出来即可。如果返回 NULL 值，表明对话框对象未曾有依附其上的对话框窗口，则调用 Create 函数创建一个依附于对话框对象上的对话框窗口，然后调用 ShowWindow 将其显示出来。

（5）实现关闭对话框窗口。

当用户在视图窗口右击时将产生 WM_RBUTTONDOWN 消息，视图窗口类 CModelessView 接收该消息，销毁对话框窗口。运行 ClassWizard，为 CModelessView 添加 WM_RBUTTONDOWN 消息处理函数 OnRButtonDown。在 OnRButtonDown 函数中输入如下代码：

```
void CModelessView::OnRButtonDown(UINT nFlags,CPoint point)
{
    m_dlgModeless->DestroyWindow();
    CView::OnRButtonDown(nFlags, point);
}
```

DestroyWindow 函数是对话框类 CModelessDlg 继承自 CWnd 类的一个成员函数，原型如下：

```
virtual BOOL DestroyWindow();
```

该函数销毁依附于对话框对象上的对话框窗口。

当用户右击时调用该函数销毁了依附在对话框对象上的对话框窗口后，再单击会调用 GetSafeHwnd 函数，将返回 NULL 值。这将调用 Create 函数创建依附于对象框对话上的对话框窗口并将其显示出来。

（6）运行应用程序。

当用户单击弹出非模态对话框后，仍然可以单击应用程序主框架窗口将其激活。这就是非模态对话框的最主要特性。

1.4 控件

Windows 图形用户界面由各种各样的元素组成。这些元素就是控件。用户通过这些控件来与应用程序交互。例如 Button（按钮）控件，它通过按钮上的标题展示应用程序的功能。

用户单击某个按钮，如“保存”按钮，按钮将通知应用程序用户选择了保存功能，这时应用程序执行保存功能来响应用户的选择。Windows 操作系统提供了若干 Windows 公共控件。这些控件对象都是可编程的，Visual C++对话框资源编辑器支持将这些控件对象添加到对话框。MFC 提供相应的类来封装这些控件。CWnd 类是所有窗口类（包括所有控件类）的基类。

1.4.1　CWnd 类

MFC 提供 CWnd 类来封装窗口的 HWND 句柄。CWnd 对象是一个 C++窗口对象，CWnd 类是所有窗口（包括框架窗口、对话框、子窗口、控件和工具栏这样的控制条）类的基类。这些控件都继承自 CWnd 类，所以它们具有 CWnd 类提供的这些通用的功能。下面介绍 CWnd 类提供的常用成员函数。

1. CWnd::SetWindowText 函数

原型：void SetWindowText(LPCTSTR lpszString);

该函数设置窗口的标题为 lpszString 参数指定的文本。lpszString 参数是一个 CString 对象或一个以 NULL 结尾的字符串常量。如果窗口是一个控件，将设置控件上的文本。例如调用按钮控件对象的 SetWindowText 函数将设置按钮上的标题。

2. CWnd::GetWindowText 函数

原型：void GetWindowText(CString& rString) const;

该函数将窗口的标题复制到 rString 字符串上。rString 是一个 CString 对象，用来接收窗口标题。如果窗口是一个控件，将获得控件上的文本。

3. CWnd::SetFocus 函数

原型：CWnd* SetFocus();

调用窗口对象的 SetFocus 函数，将使窗口对象获得输入焦点，之前获得输入焦点的窗口都将失去输入焦点。该函数返回之前获得输入焦点的窗口对象指针。

4. CWnd::GetParent 函数

原型：CWnd* GetParent() const;

调用该函数返回窗口的直接父窗口对象指针；如果该窗口没有父窗口，将返回 NULL。返回的直接父窗口对象指针是临时的，不应该保存起来供以后使用。

5. CWnd ::GetDlgCtrlID 函数

原型：int GetDlgCtrlID() const;

该函数返回窗口或控件的 ID（标识符）。

6. CWnd ::GetDlgItem 函数

原型：CWnd* GetDlgItem(int nID) const;

调用该函数返回 nID 参数指定的控件或子窗口对象的指针。nID 参数指定想要获得的控件的标识符（ID）。返回的指针通常被转换为相应的控件或子窗口对象指针。例如如下代码：

```
CEdit* pBoxOne;
pBoxOne = (CEdit*) GetDlgItem(IDC_EDIT1);
```

CEdit 是 Edit Box 控件对应的 MFC 类。

第一句声明了一个 CEdit 对象指针。

第二句调用 GetDlgItem 函数返回 IDC_EDIT1 标识的 Edit Box 控件，并将其转换为控件对应的 MFC 类对象 CEdit 的指针。

1.4.2 控件

控件是窗口对象的组成元素。Windows 操作系统提供了许多 Windows 公共控件，下面介绍几个常用的控件。

1. Static Text（静态文本）控件

静态文本控件通常用来反馈应用程序执行的情况或提示用户信息。例如静态文本控件显示“系统正忙，请稍后再试”的字样来反馈应用程序正在忙于事务的情况；又如显示“请在此输入姓名”的字样来提示用户输入姓名。

（1）常用属性。

Caption：显示出来的文本。

Align Text：对齐控件标签。其值可以为 Left、Center、Right 三者之一，分别表示左对齐、居中、右对齐。

Center Vertically：设置控件标签垂直居中。

Sunken：设置控件下凹。

Boder：设置控件的边框。

Notify：设置了此属性，如果在控件上单击或双击将通知其父窗口。

（2）常用消息。

BN_CLICKED：设置了 Notify 属性，当用户在按钮上单击后将产生此消息。

2. Picture（图片）控件

图片控件用来在对话框上显示一幅图片、一个矩形或一个框架。

（1）常用属性。

Type：设置图片控件的类型，其值可以为下列值：

- Frame：显示一个框架，并且可以通过 Color 属性设置框架的颜色。Type 属性默认为该值。
- Rectangle：显示一个矩形，并且可以通过 Color 属性设置框架的颜色。
- Icon：显示一个图标，并且可以通过 Image 属性设置想要显示的图标。
- Bitmap：显示一个位图，通过 Image 属性设置想要显示的位图。
- Enhanced Metafile：显示一个图元文件，Enhanced Metafile 缩写为 EMF，是 Windows Metafile（WMF）的 32 位版，即增强型图元文件类型。

Image：如果 Type 属性设置为 Icon 或 Bitmap，该属性设置要显示的 Icon 或 Bitmap 资源的 ID。

Color：如果 Type 属性设置为 Frame 或 Rectangle，该属性设置框架或矩形的颜色。

Center image：如果 Type 属性设置为 Icon 或 Bitmap，并且设置了该属性，当指定的 Icon 或 Bitmap 资源不能填满图片控件时，图片控件将以 Icon 或 Bitmap 资源的左上角的像素颜色填充控件的未填充部分。

（2）常用消息。

BN_CLICKED：设置了 Notify 属性，当用户在按钮上单击时将产生此消息。

3. Button（按钮）控件

当用户单击某个按钮控件时，表明用户选择了应用程序的某项功能，并通知应用程序；应用程序收到用户的通知后，执行相应的操作以响应用户的请求。

（1）常用属性。

Default Button：如果某个按钮被设置了此属性，它将成为对话框的默认按钮。在对话框第一次出现的时候，该按钮的边框将显示加重的黑色线条；并且，如果用户按下 Enter（回车）键将执行此按钮。一个对话框最多只能设置一个按钮为 Default Button。

Flat：如果某个按钮被设置了此属性，它将使按钮看上去是平坦的，没有三维立体效果。

（2）常用消息。

BN_CLICKED：当用户在按钮上单击时将产生此消息。

BN_DOUBLECLICKED：当用户在按钮上双击时将产生此消息。

4. Edit Box（文本框）控件

文本框控件通常用来收集用户信息。

（1）常用属性。

Multiline：默认文本框控件只允许输入一行文字，如果文本框被设置了此属性，它将成为多行文本框，允许输入多行文字。

Horizontal scroll：为多行文本框提供一个水平滚动条。

Vertical scroll：为多行文本框提供一个垂直滚动条。

Auto VScroll：如果一个多行文本框被设置了此属性，当用户在其最下一行的最右边输入字符时，文本框将向上滚动一行。

注意：以上三个属性只有设置了 Multiline 属性的多行文本框才有。

Auto HScroll：设置此属性，当用户在文本框的最右边输入字符时，文本框将自动向右边滚动文本。

Want return：如果一个多行文本框被设置了此属性，当用户在其中按下回车键时，将在文本框的文本中插入回车符；否则按下回车键等于单击对话框中的默认按钮。

Number：如果文本框被设置了此属性，它将成为数字文本框，只允许输入数字。

Password：如果文本框被设置了此属性，在其中输入的字符将以密码字符“*”显示，以防止保密信息的泄露。

Uppercase：如果文本框被设置了此属性，在其中输入的英文字母全部将转换成大写字母。

Lowercase：与 Uppercase 相反，设置了此属性，在其中输入的英文字母将全部转换成小写字母。

Read-only：此属性拒绝用户在文本框中输入文本。

（2）常用消息。

EN_CHANGE：此消息表明用户改变文本后显示已被更新。

EN_ERRSPACE：此消息表明文本框控件不能分配足够的内存满足特定的请求。

EN_HSCROLL：此消息表明用户单击了文本框控件的水平滚动条。

EN_VSCROLL：此消息表明用户单击了文本框控件的垂直滚动条。

EN_SETFOCUS：此消息表明文本框控件正接收输入焦点。

EN_KILLFOCUS：此消息表明文本框控件正失去输入焦点。

EN_MAXTEXT：此消息表明用户在文本框中输入的字符被截去了。通常可以在此消息的处理函数中提醒用户输入的字符个数超出文本框所允许的最大值。

5. Check Box（复选框）控件

复选框控件通常用来表示一个或真或假的条件。用户通过复选框控件的状态来回答条件的真假。例如，一个复选框表示"是否想要重新启动计算机？"，如果用户设置复选框为选中状态，则表明用户想要重新启动计算机；相反，则表明用户不想重新启动计算机。

（1）常用属性。

Push-like：设置此属性，复选框看起来像个按钮。当复选框未被选中时，按钮呈凸起状态；当复选框被选中时，按钮呈凹下状态。

（2）常用消息。

BN_CLICKED：当用户在按钮上单击时将产生此消息。

BN_DOUBLECLICKED：当用户在按钮上双击时将产生此消息。

6. Radio Button（单选按钮）控件

单选按钮控件通常用来在一组选项中选择一个选项。它与复选框相反，在一组由复选框表示的多个选项中，用户可以选择多个选项，所以复选框又叫做多选框；而在一组由单选按钮表示的多个选项中，用户只能从众多选项中选择一个。例如，一组单选按钮表示关机、重新启动、注销和待机四个选项，用户只能选择其中一个。

（1）常用属性。

它的属性与复选框控件类似。

（2）常用消息。

BN_CLICKED：当用户在按钮上单击时将产生此消息。

BN_DOUBLECLICKED：当用户在按钮上双击时将产生此消息。

7. List Box（列表框）控件

列表框控件通常用来显示一个列表，用户可以在这个列表中选择一个或多个选项。例如聊天室软件可以利用列表框列出在线的所有用户的昵称。

（1）常用属性。

Multi-column：如果列表框被设置了该属性，它将成为一个多列的列表框，并且列表框沿水平方向滚动。

Sort：如果列表框被设置了该属性，它将按照字母顺序排列其中的选项。

（2）常用消息。

LBN_SELCHANGE：此消息表明选项将要改变。

LBN_DBLCLK：此消息表明用户在列表框中双击了某选项。

LBN_ERRSPACE：此消息表明列表框控件不能分配足够的内存满足特定的请求。

LBN_SETFOCUS：此消息表明列表框正接收输入焦点。

LBN_KILLFOCUS：此消息表明列表框正失去输入焦点。

LBN_SELCANCEL：此消息表明选项已被取消。

8. Combo Box（组合框）控件

组合框就像其名字一样，它由一个列表框和一个文本框或一个静态文本组合而成。文本框或静态文本显示在列表框中选中的选项。默认情况下，列表框通过单击控件旁边的下拉箭头按钮显示。用户可以在文本框中输入信息，或者在列表框中选择选项。

（1）常用属性。

Type：该属性指定控件的类型，其值可以设置为下列中的一种：

- Simple：简单组合框，它由列表框和文本框组合而成。列表框一直是可见的；文本框显示列表框中的当前选项，用户还可以在文本框中输入字符。
- Dropdown：下拉组合框，组合框默认就是该属性。与 Simple 类型不同的是列表框不是一直可见的，只有当用户单击下拉箭头按钮后才显示列表框。
- Drop List：下拉列表框，该类型与 Dropdown 类型相似，文本框控件被替换成了静态文本，这个静态文本不允许用户输入，只显示当前选项。

（2）常用消息。

CBN_EDITCHANGE：此消息表明用户在组合框的文本框中改变了文本。

CBN_CLOSEUP：此消息表明组合框的列表框被关闭。

CBN_DBLCLK：如果组合框控件被设置成简单组合框，那么当用户在列表框中双击某个选项时将发送此消息。

CBN_DROPDOWN：如果组合框控件的 Type 属性被设置成 Dropdown 或 Drop List，那么当用户单击组合框的下拉箭头按钮时将发送此消息。

CBN_EDITUPDATE：当组合框的文本框将要显示改变的文本之前发送此消息。应用程序处理此消息，以便在显示改变的文本之前格式化文本。例如可以在此消息的处理函数中将用户输入的小写字母改为大写字母等。

CBN_ERRSPACE：同其他控件一样，此消息表明组合框控件不能分配足够的内存满足特定的请求。

CBN_SETFOCUS：同其他控件一样，此消息表明组合框控件正接收输入焦点。

CBN_KILLFOCUS：同其他控件一样，此消息表明组合框控件正失去输入焦点。

CBN_SELCHANGE：此消息表明一个新的选项被选择。通过处理此消息使应用程序有机会处理用户新的选择。例如像 Microsoft Word 应用程序一样，当用户在字体组合框中改变一个字体时，CBN_SELCHANGE 消息的处理函数将执行以改变所选文本的字体。

CBN_SELENDCANCLE：如果用户在组合框中选择了一个选项，当用户选择另外一个控件或关闭对话框时将发送此消息。它表明用户选择的选项被忽略了。

CBN_SELENDOK：此消息表明用户选择的选项有效。

1.4.3 Windows 常用控件总结

Windows 常用控件总结如表 1-2 所示。

表 1-2　Windows 常用控件总结

控件	MFC 类	说明
Static Text	CStatic	用来提示信息，通常与其他控件一起使用，用来提示控件的作用。例如在文本框控件的旁边放置一个 Static Text 控件，其 Caption 属性为姓名，提示用户在文本框输入姓名
Picture	CStatic	用来显示一幅图片、一个矩形或一个框架
Edit Box	CEdit	通常用来收集用户信息
Button	CButton	表示应用程序的某项功能
Check Box	CButton	询问用户是否需要某项功能
Radio Button	CButton	通常用一组 Radio Button 来表示多个选项，用户只能选择其中一个选项
List Box	CListBox	通常用来显示一个列表，用户可以在这个列表中选择一个或多个选项。例如聊天室软件可以利用列表框列出在线的所有用户的昵称
Combo Box	CComboBox	文本框和列表框的组合

1.5　控件栏

应用程序的控件栏包括工具栏、状态栏等。在工具栏中，可以添加按钮、组合框等其他一些控件，实现快捷操作。在状态栏中，可以显示一些动态的提示信息以便用户进行操作。

控件栏中的工具栏、状态栏分别由 MFC 中的 CToolBar 类、CStatusBar 类实现。这些类都继承自 CControlBar 类。具体的层次关系如图 1-45 所示。

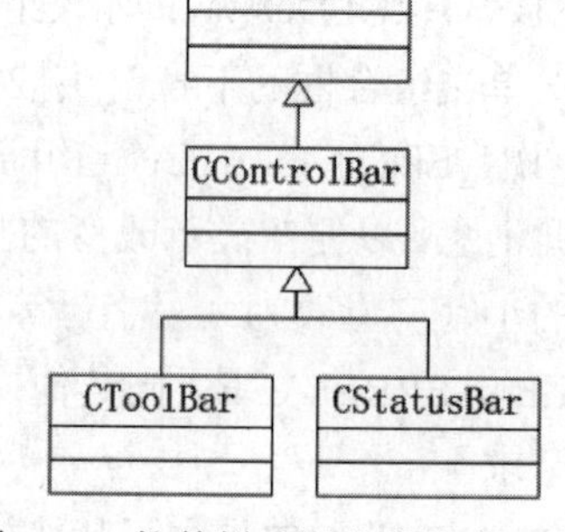

图 1-45　控件栏及派生类的类层次图

1.5.1　工具栏

工具栏是一个包含若干按钮的矩形子窗口。当用户选择一个按钮时，它将发送一个命令消息到工具栏的拥有者窗口。通常，工具栏上的按钮对应应用程序的菜单项，并提供给用户一个更加直接的方式访问应用程序命令。

在工具栏上，每一个按钮看起来似乎都有自己的位图，但实际上，整个工具栏只有一个位图，这个位图按顺序为每一个按钮分配一个 16 像素高、16 像素宽的位图片。应用程序框架给按钮提供一个边框，并通过改变这些边框和按钮的图片颜色来反映当前按钮的状态。工具栏位图存储在应用程序的\res 子目录的 Toolbar.bmp 文件中。某应用程序的工具栏位图如图 1-46 所示。

工具栏位图对应的工具栏如图 1-47 所示。

图 1-46　工具栏位图

图 1-47　工具栏

此外，在工具栏中还可以加入一些控件，如 Combo Box 控件等。

工具栏编程的一般步骤如下：

- 创建工具栏资源。
- 创建工具栏。
- 处理工具栏按钮更新命令 UI 消息。
- 处理工具栏按钮命令消息。

下面以一个 ControlBar 示例来讲解工具栏的使用。该示例是一个 SDI 应用程序，除了拥有 AppWizard 自动创建的工具栏外，还有一个用户自定义的工具栏。自定义工具栏上面有两个按钮，分别为 L 和 Y。单击 L 按钮，在视图上显示 L 字样；单击 Y 按钮，在视图上显示 Y 字样。工具栏上还有一个 Combo Box 组合框控件，该控件用来设置视图上的文本颜色。

通过学习该示例，读者可以掌握工具栏的相关的较全面的知识以及消息映射的另一种方法。

（1）运行 MFC AppWizard(exe)，创建一个名为 ControlBar 的 SDI 应用程序。

（2）创建工具栏资源。

创建工具栏资源的具体方法如下：

1）新建工具栏资源。

选择【Insert|Resource】菜单项，弹出 Insert Resource 对话框，在 Resource type 中选择 Toolbar，然后单击 New 按钮，新的 IDR_TOOLBAR1 工具栏资源添加到了 Resource View 中的 Toolbar 文件中。

2）编辑工具栏资源。

双击 IDR_TOOLBAR1 工具栏资源，打开工具栏资源编辑器，如图 1-48 所示。

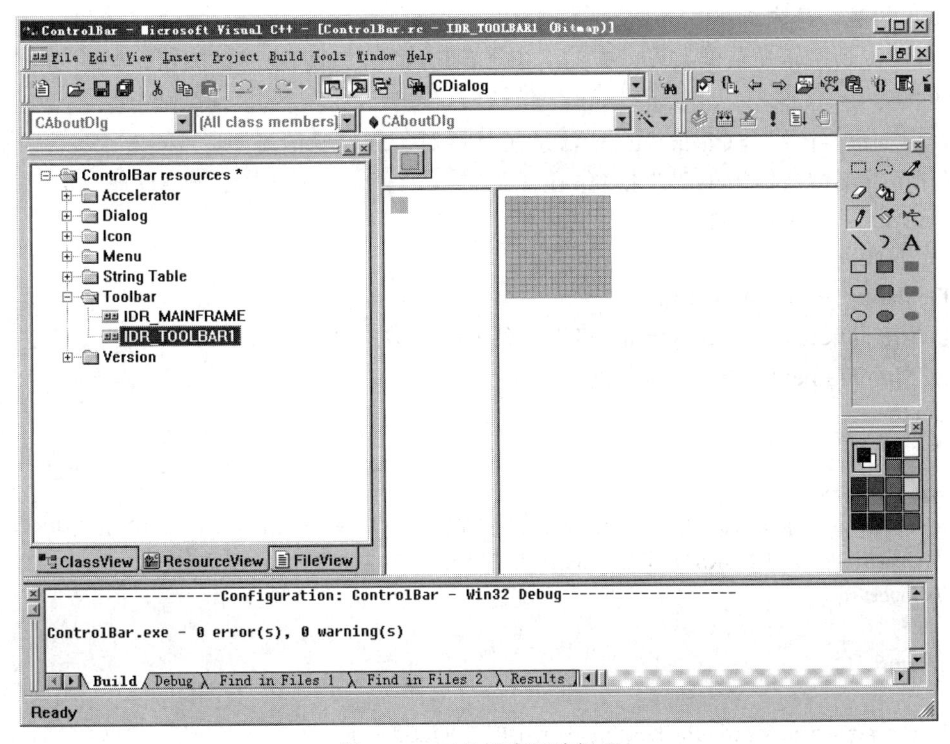

图 1-48　工具栏资源编辑器

工具栏资源编辑器的上面是工具栏预览窗口，左边是按钮预览窗口，中间是按钮位图编辑窗口，右边是 Graphics（图形工具栏）和 Colors（颜色工具栏）。

工具栏预览窗口的操作方法如下：

- 在工具栏预览窗口中单击按钮，在按钮位图编辑窗口中则可编辑选中按钮的位图。
- 在工具栏预览窗口中双击按钮，在弹出的 Toolbar Button Properties 对话框中可以设置按钮的 ID 和 Prompt（提示），还可以改变按钮位图的大小。在 Prompt 文本框中输入的按钮提示以\n 分为两段。当鼠标移到按钮上时，\n 之前的字符显示在状态栏上，\n 之后的字符显示在按钮的旁边。例如“显示 L 字符\nL 字符”。
- 在工具栏预览窗口中拖拽按钮可改变按钮的位置。
- 在工具栏预览窗口中将按钮水平拖动一小段距离（约按钮大小的三分之二），将在按钮之间插入一个 Seperator（间隔）。
- 将按钮拖出工具栏预览窗口可删除按钮。
- 如果对最后一个空白按钮进行了修改，将自动添加一个新的空白按钮。

利用图形工具栏中的文本工具（显示 A 型按钮）编辑 L 按钮和 Y 按钮的位图，并设置 L 按钮的 ID 为 ID_TBTL，提示为“显示 L 字符\nL 字符”，Y 按钮的 ID 为 ID_TBTY，提示为“显示 Y 字符\nY 字符”。在 Y 按钮的后面添加一个 ID 为 ID_TBTWHITE 的白色按钮（将在这个按钮处显示组合框控件），编辑结果如图 1-49 所示。

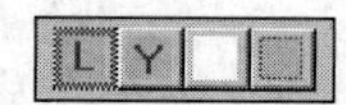

图 1-49　ControlBar 示例工具栏资源

（3）创建工具栏。

通常，工具栏作为主框架窗口中的一个子窗口存在，可以在主框架窗口类的 OnCreate 函数中被创建。

1）为主框架窗口类 CMainFrame 添加工具栏对象成员变量。

打开主框架窗口类的头文件 MainFrm.h，在

```
CToolBar     m_wndToolBar;
```

后添加如下代码：

```
CToolBar     m_wndMyToolBar;
```

2）在主框架窗口类 CMainFrame 的 OnCreate 函数中创建工具栏。

在 CMainFrame::OnCreate 函数的

```
return 0;
```

前添加如下代码：

```
BOOL IsSuccess;
①IsSuccess=m_wndMyToolBar.CreateEx(this,TBSTYLE_FLAT,WS_CHILD|WS_VISIBLE|CBRS_TOP|
    CBRS_GRIPPER|CBRS_TOOLTIPS|CBRS_FLYBY|CBRS_SIZE_DYNAMIC);
if(!IsSuccess)
{
    return -1;
}
②IsSuccess=m_wndMyToolBar.LoadToolBar(IDR_TOOLBAR1);
```

```
if(!IsSuccess)
{
    return -1;
}
③m_wndMyToolBar.EnableDocking(CBRS_ALIGN_ANY);
④DockControlBar(&m_wndMyToolBar);
```

第①句调用 CToolBar::CreateEx 函数创建一个与 CToolBar 对象关联的工具栏，该工具栏被设置为默认的高度。其原型如下：

```
BOOL CreateEx(CWnd* pParentWnd, DWORD dwCtrlStyle = TBSTYLE_FLAT, DWORD dwStyle =
WS_CHILD | WS_VISIBLE | CBRS_ALIGN_TOP, CRect rcBorders = CRect(0, 0, 0, 0), UINT nID =
AFX_IDW_TOOLBAR);
```

pParentWnd 参数设置工具栏窗口的父窗口；dwCtrlStyle 参数设置工具栏的附加风格，默认值为 TBSTYLE_FLAT；dwStyle 参数设置工具栏和按钮的风格；rcBorders 参数设置工具栏的边框；nID 参数设置工具栏子窗口的 ID。

函数执行成功返回非 0 值，否则返回 0。

第②句调用 CToolbar::LoadToolBar 函数加载工具栏资源。

第③句调用工具栏对象继承自控件栏对象的 CControlBar::EnableDocking 函数，该函数使控件栏能够停靠。其原型如下：

```
void EnableDocking(DWORD dwStyle);
```

dwStyle 参数指定控件栏是否支持停靠并且指定控件栏能停靠在其父窗口的位置，其值可以为下列中的一种：

- CBRS_ALIGN_TOP：允许停靠在其父窗口的客户区的顶部。
- CBRS_ALIGN_BOTTOM：允许停靠在其父窗口的客户区的底部。
- CBRS_ALIGN_LEFT：允许停靠在其父窗口的客户区的左边。
- CBRS_ALIGN_RIGHT：允许停靠在其父窗口的客户区的右边。
- CBRS_ALIGN_ANY：允许停靠在其父窗口的客户区的任意位置（上、下、左、右）。
  CBRS_FLOAT_MULTI：允许多控件栏漂浮在框架窗口。
- 0：控件栏不允许停靠。

第④句调用 CFrameWnd::DockControlBar 函数，该函数促使控件栏被停靠到框架窗口。

（4）处理工具栏按钮更新命令 UI 消息。

到现在为止，如果编译、运行应用程序，可以看到刚才创建的工具栏显示在了主框架窗口的顶部。但是奇怪的是 L 按钮和 Y 按钮都不可用。这是因为在 SDI 和 MDI 中，默认情况下用户自定义的工具栏的按钮不可用。所以，要为其添加按钮的更新命令 UI 消息处理程序。

为 L 按钮添加更新命令 UI 消息的处理程序 CMainFrame::OnUpdateTbtl，代码如下：

```
void CMainFrame::OnUpdateTbtl(CCmdUI* pCmdUI)
{
    pCmdUI->Enable(true);
}
```

为 Y 按钮添加更新命令 UI 消息的处理程序 CMainFrame:: OnUpdateTbty，代码如下：

```
void CMainFrame::OnUpdateTbty(CCmdUI* pCmdUI)
{
```

```
    pCmdUI->Enable(true);
}
```

因为我们迫不及待地想看到可用的工具栏按钮，所以在它们的更新命令 UI 消息处理程序中都设置为始终可用。

现在运行应用程序，可以看到用户自定义工具栏可以用了，只是选择其中的按钮后并没有做任何事情，因为尚未处理它们的命令消息。

（5）处理工具栏按钮命令消息。

分析该示例的需求，当用户选择 L 按钮时，在视图窗口上显示 L 字样；当用户选择 Y 按钮时，在视图窗口上显示 Y 字样。为了实现这一功能，在视图窗口类中声明一个 CString 对象 m_strText 来保存用户的选择，并在视图对象的 OnDraw 函数中将 m_strText 字符串显示在视图窗口上。在构造函数中初始化 m_strText 为空串。用户选择 L 按钮（Y 按钮），将 m_strText 置为 L（Y），并通过某种途径调用视图对象的 OnDraw 函数使视图窗口立即显示 m_strText 字符串。下面分步骤实现上述功能。

1）在 CControlBarView 类中声明一个 CString 对象。

打开 CControlBarView 类的头文件 ControlBarView.h，在类的 protected 区中添加如下代码：

```
CString m_strText;
```

2）在 CControlBarView 类的 OnDraw 函数中显示 m_strText 字符串，代码如下：

```
void CControlBarView::OnDraw(CDC* pDC)
{
    CControlBarDoc* pDoc = GetDocument();
    ASSERT_VALID(pDoc);
    // TODO: add draw code for native data here
    pDC->TextOut(100,100,m_strText);
}
```

CDC::TextOut 函数在指定的位置输出字符串。

3）处理 L 按钮的命令消息。

当用户选择 L 按钮时，将发送一个命令消息。视图类 CControlBarView 处理此消息，将 m_ strText 置为 L，然后间接调用 OnDraw 函数显示用户的选择。视图类的 L 按钮的 Command 消息处理函数 OnTbtl 的代码如下：

```
void CControlBarView::OnTbtl()
{
    ①m_strText = "L";
    ②Invalidate();
}
```

第①句将 m_ strText 置为 L。

第②句调用视图类 CControlBarView 继承自 CWnd 类的 Invalidate 成员函数使窗口的整个客户区无效。该函数触发 WM_PAINT 消息，CControlBarView 类调用 OnDraw 函数来处理 WM_PAINT 消息。所以在这里调用 Invalidate 函数目的就是引起应用程序框架调用视图类的 OnDraw 函数。

Y 按钮跟 L 按钮一样，只是将 m_ strText 置为 Y，然后间接调用 OnDraw 函数显示用户的选择，其 Command 消息处理函数 OnTbty 的代码如下：

```
void CControlBarView::OnTbty()
{
    m_strText = "Y";
    Invalidate();
}
```

至此，运行应用程序，当用户选择工具栏按钮时，视图窗口上立即显示出用户的选择。下面来实现在工具栏上添加一个组合框控件，该控件用来设置在视图窗口上显示的文本的颜色。

（6）在工具栏上添加组合框控件。

在对话框上添加组合框控件很简单，只要在对话框资源编辑器中将控件工具栏上的组合框控件拖拽到对话框资源上即可。而在工具栏上添加组合框控件却不同，工具栏资源编辑器并没有提供往工具栏上添加控件的功能。但是，可以通过调用 CComboBox 组合框对象的 Create 函数在工具栏的某个按钮位置创建组合框，在本示例中将组合框显示在工具栏的第 3 个按钮上（白色按钮）。下面分步骤讲述往工具栏上添加组合框的方法。

1）在 CMainFrame 类中声明一个 CComboBox 对象。

打开 CMainFrame 类的头文件 MainFrm.h，在类的 public 区中添加如下代码：

```
CComboBox m_cbColor;
```

2）为组合框控件添加 ID。

选择【View|Resource Symbols】菜单项，弹出 Resource Symbols 对话框，单击 New 按钮，弹出 New Symbol 对话框，在 Name 文本框中输入 IDC_TBCOMBOBOX，Value 取默认值，然后单击 OK 按钮，回到 Resource Symbols 对话框，单击 Close 按钮关闭对话框。

3）创建组合框。

工具栏、状态栏等都是主框架窗口的子窗口，通常在 CMainFrame 对象的 Create 函数中创建。组合框是工具栏的子窗口，也将在此函数中创建。在 CMainFrame::OnCreate 函数的

```
return 0;
```

前添加如下代码：

```
①CRect rect;
②m_wndMyToolBar.SetButtonInfo(3,ID_TWHITE,TBBS_SEPARATOR,150);
③m_wndMyToolBar.GetItemRect(3,&rect);
④rect.bottom +=200;
⑤m_cbColor.Create(CBS_DROPDOWNLIST|WS_VISIBLE|WS_TABSTOP|CBS_AUTOHSCROLL,rect,&
m_wndMyToolBar,IDC_TBCOMBOBOX);
⑥m_ cbColor.AddString("红色");
⑦m_ cbColor.AddString("绿色");
⑧m_ cbColor.AddString("蓝色");
```

第①句声明一个 CRect 对象，该对象保存组合框的位置矩形。

第②句调用工具栏对象的 SetButtonInfo 函数将第 3 个按钮设置为宽度为 150 像素的间隔。SetButtonInfo 函数设置按钮的 ID、样式、图像号等信息，其原型如下：

```
void SetButtonInfo(int nIndex, UINT nID, UINT nStyle, int iImage);
```

nIndex 参数指定被设置的按钮或间隔的序号，nID 参数设置按钮的 ID，nStyle 参数设置按钮的样式，其值可以为下列中的一种：

- TBBS_BUTTON：标准的按钮，默认为该值。
- TBBS_SEPARATOR：间隔。
- TBBS_CHECKBOX：复选框式按钮。
- TBBS_GROUP：标记一组按钮的开始。
- TBBS_CHECKGROUP：标记一组复选框式按钮的开始。

iImage 参数设置按钮位图在工具栏位图中的序号。如果 nStyle 为 TBBS_SEPARATOR，该参数将设置间隔的宽度（单位为像素）。

第③句调用工具栏对象的 GetItemRect 函数获得第 3 个按钮的位置和大小，并保存在 rect 对象中。

第④句将 rect 所表示的矩形加高 200 像素，以便可以正常显示组合框的列表框。

第⑤句调用组合框对象的 Create 函数创建依附其上的组合框，其原型如下：

```
BOOL Create(DWORD dwStyle, const RECT& rect, CWnd* pParentWnd, UINT nID);
```

dwStyle 参数设置组合框的样式，rect 参数设置组合框的位置和大小，pParentWnd 参数设置组合框的父窗口，nID 参数设置组合框的 ID。

⑥⑦⑧句往组合框中添加三个列表项。

现在运行程序，可以看到工具栏上有了一个组合框，只是现在还不能设置文本颜色。接下来将实现组合框的颜色设置功能。

（7）实现组合框的颜色设置功能。

用户在组合框中选择某个颜色时，视图窗口上的文本随之被设置成相应的颜色。在组合框中选择一个新的列表项时发送 CBN_SELCHANGE 消息，视图类处理此消息以设置文本颜色。

1）在 CControlBarView 类中声明一个 COLORREF 变量来保存文本颜色。

打开 CControlBarView 类的头文件 ControlBarView.h，在类的 protected 区中添加如下代码：

```
COLORREF m_colorText;
```

2）在 CControlBarView 类的构造函数中初始化 m_colorText 为黑色，代码如下：

```
m_colorText = RGB(0,0,0);
```

3）处理组合框的 CBN_SELCHANGE 消息映射。

因为 ClassWizard 不支持动态创建的控件的消息映射，必须自己编写消息映射的代码。这些手动编写的代码正是使用 ClassWizard 为消息映射所添加的代码。通过编写这些代码，可以很好地理解 ClassWizard 为消息映射所做的工作。

消息映射的具体方法如下：

- 在消息处理类中声明和实现消息处理函数。
- 将消息映射到消息处理函数上。

下面就来实现 CBN_SELCHANGE 消息的映射。

首先在视图类 CControlBarView 中声明消息处理函数。打开 ControlBarView.h 头文件，可以看到如下类声明：

```
class CMyWnd : public CFrameWnd
{
    //在 DECLARE_MESSAGE_MAP 宏前声明消息处理函数
    DECLARE_MESSAGE_MAP()
};
```

每一个继承自 CCmdTarget 类的类都必须提供消息映射来处理消息。在类声明的最后使用 DECLARE_MESSAGE_MAP 可以声明消息处理函数。在 DECLARE_MESSAGE_MAP 宏前添加如下代码：

```
afx_msg void OnCBSelChange();
```

来声明 OnCBSelChange 方法，此方法将会是 CBN_SELCHANGE 消息处理函数。

然后在视图类 CControlBarView 中实现消息处理函数。打开 ControlBarView.cpp 文件，在 IMPLEMENT_DYNCREATE(CControlBarView, CView)的前面添加主框架类头文件的包含语句（因为要用到主框架类及其成员组合框），代码如下：

```
#include "MainFrm.h"
```

在文件末尾添加消息处理函数 OnCBSelChange 的实现代码，如下：

```
void CControlBarView::OnCBSelChange()
{
    CString strColor;
    ①CMainFrame * mainFrm =(CMainFrame *)AfxGetMainWnd();
    ②mainFrm->m_ cbColor.GetWindowText(strColor);
    ③if(! strColor.Compare("红色"))
    {
        m_colorText = RGB(255,0,0);
    }
    else if(! strColor.Compare("绿色"))
    {
        m_colorText = RGB(0,255,0);
    }
    else if(! strColor.Compare("蓝色"))
    {
        m_colorText = RGB(0,0,255);
    }
    ④Invalidate();
}
```

第①句调用 AfxGetMainWnd 函数获得应用程序的主框架对象的指针。

第②句调用主框架对象的 CComboBox 对象（工具栏上的组合框）的 GetWindowText 函数得到当前选择的文本。

第③句根据工具栏上的组合框的当前选择项设置 m_ colorText 颜色值。

第④句使窗口的整个客户区无效，间接调用 OnDraw 函数。

最后将组合框的 CBN_SELCHANGE 消息映射到 CControlBarView::OnCBSelChange 函数上。打开 ControlBarView.cpp 文件，可以看到有如下部分：

```
BEGIN_MESSAGE_MAP(CControlBarView, CView)
    //{{AFX_MSG_MAP(CControlBarView)
    ON_COMMAND(ID_TBTL, OnTbtl)
    ON_COMMAND(ID_TBTY, OnTbty)
    ON_WM_LBUTTONDOWN()
```

```
    //}}AFX_MSG_MAP
    // Standard printing commands
    …
END_MESSAGE_MAP()
```

BEGIN_MESSAGE_MAP 宏开始消息映射，END_MESSAGE_MAP 宏结束消息映射。在 END_MESSAGE_MAP 宏的前面添加 CBN_SELCHANGE 消息映射的代码：

```
ON_CBN_SELCHANGE(IDC_TBCOMBOBOX,CControlBarView::OnCBSelChange)
```

这句代码的作用是将 IDC_TBCOMBOBOX 控件的 CBN_SELCHANGE 消息映射到 CControlBarView::OnCBSelChange 函数上。

4）修改 OnDraw 函数，设置文本的颜色，代码如下：

```
void CControlBarView::OnDraw(CDC* pDC)
{
    CControlBarDoc* pDoc = GetDocument();
    ASSERT_VALID(pDoc);
    // TODO: add draw code for native data here
    pDC->SetTextColor(m_colorText);
    pDC->TextOut(100,100,m_strText);
}
```

在 OnDraw 函数中添加了一条设置文本颜色的语句：

```
pDC->SetTextColor(m_colorText);
```

该语句将文本颜色设置为 m_colorText 保存的颜色值。

（8）运行程序。

运行应用程序，效果如图 1-50 所示。

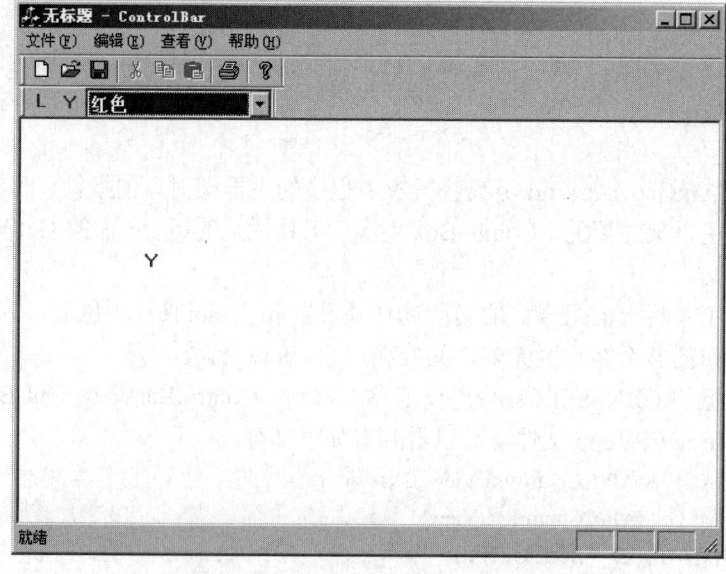

图 1-50 ControlBar 示例运行效果

1.5.2 状态栏

状态栏是用来显示应用程序状态的子窗口。它既不接受用户的输入，也不产生命令消息。状态栏的子窗口分为两类：状态行消息和状态行指示器。其中，状态行消息可以显示程序动态提供的字符串。例如，当鼠标移动到工具栏上的“新建”按钮时，在状态行消息中显示“建立新文档”。状态行指示器可以显示程序状态信息。例如显示键盘上的 CapsLock 键、NumLock 键和 ScrollLock 键的状态。

AppWizard 为 SDI 和 MDI 添加了默认的状态栏，用来显示菜单提示和键盘状态。可以看到 AppWizard 在 MainFrm.cpp 文件中生成了一个静态数组 indicators，代码如下：

```
static UINT indicators[ ] =
{
    ID_SEPARATOR,              // status line indicator
    ID_INDICATOR_CAPS,
    ID_INDICATOR_NUM,
    ID_INDICATOR_SCRL,
};
```

indicators 数组用于定义状态栏。数组中的元素用于定义状态栏的子窗口。常量 ID_SEPARATOR 定义一个状态行消息子窗口；其他常量是一系列字符串资源 ID，用来定义状态行指示器子窗口。上面的代码表示状态栏由一个状态行消息子窗口和三个状态行指示器子窗口组成。图 1-51 所示为 ControlBar 示例中当鼠标移动到 L 工具栏按钮时的状态栏。

显示L字符 大写 滚动

图 1-51 ControlBar 示例的状态栏

最左边是状态行消息子窗口，上面显示“显示 L 字符”；右边有三个下凹的状态行指示器子窗口。

应用程序框架是怎样将字符串显示在状态栏中的、是怎样显示自己定义的提示信息的，下面的内容将回答这两个问题。

1. 状态行消息子窗口

状态行消息子窗口动态地显示应用程序信息。如果要设置状态行消息子窗口的文本，首先必须能够访问状态栏对象，然后调用状态栏对象的 SetPaneText 函数设置状态行消息子窗口的文本。CStatusBar::SetPaneText 函数的原型如下：

```
BOOL SetPaneText(int nIndex, LPCTSTR lpszNewText, BOOL bUpdate = TRUE);
```

nIndex 参数指示要设置文本的状态行消息子窗口的序号（从 0 开始），lpszNewText 参数要设置的文本，bUpdate 参数文本设置后子窗口是否有效，默认值为 TRUE（有效）。

通常状态栏对象作为主窗口对象 CMainFrame 的成员 m_wndStatusBar。要访问状态栏，需要首先得到主框架对象 CMainFrame。

AfxGetMainWnd 函数返回应用程序的主框架对象的指针。得到主框架对象指针后便可访问其成员 m_ wndStatusBar——状态栏对象，并通过调用状态栏对象的 SetPaneText 函数设置状态行消息子窗口的文本。

下面在 ControlBar 示例的基础上，实现当鼠标在视图上单击时，在状态栏的第 1 个（索引号为0）状态行消息子窗口中显示“鼠标左键按下[X:Y]”字样（其中X和Y是鼠标在视图窗口中的坐标）。

（1）打开ControlBar工程，添加视图类CControlBarView的WM_LBUTTONDOWN消息处理函数OnLButtonDown，代码如下：

```
void CControlBarView::OnLButtonDown(UINT nFlags, CPoint point)
{
    CString strText;
    ①strText.Format("鼠标左键按下[%d:%d]",point.x,point.y);
    ②CMainFrame * mainFrm = (CMainFrame *)AfxGetMainWnd();
    ③mainFrm->m_wndStatusBar.SetPaneText(0,strText);
}
```

第①句格式化一个包含鼠标坐标的字符串。

第②句获得主框架对象的指针。

第③句通过主框架对象的指针访问状态栏对象，调用其方法SetPaneText设置状态行消息子窗口的文本。

注意： 这个方法用到了主框架窗口类CMainFrame，所以要加入#include "MainFrm.h"语句。该语句在前面的ControlBar示例中已经添加了。如果文件中没有该语句，请读者在文件首部添加该语句。

如果现在编译程序，将不能通过。因为在视图类CControlBarView中不能访问主框架窗口类CMainFrame的protected成员m_wndStatusBar，要将其改成public成员。

（2）打开主框架窗口类CMainFrame的头文件MainFrm.h，将

```
protected:
    CStatusBar    m_wndStatusBar;
```

改成

```
public:
    CStatusBar    m_wndStatusBar;
```

现在编译运行程序，在视图窗口上单击，可以看到在状态栏的第一个子窗口上显示“鼠标左键按下[X:Y]”。

2. 状态行指示器子窗口

状态行指示器子窗口与一个字符串资源相关联，是否显示对应的字符串通过该字符串资源的更新命令UI处理函数决定。例如在ControlBar示例中，添加一个状态行指示器子窗口ID_INDICATOR_LEFT，当用户按下鼠标左键时，会在该状态行指示器子窗口中显示“左键”字样。

首先定义一个与状态行指示器子窗口相关联的字符串资源。打开ResourceView，双击String Table文件夹中的String Table，打开字符串资源编辑器，如图1-52所示。

在其中添加一个字符串资源。右击编辑器，在弹出的快捷菜单中选择New String菜单项，弹出String Properties对话框，如图1-53所示。

按照图中所示设置ID为ID_INDICATOR_LEFT，Caption为“左键”。

然后在indicators数组中定义一个状态行指示器。打开MainFrm.cpp文件，在indicators数组中追加一个元素，代码如下：

```
static UINT indicators[] =
{
    ID_SEPARATOR,              //status line indicator
    ID_INDICATOR_CAPS,
    ID_INDICATOR_NUM,
    ID_INDICATOR_SCRL,
    ID_INDICATOR_LEFT,
};
```

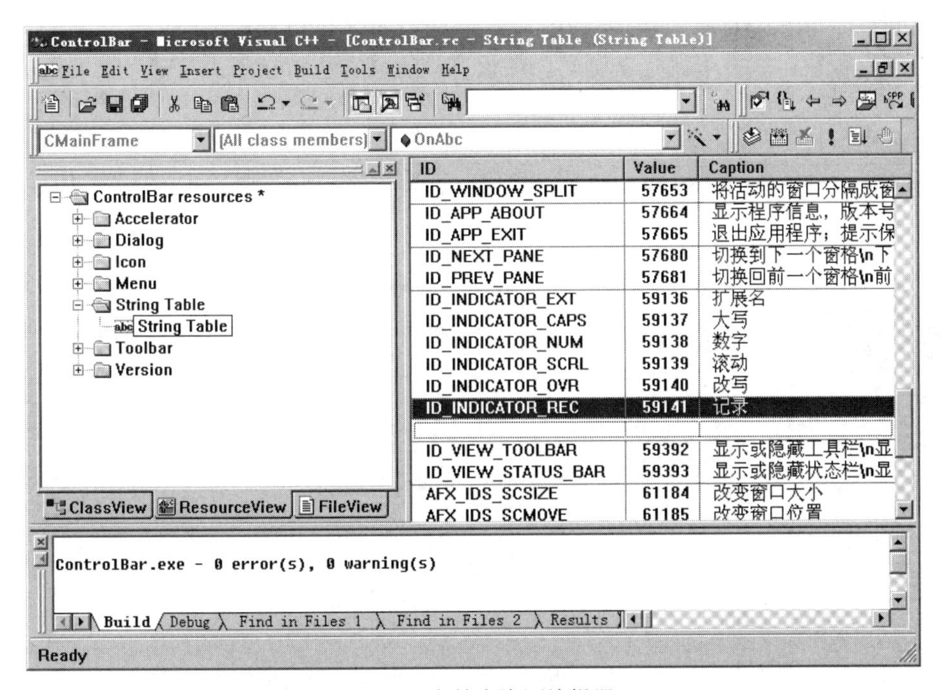

图 1-52　字符串资源编辑器

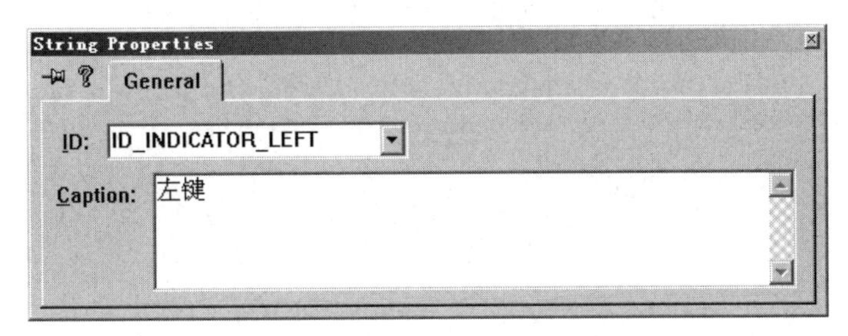

图 1-53　String Properties 对话框

ID_INDICATOR_LEFT 为新添加的状态行指示器，对应于字符串资源 ID_INDICATOR_LEFT（字符串为“左键”），可以理解为 ID_INDICATOR_LEFT 既是状态行指示器的 ID，又是字符串资源的 ID，状态行指示器子窗口显示此 ID 对应的字符串。

最后映射状态行指示器的更新命令 UI 处理程序。主框架对象处理状态行指示器的更新命令 UI 消息。在 MainFrm.h 文件中声明状态行指示器的更新命令 UI 处理函数。添加如下语句：

```
afx_msg void OnUpdateSBLeft(CCmdUI* pCmdUI);
```

在 MainFrm.cpp 文件中实现 OnUpdateSBLeft 函数，代码如下：

```
void CMainFrame::OnUpdateSBLeft(CCmdUI* pCmdUI)
{
    pCmdUI->Enable(::GetKeyState(VK_LBUTTON)<0);
}
```

映射状态行指示器的 UPDATE_COMMAND_UI 消息到处理函数 OnUpdateSBLeft 上。在 MainFrm.cpp 文件中的消息映射区中添加如下消息映射语句：

```
ON_UPDATE_COMMAND_UI(ID_INDICATOR_LEFT,OnUpdateSBLeft)
```

运行应用程序，当按下鼠标左键时，在状态栏的最右边将显示“左键”。

第 2 章　计算机辅助制图工具

本章所涉及的主题是有关图形领域的编程。“计算机辅助制图工具”实例并没有分析任何领域的制图任务，达到领域范围内的辅助制图效果，而是在从程序实现的角度描述图形领域的编程思想及技术。本章涉及内容主要包括：

- 计算机辅助制图工具分析。
- 计算机辅助制图工具设计。
- Windows GDI 简介。
- 计算机辅助制图工具实现。

本章知识重点：

- 面向对象的分析设计方法。
- 基于用例驱动的软件实现过程。
- Windows GDI 编程技术。
- 面向对象的继承、多态特性。
- 图形类树的实现。
- 链表的实现。
- 磁盘文件访问技术。

2.1　计算机辅助制图工具分析

2.1.1　计算机辅助制图工具需求概况

计算机辅助制图工具是一个图形绘制系统，涉及绘制、修改、删除、保存图形等功能，采用面向对象分析方法将计算机辅助制图工具的需求陈述转换为以高层用例模型描述的需求定义，并以基于用例驱动的方式逐步实现系统。

需求陈述一般是客户直接提供的文字性需求描述，这个需求可能是不完备的，需要进行进一步的调研。

高层用例对系统的业务建模。用例描述一个参与者使用系统完成某个过程时的事件发生顺序。

2.1.2　计算机辅助制图工具需求建模过程

面向对象需求建模过程一般为如下步骤：

（1）列出系统功能。

（2）定义系统边界，识别参与者和用例。

（3）用高层格式写出所有用例，将它们分成主要的、次要的和任选的三类，以便于决定它们在开发过程中的优先次序。

（4）绘制用例图。

2.1.3 计算机辅助制图工具需求

1. 计算机辅助制图工具需求陈述

计算机辅助制图工具实现图形的绘制、编辑等功能，并具有以下方面的具体要求：

- 能够绘制直线、矩形、圆、圆弧等基本图形。
- 图形具有属性，各种图形及其属性如表 2-1 所示。

表 2-1 图形及其属性

基本图形	属性
直线	起始点坐标
	结束点坐标
	直线类型
	直线大小
	直线颜色
矩形	左上角坐标
	右下角坐标
	边框线类型
	边框线大小
	边框线颜色
	填充颜色
	填充类型
	填充图案
圆	圆心坐标
	半径长度
	边框线类型
	边框线大小
	边框线颜色
	填充颜色
	填充类型
	填充图案
圆弧	圆心坐标
	半径长度
	起始角度
	结束角度
	边框线类型
	边框线大小
	边框线颜色
	填充颜色
	填充类型
	填充图案

- 选取图形，使所选图形获得焦点，并显示图形的特殊点。各图形特殊点如表 2-2 所示。

表 2-2　图形特殊点

基本图形	属性
线段	起始点
	结束点
	中点
矩形	左上角点
	右上角点
	左下角点
	右下角点
圆	圆心
	0 度角点
	90 度角点
	180 度角点
	270 度角点
圆弧	圆心
	起始点
	结束点

- 能够修改当前所选图形的属性。
- 能够删除当前所选图形。
- 能够将绘制的图形输出为磁盘文件（*.cdt）。
- 能够打开保存的图形文件（*.cdt）。

2. 高层用例

（1）绘制图形用例。

参与者：制图者。

类型：主要。

描述：制图者在绘图工具箱中选择一个图形工具，系统提示绘制图形步骤。制图者按照系统提示输入图形的必要参数，系统绘制出所选图形。例如，在绘图工具箱中选择线段图形，系统提示输入起始点，制图者输入起始点坐标，系统提示输入结束点坐标，制图者输入结束点坐标。输入完毕后，系统绘制一条从起始点到结束点的线段。绘制图形的典型事件发生过程如表 2-3 所示。

表 2-3　绘制图形用例

参与者动作	系统响应
1）制图者在绘图工具箱中选择一个图形工具	2）系统提示绘制图形步骤
3）制图者按照系统提示输入图形的必要参数	4）系统绘制出所选图形

（2）选取图形用例。

参与者：制图者。

类型：主要。

描述：制图者在绘图工具箱中选择“选取图形”命令，系统等待制图者选择图形；制图者在绘图区域单击选取图形，系统绘制被选图形的特殊点。

（3）修改图形用例。

参与者：制图者。

类型：主要。

描述：制图者在图形属性工具栏中修改图形的属性，系统将当前被选中图形的对应属性修改成制图者设置的值。

（4）删除图形用例。

参与者：制图者。

类型：主要。

描述：制图者在绘图工具箱中选择“删除图形”命令，系统提示制图者选择删除图形；制图者在绘图区域移动鼠标准备选取欲删除的图形，系统绘制当前鼠标下的图形的特殊点，以便于制图者选取图形；制图者在绘图区域单击选取欲删除的图形，系统删除被选中图形。删除图形的典型事件发生过程如表 2-4 所示。

表 2-4 删除图形用例

参与者动作	系统响应
（1）制图者在绘图工具箱中选择“删除图形”命令	（2）系统提示制图者选择删除图形
（3）制图者在绘图区域移动鼠标准备选取欲删除的图形	（4）系统绘制当前鼠标下的图形的特殊点
（5）制图者在绘图区域单击选取欲删除的图形	（6）系统删除被选中图形

（5）保存图形文件用例。

参与者：制图者。

类型：次要。

描述：将绘图区域的所有图形输出到一个磁盘文件（*.cdt）。保存图形文件的典型事件发生过程如表 2-5 所示。

表 2-5 保存图形文件用例

参与者动作	系统响应
（1）制图者在工具栏中选择“保存图形文件”命令	（2）系统打开“另存为”对话框
（3）制图者指定文件名和路径	（4）系统将绘图区域的图形输出到指定的文件

（6）打开图形文件用例。

参与者：制图者。

类型：次要。

描述：打开一个扩展名为 CDT 的磁盘文件，并将文件中存储的图形对象显示在绘图区域中。扩展名为 CDT 的文件是使用本软件输出的图形文件。

3. 计算机辅助制图工具用例图

计算机辅助制图工具用例图如图2-1所示。

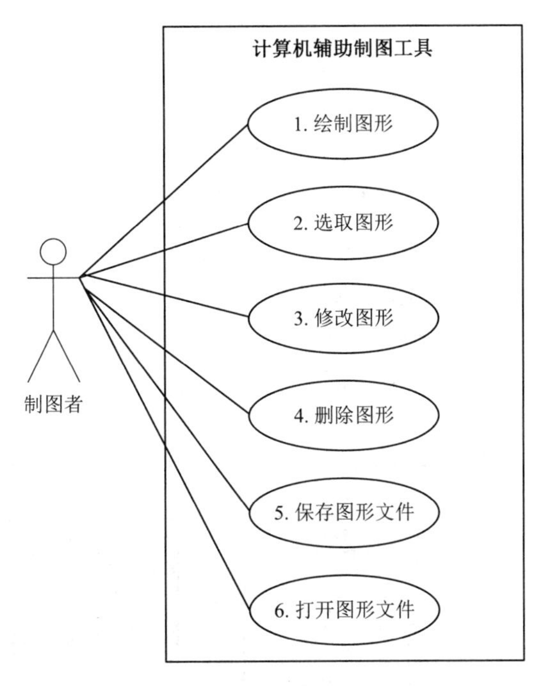

图2-1 计算机辅助制图工具用例图

2.2 计算机辅助制图工具设计

2.2.1 计算机辅助制图工具静态结构

采用面向对象分析设计方法从需求陈述中识别出系统范围内的对象，包括直线、矩形、圆、圆弧等图形对象。这些对象具有以下特点：

- 每种图形对象都具有线条颜色、线条类型和线条大小等基本属性。
- 每种图形对象都具有绘制对象所表示的图形和图形的特殊点、判断自己是否被选中、保存等方法。
- 按形状类型可以分为两种图形对象：封闭图形和非封闭图形。
- 封闭图形除了基本属性外，还具有填充颜色、填充类型和填充图案等属性。

抽取这些图形对象共有的属性和方法，生成所有图形对象的公共基类——图形类。图形类封装了所有图形对象的公共属性和方法。图形类派生出两大图形子类：一类是非封闭图形类，包括线段、圆弧等；一类是封闭图形类，包括矩形、圆等。

综合以上分析得出如图2-2所示的系统静态结构图。

2.2.2 计算机辅助制图工具动态结构

接下来探讨图形对象在内存中的组织结构，即系统动态结构。对于系统动态创建的图形对象，需要一种好的结构存储这些对象。在选择存储结构之前，我们来分析系统需要经常对这个存储结构进行的操作。

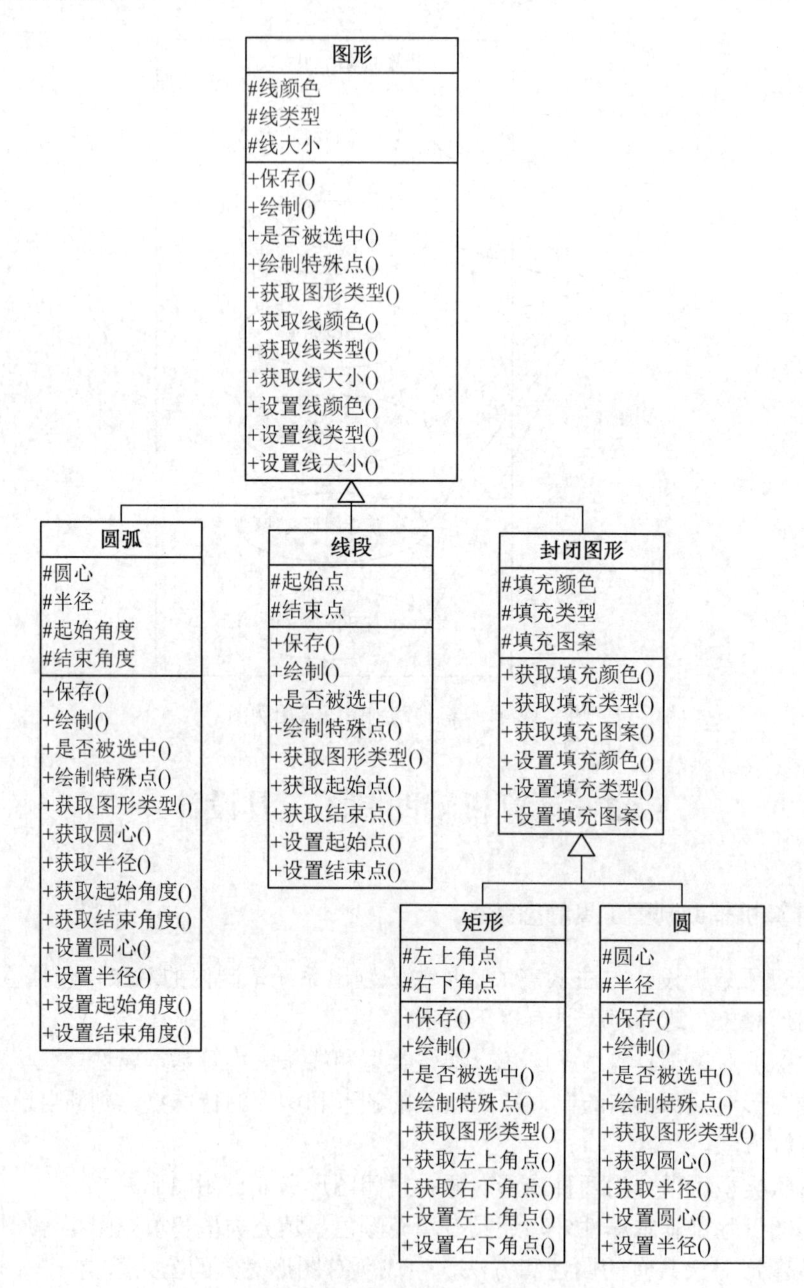

图 2-2 计算机辅助制图工具静态结构图

系统提供的基本功能中，绘制操作需要创建一个图形对象并将其插入存储结构中；删除操作需要从存储结构中删除一个图形对象；修改图形和选取图形操作需要查找存储结构中的图形对象。

在存储结构中进行频繁的插入、删除操作宜选用链表作为存储结构。若采用顺序表作为存储结构，频繁的插入、删除操作将花费大量的移动对象的系统开销。

采用链表可以动态扩充存储结构，适合动态创建图形对象。若采用顺序表，事先需分配存储空间。分配得太少，将可能导致溢出；分配得太多，将造成空间的浪费。

如果要在存储结构中进行随机查找，即下标查找，宜选用顺序表。而系统是通过遍历存储结构查找图形对象的，因此选用何种存储结构影响不大。

综合以上分析，选用链表作为系统的动态存储结构是一种很好的方案。

1. 链表的插入、删除和遍历操作

图形在绘图区域显示的顺序是：用绘制的图形覆盖之前绘制的图形。为了与这种顺序保持一致，链表采用“队列”顺序进行插入、删除操作：新节点插入到链尾位置，删除操作删除链表当前位置上的节点，遍历操作从链头位置开始直到链尾。因此，需要用三个链节点指针指示链头、链尾和链表当前节点位置。

2. 链表节点结构

链表节点由三部分组成：前驱节点指针、图形对象指针和后继节点指针，如图 2-3 所示。

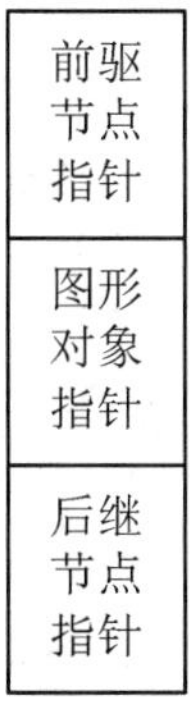

前驱节点指针
图形对象指针
后继节点指针

图 2-3 链表节点结构

3. 链表示意图

链表示意图如图 2-4 所示。

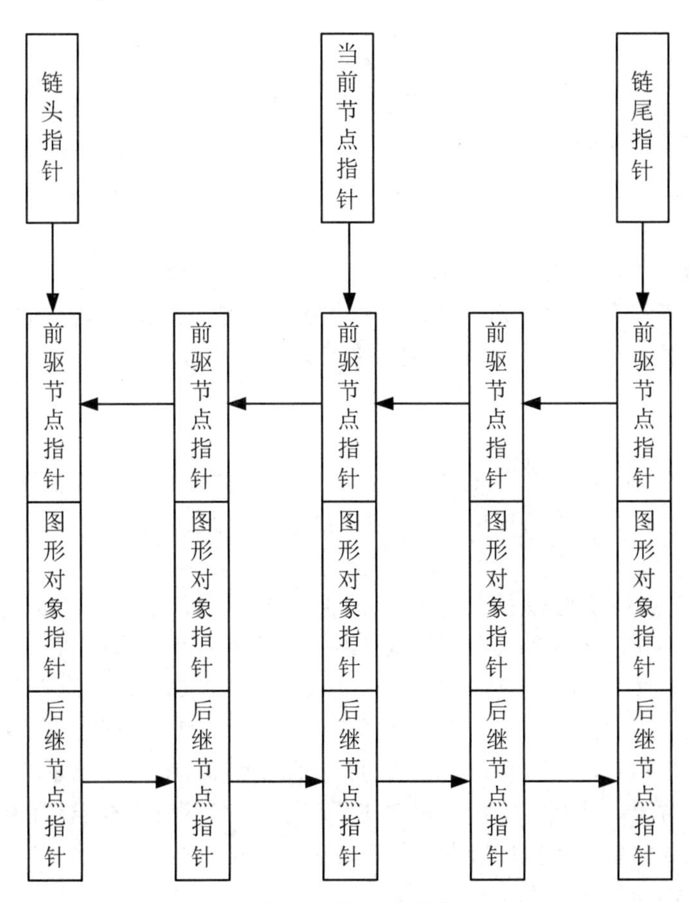

图 2-4 链表示意图

2.3 Windows GDI 简介

Windows GDI 是 Windows 环境下的图形设备接口。GDI 提供了一整套绘制图形的函数，利用 GDI 函数可以方便地绘制点、线、矩形、多边形、圆、椭圆等图形。GDI 提供与图形设备无关的编程方式，即开发图形应用程序时不用去考虑那些特殊的硬件配置。GDI 处理图形应用程序的图形函数调用，并请求设备驱动程序执行绘图指令。

2.3.1 GDI 绘图基本步骤

传统的手工绘画步骤大概是先准备一张图纸，然后准备好画笔、颜料和调色板等绘画工具。工具准备齐全之后，便可以在图纸上绘画了。采用 GDI 系统绘图的基本步骤是：

- 获取 DC。
- 创建 GDI 对象。
- 将 GDI 对象选进设备环境，并保存原来的 GDI 对象。
- 调用 GDI 绘图函数。
- 选回原来的 GDI 对象到设备环境。
- 释放 GDI 对象。
- 释放设备环境。

好比绘图需要图纸，计算机绘图的“图纸”是显示器或者打印机等物理设备。Windows GDI 系统提供与设备无关的编程方式，图形程序不能直接访问物理设备。Windows GDI 系统采用 DC 来关联物理设备。设备环境是一个描述设备信息的数据结构，图形程序通过访问设备环境进行绘图。

GDI 对象类似手工绘画的绘画工具，包括画笔、画刷、调色板等。

GDI 绘图函数在设备环境相关的设备上利用 GDI 对象（绘图工具）绘制基本图形。

GDI 对象和设备环境在使用完了之后需要释放。

2.3.2 设备环境

设备环境是一个描述设备信息的数据结构，与物理设备相关联。这些物理设备可能是显示器、打印机或其他设备。设备环境是一个关键的 GDI 元素，由一个 32 位的 HDC 类型句柄标识。

Windows GDI 提供了许多关于图形操作的 API 函数，这些函数都与设备环境相关。Microsoft MFC 6.0 提供了大量的设备环境类来封装与设备环境相关的 API 函数。基类 CDC 有绘图需要的所有成员函数。CDC 派生了两个显示器环境类：CClientDC 和 CWindowDC。这两个类的不同之处在于可用的绘图区域。一个窗口的客户区不包括边框、标题栏和菜单栏。如果构造一个 CClientDC 对象，可用的绘图区域为客户区，点(0,0)在客户区的左上角处。如果构造一个 CWindowDC 对象，点(0,0)在整个窗口的左上角处。使用这种全窗口的设备环境，可以在窗口边框、标题栏、菜单栏等区域绘图。

调用 CWnd::GetDC 函数可以获得获取窗口的设备环境对象的指针。在使用完 CDC 对象之后，一定要记得释放 CDC 对象，Windows 限制了可用的设备环境数量。要确保设备环境对象被释放掉，更好的方法是在堆栈上构造对象。以下代码段将在堆栈上构造一个 CClientDC 对象。

```
void CMyView::OnLButtonDown(UINT nFlags,CPoint point)
{
    CClientDC dc(this);
    dc.TextOut(10,10,"Hello world");
}
```

注意： this 是一个窗口对象指针。CClientDC 构造函数把一个窗口对象指针作为参数，构造该窗口对象的设备环境。当 OnLButtonDown 函数返回时自动析构 CClientDC 对象。

如果通过调用 CWnd::GetDC 函数获取设备环境指针，必须调用 CWnd::ReleaseDC 函数释放设备环境。代码如下：

```
void CMyView::OnLButtonDown(UINT nFlags,CPoint point)
{
    CDC* pDC = GetDC();
    pDC->TextOut(10,10, "Hello world");
    ReleaseDC(pDC);
}
```

2.3.3　GDI 对象

GDI 对象是 Windows GDI 中提供的抽象绘图工具，包括画笔、画刷、字体、调色板、位图和区域等。Microsoft MFC 6.0 针对 GDI 对象提供了若干 GDI 对象类。CGDIObject 是这些 GDI 对象类的一个抽象基类。如图 2-5 所示为 MFC GDI 对象类层次结构图。

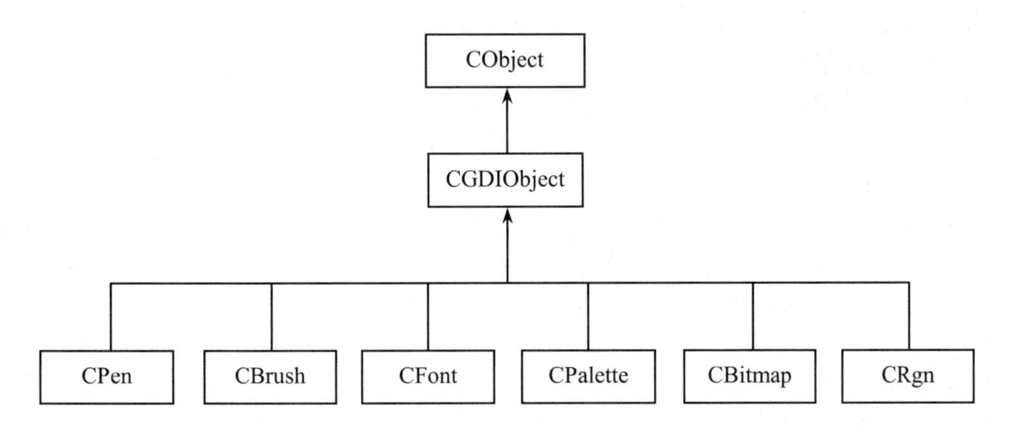

图 2-5　MFC GDI 对象类层次结构图

字体是特定字样和特定大小的全部字符的集合。字体通常作为资源存储在磁盘上，并且有一些字体依赖于设备。Microsoft MFC 6.0 提供 CFont 类封装 GDI 字体对象，并提供成员函数操作字体对象。

调色板是一种颜色映射接口。它允许应用程序在不干扰其他应用程序的情况下充分利用输出设备的颜色描绘能力。Microsoft MFC 6.0 提供了 CPalette 类来封装调色板相关的操作。

位图是位的矩阵，其中的一个或多个位对应于每一个显示像素。Microsoft MFC 6.0 提供了 CBitap 类来封装位图相关的操作。

区域是多边形、椭圆或者二者的组合范围。Microsoft MFC 6.0 提供了 CRgn 类来封装区域相关的操作。

画笔和画刷是最常用的两个 GDI 对象。下面着重介绍这两个 GDI 对象。

1. 画笔和 CPen

画笔是 GDI 中用来绘制各种直线或曲线的图形工具。在构造设备环境时系统会自动创建一个默认的画笔。如果没有特殊要求，可以直接使用默认画笔绘制图形。画笔具有三个属性，分别为画笔颜色、画笔宽度和画笔风格。

画笔颜色用来设置使用画笔绘制的直线或曲线的颜色。默认的画笔颜色为黑色。

画笔宽度用来设置使用画笔绘制的直线或曲线的宽度，单位是像素。默认的画笔宽度为一个像素。

画笔风格用来设置使用画笔绘制的直线或曲线的样式。画笔风格有七种：实线、划线、点线、点划线、双点划线、空线和内框线。

Microsoft MFC 6.0 提供了 CPen 类来封装与画笔对象有关的操作。

创建画笔有以下三种方式：

（1）使用库存画笔。

为了提高编程效率，系统针对常用的 GDI 对象提供了简单的获取途径，这些 GDI 对象被称为 GDI 库存对象。GDI 有三种画笔库存对象，分别为 BLACK_PEN（黑色画笔）、WHITE_PEN（白色画笔）和 DC_PEN（默认为白色画笔，可以通过 SetDCPenColor 函数改变其颜色）。应用程序可以使用 CDC::GetStockObject 函数来获取 GDI 库存对象，其原型如下：

```
HGDIOBJ GetStockObject(int fnObject);
```

该函数返回 fnObject 参数指定的库存 GDI 对象。

参数 fnObject 指定库存对象类型。

例如，可以使用如下语句获取白色画笔：

```
pDC-> GetStockObject(WHITE_PEN);                    //pDC 为 CDC 对象指针
```

（2）直接创建。

库存画笔虽然使用起来简单，但种类太少。使用 CPen::CreatePen 函数可以创建具有各种不同属性的画笔。CPen::CreatePen 函数的原型如下：

```
BOOL CreatePen(int nPenStyle, int nWidth, COLORREF crColor);
```

参数 nPenStyle 指定画笔风格，其值可以为：

- PS_SOLID：实线。
- PS_DASH：划线。
- PS_DOT：点线。
- PS_DASHDOT：点划线。
- PS_DASHDOTDOT：双点划线。
- PS_NULL：空画笔。
- PS_INSIDEFRAME：内框线。

参数 nWidth 指定画笔的宽度。

参数 crColor 指定画笔的颜色。crColor 的类型为 COLORREF。COLORREF 类型是一个用来表示 RGB 颜色的 32 位值。通过调用 RGB 宏可以返回一个 COLORREF 类型的 RGB 颜色值。RGB 的宏定义如下：

```
COLORREF RGB(BYTE bRed, BYTE bGreen, BYTE bBlue);
```

RGB 宏根据三个参数指定的红、绿、蓝三原色值合成一个 RGB 颜色。三原色的值在 0 到 255 之间。如果三原色都设置为 0，返回黑色；如果三原色都设置为 255，返回白色。

（3）间接创建。

CPen::CreatePenIndirect 函数可以间接地创建画笔对象。该函数与 CPen::CreatePen 函数的作用相同，只是画笔的三个属性不是直接在函数参数中指定，而是通过一个 LOGPEN 结构间接给出。CPen::CreatePenIndirect 函数的原型如下：

```
BOOL CPen::CreatePenIndirect(LPLOGPEN lpLogPen);
```

参数 lpLogPen 是一个指向包含画笔属性信息的 LOGPEN 结构的指针。

LOGPEN 结构的形式如下：

```
typedef struct tagLOGPEN {
    UINT        lopnStyle;
    POINT       lopnWidth;
    COLORREF lopnColor;
} LOGPEN;
```

该结构的 lopnStyle 和 lopnColor 成员分别表示画笔风格和颜色。lopnWidth 成员表示画笔宽度，与 CreatePen 不同的是，lopnWidth 成员是一个 POINT 结构，而 POINT 结构中 y 成员不起任何作用，只采用 x 成员来表示画笔宽度。

2. *画刷和 CBrush*

画刷是用来填充封闭图形（如矩形和椭圆等）的 GDI 对象。在构造设备环境时使用了默认的画刷。默认的画刷将封闭图形的内部填充成全白色。

画刷具有颜色、风格等属性。画刷风格用来设置填充样式。常用的画刷风格有：实画刷、空画刷和阴影画刷等。实画刷用纯色填充图形；空画刷使封闭图形的内部呈透明状态；阴影画刷用阴影线填充图形。

Microsoft MFC 6.0 提供了 CBrush 类来封装与画刷对象有关的操作。

创建画刷有以下几种方式：

（1）使用库存画刷。

通过调用 GetStockObject 函数可以获取系统提供的库存画刷。常用的库存画刷有：BLACK_BRUSH（黑色画刷）、GRAY_BRUSH（灰色画刷）、DKGRAY_BRUSH（深灰色画刷）、LTGRAY_BRUSH（淡灰色画刷）、HOLLOW_BRUSH（透明画刷）和 WHITE_BRUSH（白色画刷）等。

（2）创建实画刷。

调用 CBrush::CreateSolidBrush 函数可以创建实画刷。其原型如下：

```
BOOL CBrush::CreateSolidBrush(COLORREF crColor);
```

参数 crColor 指定画刷的颜色。

（3）创建阴影画刷。

调用 CBrush::CreateHatchBrush 函数可以创建阴影画刷。其原型如下：

```
BOOL CreateHatchBrush(int nIndex, COLORREF crColor);
```

参数 nIndex 指定阴影类型，其值可以为：HS_BDIAGONAL（反对角线）、HS_FDIAGONAL（正对角线）、HS_CROSS（十字交叉线）、HS_DIAGCROSS（斜交叉线）、HS_HORIZONTAL（水平线）和 HS_VERTICAL（垂直线）。

参数 crColor 指定填充颜色。

（4）间接创建画刷。

调用 CBrush:: CreateBrushIndirect 函数可以间接地创建画刷。其原型如下：

```
BOOL CreateBrushIndirect(const LOGBRUSH* lpLogBrush);
```

参数 lpLogBrush 是一个指向包含画刷信息结构 LOGBRUSH 的指针。

LOGBRUSH 结构的定义如下：

```
typedef struct tagLOGBRUSH {
    UINT        lbStyle;
    COLORREF lbColor;
    LONG        lbHatch;
}LOGBRUSH;
```

其中 lbStyle 成员指定画刷的风格；lbColor 成员指定画刷的颜色；lbHatch 根据 lbStyle 参数的类型表示不同的含义，例如 lbStyle 值为 BS_HATCHED（阴影画刷），lbHatch 值则指定阴影类型。具体细节，请参见 MSDN。

2.3.4　将 GDI 对象选进设备环境

CDC 类重载了五个成员函数 SelectObject 用来将不同的 GDI 对象选进设备环境，其原型如下：

```
CPen* SelectObject(CPen* pPen);
CBrush* SelectObject(CBrush* pBrush);
virtual CFont* SelectObject(CFont* pFont);
CBitmap* SelectObject(CBitmap* pBitmap);
int SelectObject(CRgn* pRgn);
```

CDC::SelectObject 函数除了 CRgn 版本返回的是一个 int 型外，其他版本均返回一个指向设备环境中被替换的 GDI 对象的指针。如果函数调用不成功，则返回 NULL。

2.3.5　绘制基本图形

Windows GDI 提供了若干函数来绘制基本图形。Microsoft MFC 6.0 提供的 CDC 类封装了 GDI 中绘制基本图形的方法，并以相同的函数名作为接口。下面将重点介绍 CDC 类的绘图成员函数。

1. 点

画点实际上是设置某一个像素点的颜色值，可以通过调用 CDC::SetPixel 函数来实现。CDC::SetPixel 函数可以设置指定像素点的颜色值，其函数原型如下：

```
COLORREF SetPixel(int x, int y, COLORREF crColor);
```

参数：x 和 y 分别表示像素点的水平坐标和垂直坐标；crColor 指定要设置像素点的颜色值。

返回值：如果函数调用成功，返回实际对像素点所设置的 RGB 值。这个返回值不一定等同于 crColor 所指定的颜色值，因为有时受设备限制，不能显示 crColor 所指定的颜色值，而只能取其近似值。如果函数调用失败，返回-1。

示例：单击按钮在窗口点(100,100)处绘制一个红点。

```
void CMyView::OnLButtonDown(UINT nFlags, CPoint point)
{
    CDC* pDC = GetDC();                          //获取设备环境
    pDC->SetPixel(100,100,RGB(255,0,0));         //在(100,100)处画一红点
    ReleaseDC(pDC);                              //释放设备环境
}
```

2. 直线

画一条直线需要确定直线的起点和终点。GDI 总是将当前位置作为直线的起点，可以调用 CDC::MoveTo 函数将当前位置移动到指定点。该函数的原型如下：

```
CPoint MoveTo(int x, int y);
```

参数：x 和 y 为新位置的坐标。

返回：调用函数之前的当前位置点。

调用 CDC::LineTo 函数绘制一条从当前位置到指定点的直线，其原型如下：

```
BOOL LineTo(int x, int y);
```

参数：x 和 y 为直线的终点坐标。

返回值：成功返回 TRUE，否则返回 FALSE。

注意：*该函数执行完后，当前位置被设置成了直线的终点。如果需要接着直线的终点继续绘制直线，则无需调用 MoveTo 函数。*

示例 1：使用默认画笔绘制一条从(100,100)到(300,100)的直线。

```
void CMyView::OnLButtonDown(UINT nFlags, CPoint point)
{
    CDC* pDC = GetDC();              //获取设备环境
    pDC->MoveTo(100,100);            //移动到点(100,100)处
    pDC->LineTo(300,100);            //画一条从(100,100)到(300,100)的黑色直线
    ReleaseDC(pDC);                  //释放设备环境
}
```

示例 2：使用红色画笔绘制一条从(100,100)到(300,100)的直线。

```
void CMyView::OnLButtonDown(UINT nFlags, CPoint point)
{
    CDC* pDC = GetDC();                           //获取设备环境
    CPen pen;                                     //构造画笔对象
    pen.CreatePen(PS_SOLID,1,RGB(255,0,0));       //创建宽度为 1 的红色实画笔
    CPen* oldPen = pDC->SelectObject(&pen);       //设备环境选用新画笔作图，并保存原有画笔
    pDC->MoveTo(100,100);                         //移动到点(100,100)处
    pDC->LineTo(300,100);                         //画一条从(100,100)到(300,100)的直线
    pDC->SelectObject(oldPen);                    //设备环境恢复以前的画笔
    pen.DeleteObject();                           //释放画笔对象
    ReleaseDC(pDC);                               //释放设备环境
}
```

3. 折线

CDC::PolyLine 函数用于绘制一条折线，其原型如下：

```
BOOL Polyline(LPPOINT lpPoints, int nCount);
```

参数：lpPoints 是指向 POINT 结构数组的指针，POINT 结构数组保存了折线的所有顶点；nCount 指定折线的顶点数，其值不能小于 2。

返回值：成功返回 TRUE，否则返回 FALSE。

示例：绘制一条 Z 型折线。

```
void CMyView::OnLButtonDown(UINT nFlags, CPoint point)
{
    CDC* pDC = GetDC();                                         //获取设备环境
    POINT pts[4]={{100,100},{300,100},{100,300},{300,300}};    //表示折线的 4 个顶点
    pDC->Polyline(pts,4);                                       //用默认画笔绘制折线
    ReleaseDC(pDC);                                             //释放设备环境
}
```

4. 弧线

CDC::Arc 函数用于绘制椭圆弧线或者整个椭圆，椭圆由其外接矩形表示。其原型如下：

```
BOOL Arc(LPCRECT lpRect, POINT ptStart, POINT ptEnd);
```

参数：lpRect 指定椭圆的外接矩形；ptStart 指定椭圆的开始点；ptEnd 指定椭圆的结束点。ptStart 点和 ptEnd 点并不一定要精确地在椭圆上。

返回值：成功返回 TRUE，否则返回 FALSE。

该函数绘制一段在 lpRect 指定的外接椭圆上的弧线。该弧线的起始点是椭圆圆心与 ptStart 点构成的射线和椭圆的交点，终点是椭圆圆心与 ptEnd 点构成的射线和椭圆的交点。

示例：绘制一椭圆的四分之一边。

```
void CMyView::OnLButtonDown(UINT nFlags, CPoint point)
{
    CDC* pDC = GetDC();                       //获取设备环境
    CRect rect(100,100,400,300);              //椭圆的外接矩形
    POINT pStart={400,200};                   //开始点
    POINT pEnd={250,100};                     //结束点
    pDC->Arc(&rect,pStart,pEnd);              //绘制 1/4 椭圆弧线
    ReleaseDC(pDC);                           //释放设备环境
}
```

5. 矩形

CDC::Rectangle 函数用来绘制矩形，其原型如下：

```
BOOL Rectangle(int x1, int y1, int x2, int y2);
```

参数：x1 和 y1 为矩形的左上角坐标；x2 和 y2 为矩形的右下角坐标。

返回值：成功返回 TRUE，否则返回 FALSE。

示例 1：使用默认画笔和画刷绘制矩形。

```
void CMyView::OnLButtonDown(UINT nFlags, CPoint point)
{
    CDC* pDC = GetDC();                       //获取设备环境
    pDC->Rectangle(100,100,300,400);          //绘制矩形
    ReleaseDC(pDC);                           //释放设备环境
}
```

示例 2：使用红色画笔和蓝色阴影画刷绘制矩形。

```
void CMyView::OnLButtonDown(UINT nFlags, CPoint point)
{
    CDC* pDC = GetDC();                              //获取设备环境
    CPen pen(PS_SOLID,1,RGB(255,0,0));               //创建红色实画笔
    LOGBRUSH lbBrushInfo={BS_HATCHED,RGB(0,0,255),HS_CROSS};
                                                     //创建画刷信息结构：蓝色十字阴影画刷
    CBrush brush;                                    //构造画刷对象
    brush.CreateBrushIndirect(&lbBrushInfo);         //创建由画刷信息描述的画刷
    CPen* oldPen=pDC->SelectObject(&pen);            //设备环境选用新画笔作图，并保存原有画笔
    CBrush* oldBrush=pDC->SelectObject(&brush);      //设备环境选用新画刷作图，并保存原有画刷
    pDC->Rectangle(100,100,300,400);                 //绘制矩形
    pDC->SelectObject(oldPen);                       //设备环境恢复原有画笔
    pDC->SelectObject(oldBrush);                     //设备环境恢复原有画刷
    pen.DeleteObject();                              //释放画笔对象
    brush.DeleteObject();                            //释放画刷对象
    ReleaseDC(pDC);                                  //释放设备环境
}
```

6. 椭圆

CDC::Ellipse 函数用来绘制椭圆，其原型如下：

```
BOOL Ellipse(LPCRECT lpRect);
```

参数：lpRect 为椭圆的外接矩形。

返回值：成功返回 TRUE，否则返回 FALSE。

示例：绘制圆。

```
void CMyView::OnLButtonDown(UINT nFlags, CPoint point)
{
    CDC* pDC = GetDC();                  //获取设备环境
    CRect rect(100,100,400,400);         //椭圆的外接矩形
    pDC->Ellipse(&rect);                 //绘制椭圆
    ReleaseDC(pDC);                      //释放设备环境
}
```

注意：该椭圆的外接矩形是一个正方形，所以绘制出来的图形是一个圆。

7. 圆角矩形

圆角矩形同时具有矩形和椭圆的特征。矩形的四个角被椭圆化，四个角凑到一起便可拼成一个完整的椭圆。因此圆角矩形由一个矩形和一个由四个角拼凑成的椭圆唯一确定。

CDC::RoundRect 函数用来绘制圆角矩形，其原型如下：

```
BOOL RoundRect(LPCRECT lpRect, POINT point);
```

参数：lpRect 指定圆角矩形的矩形区域；point 是一个 POINT 结构，其成员 x 和 y 分别表示由圆角矩形四个角拼凑成的椭圆的宽度和高度。

返回值：成功返回 TRUE，否则返回 FALSE。

示例：

```
void CMyView::OnLButtonDown(UINT nFlags, CPoint point)
{
```

```
    CDC* pDC = GetDC();                        //获取设备环境
    CRect rect(100,100,400,300);               //圆角矩形的矩形区域
    POINT pt={40,30};                          //由四个角拼凑成的椭圆的宽度和高度
    pDC->RoundRect(&rect,pt);                  //绘制圆角矩形
    ReleaseDC(pDC);                            //释放设备环境
}
```

8. 扇形

扇形是由一个椭圆弧线和该弧线的起始点和结束点对应的两条半径所围成的图形。扇形去掉两条半径边就成了一条弧线，由一条椭圆弧线就可以确定一个扇形。因此，绘制扇形与绘制弧线的参数一致。CDC::Pie函数用来绘制扇形，其原型如下：

```
BOOL Pie(LPCRECT lpRect, POINT ptStart, POINT ptEnd);
```

其参数、返回值和使用方法请参照“弧线”部分。

9. 多边形

多边形可以看作是一个首尾相接的封闭折线所围成的图形。CDC::Polygon 函数用来绘制多边形，其原型如下：

```
BOOL Polygon(LPPOINT lpPoints, int nCount);
```

其参数、返回值和使用方法请参照“折线”部分。

2.4 计算机辅助制图工具实现

2.4.1 创建工程

启动Visual C++ 6.0，运行MFC AppWizard(exe)，创建一个名为CADTool的SDI工程。

打开资源视图，双击String Table文件夹下的String Table，修改ID为IDR_MAINFRAME的Caption为“计算机辅助制图工具”。

2.4.2 实现图形类树

如图2-6所示，计算机辅助制图工具的类层次结构由一个公共的图形基类派生。派生类分为两类来处理：封闭图形和非封闭图形。本节并不打算实现类树中的所有类，而是选择非封闭图形的直线类和封闭图形的矩形类作为代表性的示例，剩余的类留给读者作为练习。

图2-6所示为本节要实现的类图。

1. 实现图形基类CShape类

图形基类封装系统所涉及的所有图形的公共属性，并提供一系列方法来访问图形属性。这些公共属性包括图形的边框线颜色、边框线类型、边框线大小。图形基类还提供了访问图形对象功能的接口，包括保存图形、绘制图形、判断图形是否被选中，绘制图形的特殊点等。这些接口通过纯虚函数来实现。

选择【Insert|New Class】菜单项，弹出New Class对话框。在New Class对话框中设置Class type（类型）为Generic Class，Name（类名）为CShape。单击OK按钮，将自动添加Shape.h和Shape.cpp两个文件到工程中。

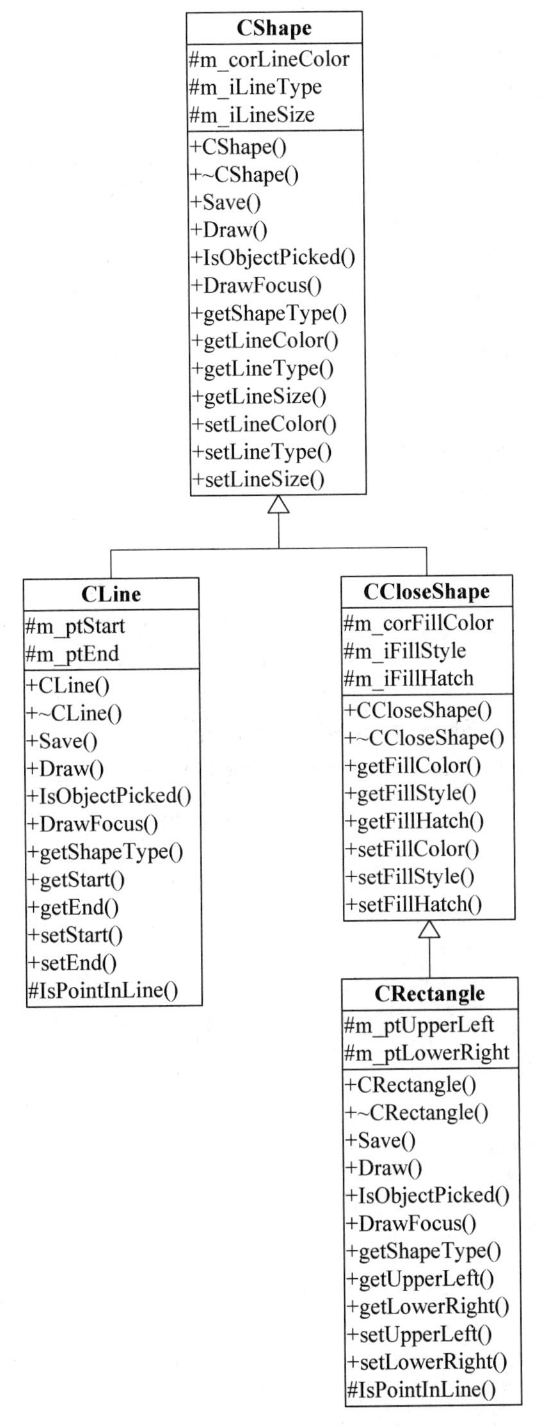

图 2-6　图形类层次结构图

打开 CShape 类的头文件 Shape.h，输入如下代码：

```
#include <stdio.h>
class CShape
{
```

```
public:
    CShape(COLORREF lineColor,int lineType, int lineSize);
    virtual ~CShape();
public:
    virtual void Save(FILE* file)=0;                          //保存图形对象
    virtual void Draw(CDC* pDC)=0;                            //绘制图形
    virtual bool IsObjectPicked(POINT point)=0;               //选取对象
    virtual void DrawFocus(CDC* pDC,bool blShow=true)=0;      //绘制图形特殊点
    virtual CString getShapeType()=0;                         //运行时类型检查
public:
    COLORREF getLineColor();                                  //获得线条颜色
    int getLineType();                                        //获得线条类型
    int getLineSize();                                        //获得线条大小
    void setLineColor(COLORREF lineColor);                    //设置线条颜色
    void setLineType(int lineType);                           //设置线条类型
    void setLineSize(int lineSize);                           //设置线条大小
protected:
    COLORREF m_corLineColor;                                  //线条颜色
    int m_iLineType;                                          //线条类型
    int m_iLineSize;                                          //线条大小
};
```

打开 CShape 类的实现文件 Shape.cpp，输入如下代码：

```
CShape::CShape(COLORREF lineColor,int lineType, int lineSize)
{
    m_corLineColor = lineColor;
    m_iLineType = lineType;
    m_iLineSize = lineSize;
}

CShape::~CShape()
{
}

COLORREF CShape::getLineColor()
{
    return m_corLineColor;
}

int CShape::getLineType()
{
    return m_iLineType;
}

int CShape::getLineSize()
{
    return m_iLineSize;
}
```

```
void CShape::setLineColor(COLORREF lineColor)
{
    m_corLineColor = lineColor;
}

void CShape::setLineType(int lineType)
{
    m_iLineType = lineType;
}

void CShape::setLineSize(int lineSize)
{
    m_iLineSize = lineSize;
}
```

在 CShape 类的头文件 Shape.h 中声明了三个 protected 成员变量：m_corLineColor、m_iLineType 和 m_iLineSize，分别表示图形的边框线颜色、边框线类型和边框线大小。CShape 类还声明了六个 public 方法来访问这些属性，其中三个 get 方法用来获取边框线属性，三个 set 方法用来设置边框线属性。

之所以将这些属性声明为 protected，是出于面向对象的隐藏封闭原则。protected 成员对类的访问者受限，而对类的共有派生类可以继承与访问。如果要在类的外部访问这三个属性，可以通过声明的六个 public 成员方法访问。

CShape 类的构造函数根据传入的三个参数初始化图形属性。

在 CShape 类的头文件 Shape.h 中还声明了一系列接口访问图形对象功能。

Save 函数将图形对象保存到磁盘文件中。

Draw 函数在绘图区域绘制图形。

IsObjectPicked 函数判断图形对象是否被选中。

DrawFocus 函数绘制或删除图形的特殊点。

getShapeType 函数用于运行时检查图形的类型。CShape 类的派生类实现此方法，并返回图形的类型。MFC 提供了公共基类 CObject 类和若干宏来实现运行时类型检查，并减少了开发人员的工作量。这里只需要简单地判断图形是否为封闭图形，所以没有采用 MFC 的运行时类型检查机制。

CShape 类将这些函数声明为纯虚函数。包含纯虚函数的类是纯虚类（抽象类），并且不能被实例化。CShape 类的派生类继承并实现这些纯虚函数。

2. 实现直线类 CLine

从图 2-6 中可以看出，直线类直接继承自图形基类，除了具有继承自图形基类的属性外，还具有其特有的属性，即直线的起点和终点。直线类具有绘制、保存、判断是否被选中等方法。

选择【Insert|New Class】菜单项，弹出 New Class 对话框。在 New Class 对话框中设置 Class type（类型）为 Generic Class，Name（类名）为 Cline。单击 OK 按钮，将自动添加 Line.h 和 Line.cpp 两个文件到工程中。

打开 Cline 类的头文件 Line.h，输入如下代码：

```
#include "Shape.h"
class CLine: public CShape
{
public:
    CLine(COLORREF lineColor,UINT lineType,UINT lineSize,POINT startPoint,POINT endPoint);
    virtual ~CLine();
public:
    virtual void Save(FILE* file);                          //保存直线对象
    virtual void Draw(CDC* pDC);                            //绘制直线
    virtual bool IsObjectPicked(POINT point);               //判断对象是否被选中
    virtual void DrawFocus(CDC* pDC,bool blShow=true);      //绘制直线特殊点
    virtual CString getShapeType();                         //运行时类型检查
public:
    POINT getStart();                                       //获取直线起始点
    POINT getEnd();                                         //获取直线结束点
    void setStart(POINT start);                             //设置直线起始点
    void setEnd(POINT end);                                 //设置直线结束点
protected:
    bool IsPointInLine(POINT ptStart,POINT ptEnd,POINT Point);   //判断点是否在直线上
    POINT m_ptStart;                                        //直线开始点
    POINT m_ptEnd;                                          //直线结束点
};
```

打开 Cline 类的实现文件 Line.cpp，输入如下代码：

```
CLine::CLine(COLORREF lineColor,UINT lineType,UINT lineSize,POINT startPoint,
POINT endPoint):CShape(lineColor,lineType,lineSize)
{
    m_ptStart = startPoint;
    m_ptEnd = endPoint;
}

CLine::~CLine()
{
}

POINT CLine::getStart()
{
    return m_ptStart;
}

POINT CLine::getEnd()
{
    return m_ptEnd;
}

void CLine::setStart(POINT start)
```

```
{
    m_ptStart = start;
}

void CLine::setEnd(POINT end)
{
    m_ptEnd = end;
}

void CLine::Save(FILE* file)
{
    /***********************************************************************
    **直线存储格式:
    **L:线颜色:线类型:线大小:起始点 x 坐标:起始点 y 坐标:结束点 x 坐标:结束点 y 坐标:
    ***********************************************************************/
    CString strLine;
    strLine.Format("L:%d:%d:%d:%d:%d:%d:%d:\n",m_corLineColor,m_iLineType,m_iLineSize,m_ptStart.x,
            m_ptStart.y,m_ptEnd.x,m_ptEnd.y);
    fwrite(strLine,strLine.GetLength(),1,file);
}

void CLine::Draw(CDC* pDC)
{
    CPen pen;
    pen.CreatePen(m_iLineType,m_iLineSize,m_corLineColor);      //创建画笔
    CPen * OldPen = (CPen *)pDC->SelectObject(&pen);           //选取画笔
    pDC->MoveTo(m_ptStart);                                     //移到起始点
    pDC->LineTo(m_ptEnd);                                       //从起始点绘制一条直线到结束点
    pDC->SelectObject(OldPen);                                  //恢复原来的画笔
    pen.DeleteObject();                                         //删除画笔
}

bool CLine::IsObjectPicked(POINT point)
{
    return IsPointInLine(m_ptStart,m_ptEnd,point);
}

bool CLine::IsPointInLine(POINT ptStart,POINT ptEnd,POINT point)
{
    /*******************判断一点是否在一条线段上*********************
    **已知条件：线段的两个端点和待判断点
    **解题思路：要判断某点是否在一条线段上，首先要判断待判断点是否在线段
    **          矩形（线段矩形是指由线段的起始点作为矩形的左上角，线段
    **          的结束点作为矩形的右下角的矩形）内，如果没有在线段矩形内，
    **          则待判断点不是线段上的点，否则继续判断待判断点是否满足该线
    **          段所在直线的直线方程
```

```
**解题关键：根据线段上的两个端点求出该直线的方程
**解题步骤：1.判断直线的倾斜角是否为 90 度
**2.如果直线的倾斜角为 90 度，则该直线的方程为 x=x1
**3.否则该直线方程为 y-y1=K*(x-x1)，其中 K 为直线的斜率
**注意：待判断点的精确度是一个像素，考虑到待判断点是用户用鼠标在
**屏幕上选取的一个点，所以将精确度放大到 4 个像素，使得用户可
**以方便地选择直线上的某个点
*************************************************************/
//判断点是否在线段矩形内
CRect * rect = new CRect(ptStart,ptEnd);
rect->NormalizeRect();
if(rect->bottom == rect->top)            //如果是条水平直线，则将矩形高度加高 10 单位
    rect->bottom += 10;
if(rect->left == rect->right)            //如果是条垂直直线，则将矩形宽度加宽 10 单位
    rect->right+=10;
if(! rect->PtInRect(point))
{
    return false;
}

bool IsInLine = false;                   //标识待判断点不在线段上

if(ptEnd.x != ptStart.x)                 //当 x 不等于 x1 时，直线方程为 y-y1=K*(x-x1)
{
    double y = ((double)(ptEnd.y-ptStart.y));
    double x = ((double)(ptEnd.x-ptStart.x));
    double k = y / x;                    //求得直线的斜率 K
    //判断待判断点是否满足直线方程（允许的差值为 4 个像素）
    if((abs(point.y-(k*(point.x-ptStart.x)+ptStart.y))<=4))
        IsInLine = true;
}
else//当 x 等于 x1 时，直线的倾斜角为 90 度，直线方程为 x=x1
{
    //判断待判断点是否满足直线方程（允许的差值为 4 个像素）
    if(abs(point.x - ptStart.x) <= 4)
        IsInLine = true;
}
return IsInLine;
}

void CLine::DrawFocus(CDC* pDC,bool blShow)
{
    CPen pen;
    CBrush brush;
    if(blShow)          //如果要绘制线条特殊点，则创建蓝色画笔和蓝色笔刷
    {
```

```
        pen.CreatePen(PS_SOLID,1,RGB(0,0,255));
        brush.CreateSolidBrush(RGB(0,0,255));
    }
    else                    //如果要删除线条特殊点，则创建白色（背景色）画笔和白色笔刷
    {
        pen.CreatePen(PS_SOLID,1,RGB(255,255,255));
        brush.CreateSolidBrush(RGB(255,255,255));
    }
    CPen * OldPen = (CPen *)pDC->SelectObject(&pen);
    CBrush* OldBrush = (CBrush *)pDC->SelectObject(&brush);

    //在线条起始点绘制边长为 4 的小矩形
    pDC->Rectangle(m_ptStart.x-4,m_ptStart.y-4,m_ptStart.x+4,m_ptStart.y+4);
    //在线条结束点绘制边长为 4 的小矩形
    pDC->Rectangle(m_ptEnd.x-4,m_ptEnd.y-4,m_ptEnd.x+4,m_ptEnd.y+4);
    //计算线条的中点
    POINT pCenter;
    pCenter.x = m_ptStart.x + (m_ptEnd.x-m_ptStart.x)/2;
    pCenter.y = m_ptStart.y + (m_ptEnd.y-m_ptStart.y)/2;
    //在线条的中点绘制边长为 4 的小矩形
    pDC->Rectangle(pCenter.x-4,pCenter.y-4,pCenter.x+4,pCenter.y+4);

    pDC->SelectObject(OldPen);
    pDC->SelectObject(OldBrush);
    pen.DeleteObject();
    brush.DeleteObject();

    if(!blShow)
    {
        Draw(pDC);
    }
}

CString CLine::getShapeType()
{
    return "CLine";
}
```

在 CLine 类的头文件 Line.h 中声明了两个 proteced 属性：m_ptStart 和 m_ptEnd，分别表示线段的起始点和结束点；并且声明了四个方法来访问这两个属性，其中两个 get 方法用来获取属性值，两个 set 方法用来设置属性值。

CLine 类的构造函数调用基类的构造函数来初始化边框线属性，并为 m_ptStart 和 m_ptEnd 赋初值。

CLine 类作为可以实例化的具体的图形对象，必须实现基类 CShape 的所有纯虚函数。

Save 函数将直线对象保存到文件中，其格式为：

L:线颜色:线类型:线大小:起始点 x 坐标:起始点 y 坐标:结束点 x 坐标:结束点 y 坐标:

其中 L 表示对象的类型为直线。其他的字段表示直线的各种属性值。各字段之间用“:”隔开，例如“L:0:0:1:143:581:413:588:”。

Draw 函数在绘图区域绘制一条从 m_ptStart（起始点）到 m_ptEnd（结束点）的线段。

IsObjectPicked 函数调用辅助函数 IsPointInLine 判断直线对象是否被选中。IsPointInLine 函数的实现细节参见代码注释部分。

DrawFocus 函数根据 bool 型参数 blShow 来绘制或删除线段的特殊点。如果 blShow 为真，则绘制线段的特殊点；否则，删除线段的特殊点，即将线段的特殊点绘制成背景色。

getShapeType 函数返回图形对象的类型 CLine。

3. 实现封闭图形基类 CCloseShape

诸如矩形、圆、菱形等封闭的图形，它们有一个共同的特征：填充属性。将这一类图形的共性抽象出来，形成封闭图形的基类——CCloseShape。

选择【Insert|New Class】菜单项，弹出 New Class 对话框。在 New Class 对话框中设置 Class type（类型）为 Generic Class，Name（类名）为 CCloseShape。单击 OK 按钮，将自动添加 CloseShape.h 和 CloseShape.cpp 两个文件到工程中。

打开 CCloseShape 类的头文件 CloseShape.h，输入如下代码：

```
#include "Shape.h"
class CCloseShape : public CShape
{
public:
    CCloseShape(COLORREF lineColor,UINT lineType,UINT lineSize,UINT fillStyle,
        COLORREF fillColor,long fillHatch);
    virtual ~CCloseShape();
    UINT getFillStyle();                          //获得填充样式
    COLORREF getFillColor();                      //获得填充颜色
    long getFillHatch();                          //获得填充图案
    void setFillStyle(UINT fillStyle);            //设置填充样式
    void setFillColor(COLORREF fillColor);        //设置填充颜色
    void setFillHatch(long fillHatch);            //设置填充图案
protected:
    UINT m_uiFillStyle;                           //填充样式
    COLORREF m_corFillColor;                      //填充颜色
    long m_lFillHatch;                            //填充图案
};
```

打开 CCloseShape 类的实现文件 CloseShape.cpp，输入如下代码：

```
CCloseShape::CCloseShape(COLORREF lineColor,UINT lineType,UINT lineSize,UINT fillStyle,COLORREF
fillColor,long fillHatch):CShape(lineColor,lineType,lineSize)
{
    m_uiFillStyle = fillStyle;
    m_corFillColor = fillColor;
    m_lFillHatch = fillHatch;
}

CCloseShape::~CCloseShape()
```

```
{
}

UINT CCloseShape::getFillStyle()
{
    return m_uiFillStyle;
}

COLORREF CCloseShape::getFillColor()
{
    return m_corFillColor;
}

long CCloseShape::getFillHatch()
{
    return m_lFillHatch;
}

void CCloseShape::setFillStyle(UINT fillStyle)
{
    m_uiFillStyle = fillStyle;
}

void CCloseShape::setFillColor(COLORREF fillColor)
{
    m_corFillColor = fillColor;
}

void CCloseShape::setFillHatch(long fillHatch)
{
    m_lFillHatch = fillHatch;
}
```

在 CCloseShape 类的头文件 CloseShape.h 中声明了与填充相关的属性：m_uiStyle、m_corFillColor 和 m_lHatch，分别表示填充风格、填充颜色和填充图案。CCloseShape 类还声明了六个 public 方法来访问这些属性，其中三个 get 方法用来获得属性值，三个 set 方法用来设置属性值。

CCloseShape 类的构造函数接受六个参数，前三个参数表示图形边框线的属性，并传给基类的构造函数，后三个参数初始化封闭图形的填充属性。

CCloseShape 类的构造函数调用基类的构造函数来初始化边框线属性，并为 m_uiStyle、m_corFillColor 和 m_lHatch 等填充属性赋初值。

CCloseShape 类作为封闭图形的基类不需要被实例化，所以不需要实现基类的纯虚函数。

4. 实现矩形类 CRectangle

矩形类作为封闭图形的代表类直接继承自 CCloseShape 类。除了具有封闭图形的公共属性外，矩形类还具有特有的属性，即标识矩形位置的左上角点和右下角点。矩形类还具有绘制、保存、判断是否被选中等方法。

选择【Insert|New Class】菜单项，弹出 New Class 对话框。在 New Class 对话框中设置 Class type（类型）为 Generic Class，Name（类名）为 CRectangle。单击 OK 按钮，将自动添加 Rectangle.h 和 Rectangle.cpp 两个文件到工程中。

打开 CRectangle 类的头文件 Rectangle.h，输入如下代码：

```
#include "CloseShape.h"
class CRectangle:public CCloseShape
{
public:
    CRectangle(COLORREF lineColor,UINT lineType,UINT lineSize,UINT fillStyle,COLORREF
        fillColor,long fillHatch,POINT upperLeft,POINT lowerRight);
    virtual ~CRectangle();
    virtual void Save(FILE* file);                          //保存矩形对象
    virtual void Draw(CDC* pDC);                            //绘制矩形
    virtual bool IsObjectPicked(POINT point);               //判断对象是否被选中
    virtual void DrawFocus(CDC* pDC,bool blShow);           //绘制矩形特殊点
    virtual CString getShapeType();                         //运行时类型检查
public:
    POINT getUpperLeft();                                   //获得矩形左上角点
    POINT getLowerRight();                                  //获得矩形右下角点
    void setUpperLeft(POINT upperLeft);                     //设置矩形左上角点
    void setLowerRight(POINT lowerRight);                   //设置矩形右下角点
protected:
    bool IsPointInLine(POINT ptStart,POINT ptEnd,POINT point);    //判断点是否在直线上
    POINT m_ptUpperLeft;                                    //矩形左上角点
    POINT m_ptLowerRight;                                   //矩形右下角点
};
```

打开 CRectangle 类的实现文件 Rectangle.cpp，输入如下代码：

```
CRectangle::CRectangle(COLORREF lineColor,UINT lineType,UINT lineSize,UINT fillStyle,COLORREF
fillColor,long fillHatch,POINT upperLeft,POINT lowerRight):
CCloseShape(lineColor,lineType,lineSize,fillStyle,fillColor,fillHatch)
{
    m_ptUpperLeft = upperLeft;
    m_ptLowerRight = lowerRight;
}

CRectangle::~CRectangle()
{
}

void CRectangle::Save(FILE* file)
{
    /*****************************************************************
    **矩形存储格式：
```

```
    **R:线颜色:线类型:线大小:填充颜色:填充类型:填充图案:起始点 x 坐标:
    起始点 y 坐标:结束点 x 坐标:结束点 y 坐标:
    ************************************************************************/
    CString strRect;
    strRect.Format("R:%d:%d:%d:%d:%d:%d:%d:%d:%d:%d:\n",m_corLineColor,
            m_iLineType,m_iLineSize,m_corFillColor,m_uiFillStyle,m_lFillHatch,
            m_ptUpperLeft.x,m_ptUpperLeft.y,m_ptLowerRight.x,m_ptLowerRight.y);
    fwrite(strRect,strRect.GetLength(),1,file);
}

void CRectangle::Draw(CDC* pDC)
{
    CPen pen;
    pen.CreatePen(m_iLineType,m_iLineSize,m_corLineColor);
    CBrush brush;                                  //构造笔刷填充矩形
    LOGBRUSH LogBrush;
    LogBrush.lbStyle = m_uiFillStyle;
    LogBrush.lbHatch = m_lFillHatch;
    LogBrush.lbColor = m_corFillColor;
    brush.CreateBrushIndirect(&LogBrush);
    CPen * OldPen = (CPen *)pDC->SelectObject(&pen);
    CBrush * OldBrush = (CBrush *)pDC->SelectObject(&brush);
    pDC->Rectangle(m_ptUpperLeft.x,m_ptUpperLeft.y,m_ptLowerRight.x,m_ptLowerRight.y);
    pDC->SelectObject(OldPen);
    pDC->SelectObject(OldBrush);
    pen.DeleteObject();
    brush.DeleteObject();
}

bool CRectangle::IsObjectPicked(POINT point)
{
    POINT upperRight,lowerLeft;
    upperRight.x = m_ptLowerRight.x;
    upperRight.y = m_ptUpperLeft.y;
    lowerLeft.x = m_ptUpperLeft.x;
    lowerLeft.y = m_ptLowerRight.y;
    bool IsInLine = false;
    if   //判断选择点是否在矩形的边上
    (
        IsPointInLine(m_ptUpperLeft,upperRight,point)       //上边
        ||
        IsPointInLine(upperRight,m_ptLowerRight,point)      //右边
        ||
        IsPointInLine(m_ptLowerRight,lowerLeft,point)       //下边
        ||
        IsPointInLine(lowerLeft,m_ptUpperLeft,point)        //左边
```

```
    )
        IsInLine = true;
    else
        IsInLine = false;
    return IsInLine;
}

bool CRectangle::IsPointInLine(POINT ptStart,POINT ptEnd,POINT point)
{
    /******************判断一点是否在一条线段上********************
    **已知条件：线段的两个端点和待判断点
    **解题思路：要判断某点是否在一条线段上，首先要判断待判断点是否在线段
    **          矩形（线段矩形是指由线段的起始点作为矩形的左上角，线段的
    **          结束点作为矩形的右下角的矩形）内，如果没有在线段矩形内，则
    **          待判断点不是线段上的点，否则继续判断待判断点是否满足该线
    **          段所在直线的直线方程
    **解题关键：根据线段上的两个端点求出该直线的方程
    **解题步骤：1.判断直线的倾斜角是否为 90 度
    **2.如果直线的倾斜角为 90 度，则该直线的方程为 x=x1
    **3.否则该直线方程为 y-y1=K*(x-x1)，其中 K 为直线的斜率
    **注意：待判断点的精确度是一个像素，考虑到待判断点是用户用鼠标在
    **屏幕上选取的一个点，所以将精确度放大到 4 个像素，使得用户可
    **以方便地选择直线上的某个点
    ****************************************************************/

    //判断点是否在线段矩形内
    CRect * rect = new CRect(ptStart,ptEnd);
    rect->NormalizeRect();
    if(rect->bottom == rect->top)       //如果是条水平直线，则将矩形高度加高 10 单位
        rect->bottom += 10;
    if(rect->left == rect->right)       //如果是条垂直直线，则将矩形宽度加宽 10 单位
        rect->right+=10;
    if(! rect->PtInRect(point))
    {
        return false;
    }

    bool IsInLine = false;              //标识待判断点不在线段上

    if(ptEnd.x != ptStart.x)            //当 x 不等于 x1 时，直线方程为 y-y1=K*(x-x1)
    {
        double y = ((double)(ptEnd.y-ptStart.y));
        double x = ((double)(ptEnd.x-ptStart.x));
        double k = y / x;               //求得直线的斜率 K
        //判断待判断点是否满足直线方程（允许的差值为 4 个像素）
        if((abs(point.y-(k*(point.x-ptStart.x)+ptStart.y))<=4))
```

```
            IsInLine = true;
    }
    else        //当 x 等于 x1 时，直线的倾斜角为 90 度，直线方程为 x=x1
    {
        //判断待判断点是否满足直线方程（允许的差值为 4 个像素）
        if(abs(point.x-ptStart.x) <= 4)
            IsInLine = true;
    }
    return IsInLine;
}

void CRectangle::DrawFocus(CDC* pDC,bool blShow)
{
    POINT upperRight,lowerLeft;
    upperRight.x = m_ptLowerRight.x;
    upperRight.y = m_ptUpperLeft.y;
    lowerLeft.x = m_ptUpperLeft.x;
    lowerLeft.y = m_ptLowerRight.y;

    CPen pen;
    CBrush brush;
    if(blShow)    //如果要绘制矩形特殊点，则创建蓝色画笔和蓝色笔刷
    {
        pen.CreatePen(PS_SOLID,1,RGB(0,0,255));
        brush.CreateSolidBrush(RGB(0,0,255));
    }
    else    //如果要删除矩形特殊点，则创建白色（背景色）画笔和白色笔刷
    {
        pen.CreatePen(PS_SOLID,1,RGB(255,255,255));
        brush.CreateSolidBrush(RGB(255,255,255));
    }
    CPen * OldPen = (CPen *)pDC->SelectObject(&pen);
    CBrush* OldBrush = (CBrush *)pDC->SelectObject(&brush);

    //在矩形左上角起始点绘制边长为 4 的小矩形
    pDC->Rectangle(m_ptUpperLeft.x-4,m_ptUpperLeft.y-4,m_ptUpperLeft.x+4,m_ptUpperLeft.y+4);
    //在矩形右上角起始点绘制边长为 4 的小矩形
    pDC->Rectangle(upperRight.x-4,upperRight.y-4,upperRight.x+4,upperRight.y+4);
    //在矩形右下角起始点绘制边长为 4 的小矩形
    pDC->Rectangle(m_ptLowerRight.x-4,m_ptLowerRight.y-4,m_ptLowerRight.x+4,m_ptLowerRight.y+4);
    //在矩形左下角起始点绘制边长为 4 的小矩形
    pDC->Rectangle(lowerLeft.x-4,lowerLeft.y-4,lowerLeft.x+4,lowerLeft.y+4);

    pDC->SelectObject(OldPen);
    pDC->SelectObject(OldBrush);
    pen.DeleteObject();
```

```
        brush.DeleteObject();

        if(!blShow)
        {
            Draw(pDC);
        }
    }

    CString CRectangle::getShapeType()
    {
        return "CCloseShape";
    }
```

在 CRectangle 类的头文件 Rectangle.h 中声明了矩形所特有的两个 proteced 属性：m_ptUpperLeft 和 m_ptLowerRight，分别表示矩形左上角点和矩形右下角点。CRectangle 类还声明了四个 public 方法来访问这两个属性，其中两个 get 方法用来获得属性值，两个 set 方法用来设置属性值。

CRectangle 类的构造函数调用基类的构造函数来初始化封闭图形的公共属性，并为 m_ptUpperLeft 和 m_ptLowerRight 赋初值。

CRectangle 类作为可以实例化的图形对象，必须实现基类的所有纯虚函数。

Save 函数将矩形对象保存到文件中，其格式为：

R:线颜色:线类型:线大小:填充颜色:填充类型:填充图案:起始点 x 坐标:起始点 y 坐标:结束点 x 坐标:结束点 y 坐标:

其中 R 表示对象的类型为矩形。其他的字段表示矩形的各种属性值。各字段之间用“:”隔开，例如“R:0:0:1:0:1:3:125:134:390:313:”。

Draw 函数在绘图区域绘制一个矩形。矩形的位置和大小由 m_ptUpperLeft（左上角点）和 m_ptLowerRight（右下角点）指定。

IsObjectPicked 函数调用辅助函数 IsPointInLine 判断矩形对象是否被选中。IsPointInLine 函数的实现细节参见代码注释部分。

DrawFocus 函数根据 bool 型参数 blShow 来绘制或删除矩形的特殊点。如果 blShow 为真，则绘制矩形的特殊点；否则，删除矩形的特殊点，即将矩形的特殊点绘制成背景色。

getShapeType 函数返回图形对象的类型 CCloseShape。

至此，已按照设计类图实现了图形类树中几个有代表性的图形类。通过这些图形类创建的图形对象能够绘制自己所表示的图形，能够将自己保存到磁盘文件中，能够判断自己是否被选中，能够绘制自己的特殊点。接着，我们需要考虑这样一个问题：怎样在内存中将这些图形对象有序地组织起来，以便对这些图形对象进行修改、删除等。2.4.3 节将实现一个图形链表来缓存图形对象，这个链表按照“排队”的顺序组织图形对象，即“先进先出”。

2.4.3 实现图形链表类

图形链表按照“排队”的顺序缓存图形对象，即最后绘制的图形保存在链表的最后面，这样就符合后绘制的图形覆盖之前绘制的图形这一习惯。链表类提供将图形对象插入到链表、从链表中删除图形对象、从链表的第一个节点开始绘制图形对象、从链表的第一个节点开始将图形对象保存到磁盘文件中、从链表的第一个节点开始判断图形对象是否被选中、从磁盘文件中加载图形对象到链表等操作。

选择【Insert|New Class】菜单项，弹出 New Class 对话框。在 New Class 对话框中设置 Class type（类型）为 Generic Class，Name（类名）为 CShapeList。单击 OK 按钮，将自动添加 ShapeList.h 和 ShapeList.cpp 两个文件到工程中。

打开 CShapeList 类的头文件 ShapeList.h，输入如下代码：

```
class CShape;
class CShapeList
{
    typedef struct LNode                          //图形链表节点定义
    {
        LNode* p_PreNode;                         //指向上一个链表节点
        CShape* p_Shape;                          //指向链表节点数据（图形）
        LNode* p_NextNode;                        //指向下一个链表节点
    }ListNode;
public:
    CShapeList();
    virtual~CShapeList();
    void Clear();                                 //清空链表
    void AddShape(CShape* shape);                 //添加图形
    void DelShape();                              //删除当前图形
    void Draw(CDC* pDC);                          //绘制链表中的所有图形
    void PickObject(POINT point,CDC * pDC);       //选取对象
    void SaveToFile(CString strFileName);         //保存所有图形对象
    bool OpenFromFile(CString strFileName);       //打开磁盘文件
public:
    ListNode* m_Head;                             //链头指针
    ListNode* m_CurNode;                          //链表当前节点指针
    ListNode* m_Tail;                             //链尾指针
private:
    CString getShapeAttr(CString &strAttr);       //取得图形属性辅助函数
};
```

打开 CShapeList 类的实现文件 ShapeList.cpp，输入如下代码：

```
#include "Line.h"
#include "Rectangle.h"
CShapeList::CShapeList()
{
    m_CurNode=NULL;
    m_Head=NULL;
    m_Tail=NULL;
}

CShapeList::~CShapeList()
{
}

void CShapeList::Clear()
```

```
{
    LNode* n_Temp;
    LNode* n_Itor = m_Head;
    while(n_Itor!=NULL)                             //从链头开始释放图形对象
    {
        n_Temp = n_Itor;
        n_Itor=n_Itor->p_NextNode;
        delete n_Temp;
    }
    m_Head = m_Tail = m_CurNode = NULL;
}

void CShapeList::AddShape(CShape* shape)
{
    /************链表添加链节点策略**************
    **新节点添加到链尾
    *********************************************/

    //定义临时链节点保存图形指针
    ListNode * nNew = new ListNode;
    nNew->p_Shape=shape;

    if(!m_Head)                                     //当前链表为空链表
    {
        m_Tail = m_Head = nNew;
        nNew->p_NextNode=NULL;
        nNew->p_PreNode=NULL;
    }
    else                                            //当前链表为非空链表，将新节点添加到链尾位置
    {
        m_Tail->p_NextNode = nNew;
        nNew->p_PreNode = m_Tail;
        m_Tail = nNew;
        m_Tail->p_NextNode=NULL;
    }
}

void CShapeList::DelShape()
{
    /************链表删除链节点策略**************
    **删除 m_LCurNode 指向的当前链节点
    *********************************************/
    if(! m_CurNode)                                 //如果当前节点指针为空，直接返回
        return;
    if(!m_Head)                                     //如果是空链表，直接返回
        return;

    if(m_CurNode->p_PreNode)                        //当前节点非头节点
    {
        m_CurNode->p_PreNode->p_NextNode = m_CurNode->p_NextNode;
```

```
        }
        else                                        //当前节点是头节点，则链头指针下移
        {
            m_Head = m_Head->p_NextNode;
        }

        if(m_CurNode->p_NextNode)                   //当前节点非尾节点
        {
            m_CurNode->p_NextNode->p_PreNode = m_CurNode->p_PreNode;
        }
        else                                        //当前节点是尾节点，则链尾指针上移
        {
            m_Tail = m_CurNode->p_PreNode;
        }
        delete m_CurNode;
        m_CurNode = NULL;
}

void CShapeList::Draw(CDC* pDC)
{
        if(!m_Head)
            return;
        LNode* n_Itor = m_Head;
        LNode* n_Temp;
        while(n_Itor!=NULL)                         //从链头开始绘制图形
        {
            n_Temp = n_Itor;
            n_Temp->p_Shape->Draw(pDC);
            n_Itor=n_Itor->p_NextNode;
        }
        if(m_CurNode)                               //绘制当前节点的特殊点
            m_CurNode->p_Shape->DrawFocus(pDC,true);
}

void CShapeList::PickObject(POINT point,CDC * pDC)
{
        ListNode* nTemp = m_Head;
        while(nTemp)
        {
            CShape* shape = nTemp->p_Shape;
            if(shape->IsObjectPicked(point))
                break;
            nTemp = nTemp->p_NextNode;
        }
        if(m_CurNode)                               //删除之前的当前节点的特殊点
        {
            m_CurNode->p_Shape->DrawFocus(pDC,false);
        }
        if(nTemp!=NULL)                             //设置当前节点
            m_CurNode=nTemp;
```

```
        else
            m_CurNode=NULL;
    }

    void CShapeList::SaveToFile(CString strFileName)
    {
        FILE* file;
        file = fopen(strFileName,"wb");
        if(!m_Head)
            return;
        LNode* n_Itor = m_Head;
        LNode* n_Temp;
        while(n_Itor!=NULL)                             //从链头开始保存图形
        {
            n_Temp = n_Itor;
            n_Temp->p_Shape->Save(file);
            n_Itor=n_Itor->p_NextNode;
        }
        fclose(file);
    }

    bool CShapeList::OpenFromFile(CString strFileName)
    {
        Clear();                                        //清空链表
        FILE* file;
        file = fopen(strFileName,"r");                  //打开图形文件（.cdt）
        if(file == NULL)
            return false;
        char buff[255]={0};
        CString strAttrs;
        CString strLineColor,strLineType,strLineSize,strFillColor,strFillType,strFillHatch,strPoint1x,strPoint1y,
                strPoint2x,strPoint2y;
        int iLineColor,iLineType,iLineSize,iFillColor,iFillType,iFillHatch,iPoint1x,iPoint1y,iPoint2x,iPoint2y;
        char* pTem;
        CShape* shape;
        POINT ptStart,ptEnd;
        while(!feof(file))                      //当未到文件尾时
        {
            fgets(buff,255,file);               //从文件中读一行文本（一行文本表示一个图形对象）
            strAttrs = buff;                    //文本形如：L:0:0:1:143:581:413:588:
            switch(buff[0])
            {
            case 'L':                                   //直线对象
                strAttrs = strAttrs.Mid(2);
                strLineColor = getShapeAttr(strAttrs);  //获得线颜色
                strLineType = getShapeAttr(strAttrs);   //获得线类型
                strLineSize = getShapeAttr(strAttrs);   //获得线大小
                strPoint1x = getShapeAttr(strAttrs);    //获得起始点 x 坐标
                strPoint1y = getShapeAttr(strAttrs);    //获得起始点 y 坐标
                strPoint2x = getShapeAttr(strAttrs);    //获得结束点 x 坐标
```

```
        strPoint2y = getShapeAttr(strAttrs);        //获得结束点 y 坐标
        //转换字符串属性为整型属性
        iLineColor = strtol(strLineColor,&pTem,10);
        iLineType = strtol(strLineType,&pTem,10);
        iLineSize = strtol(strLineSize,&pTem,10);
        iPoint1x = strtol(strPoint1x,&pTem,10);
        iPoint1y = strtol(strPoint1y,&pTem,10);
        iPoint2x = strtol(strPoint2x,&pTem,10);
        iPoint2y = strtol(strPoint2y,&pTem,10);
        ptStart.x = iPoint1x;
        ptStart.y = iPoint1y;
        ptEnd.x = iPoint2x;
        ptEnd.y = iPoint2y;
        shape = new CLine(iLineColor,iLineType,iLineSize,ptStart,ptEnd);
        AddShape(shape);
        break;
    case 'R':                                       //矩形对象
        strAttrs = strAttrs.Mid(2);
        strLineColor = getShapeAttr(strAttrs);      //获得线颜色
        strLineType = getShapeAttr(strAttrs);       //获得线类型
        strLineSize = getShapeAttr(strAttrs);       //获得线大小
        strFillColor = getShapeAttr(strAttrs);      //获得填充颜色
        strFillType = getShapeAttr(strAttrs);       //获得填充类型
        strFillHatch = getShapeAttr(strAttrs);      //获得填充图案
        strPoint1x = getShapeAttr(strAttrs);        //获得左上角点 x 坐标
        strPoint1y = getShapeAttr(strAttrs);        //获得左上角点 y 坐标
        strPoint2x = getShapeAttr(strAttrs);        //获得右下角点 x 坐标
        strPoint2y = getShapeAttr(strAttrs);        //获得右下角点 y 坐标
        //转换字符串属性为整型属性
        iLineColor = strtol(strLineColor,&pTem,10);
        iLineType = strtol(strLineType,&pTem,10);
        iLineSize = strtol(strLineSize,&pTem,10);
        iFillColor = strtol(strFillColor,&pTem,10);
        iFillType = strtol(strFillType,&pTem,10);
        iFillHatch = strtol(strFillHatch,&pTem,10);
        iPoint1x = strtol(strPoint1x,&pTem,10);
        iPoint1y = strtol(strPoint1y,&pTem,10);
        iPoint2x = strtol(strPoint2x,&pTem,10);
        iPoint2y = strtol(strPoint2y,&pTem,10);
        ptStart.x = iPoint1x;
        ptStart.y = iPoint1y;
        ptEnd.x = iPoint2x;
        ptEnd.y = iPoint2y;
        shape = new CRectangle(iLineColor,iLineType,iLineSize,iFillType,iFillColor,
                iFillHatch,ptStart,ptEnd);
        AddShape(shape);
        break;
    default:
        break;
    }
```

```
    }
}

CString CShapeList::getShapeAttr(CString &strAttrs)
{
    /**********************************************
    **参数：strArrrs（图形属性文本 ）
    **类型：CString（引用）
    **形如：0:0:1:143:581:413:588:
    **描述：从参数 strAttrs 中获得第一个图形属性，
            并将参数 strAttrs 的第一个图形属性删除
    **返回：第一个冒号之前的数字。上例返回：0
    **********************************************/
    CString strRtn="";
    int pos = strAttrs.Find(':',0);
    strRtn = strAttrs.Left(pos);
    strAttrs = strAttrs.Mid(pos+1);
    return strRtn;
}
```

在 CShapeList 类的头文件 ShapeList.h 中，嵌套定义了一个 ListNode 结构。ListNode 结构表示一个链节点，其成员 p_PreNode 指向前一个链节点，p_NextNode 指向下一个链节点，p_Shape 指向一个图形。

在 ShapeList.h 文件中还定义了三个属性：m_Head、m_CurNode 和 m_Tail，其中 m_Head 指向链头节点，m_CurNode 指向链表当前节点，m_Tail 指向链尾节点。

CShapeList 类提供了若干接口来访问图形链表。

AddShape 方法将一个图形对象添加到链表的链尾位置。

当链表为空链表时，AddShape 方法将链头指针和链尾指针都指向新节点，新节点的前指针和后指针都指向空。添加节点到空链表的示意图如图 2-7 所示。

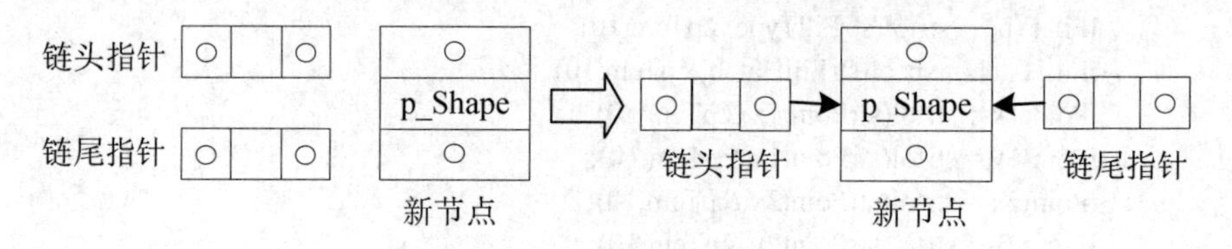

图 2-7　添加节点到空链表

如果链表非空，则将新节点的后指针指向空，前指针指向链尾指针指向的节点；再将链尾指针指向的节点的后指针指向新节点；最后将链尾指针也指向新节点。添加节点到非空链表的示意图如图 2-8 所示。

DelShape 方法删除链表的当前节点。如果当前节点是最后一个节点，即链尾指针指向的节点，那么链尾指针需上移一个节点。若当前节点不是最后一个节点，则需将当前节点的前驱节点的后指针指向当前节点的后继节点；再将当前节点的后继节点的前指针指向当前节点的前驱节点。其示意图如图 2-9 所示。

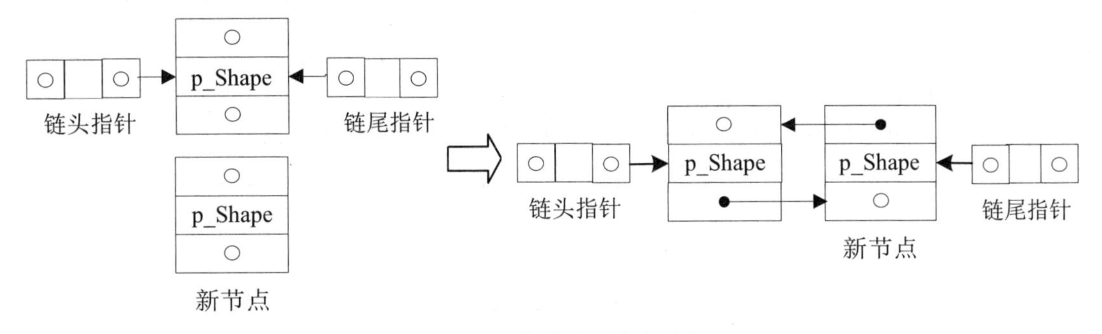

图 2-8 添加节点到非空链表

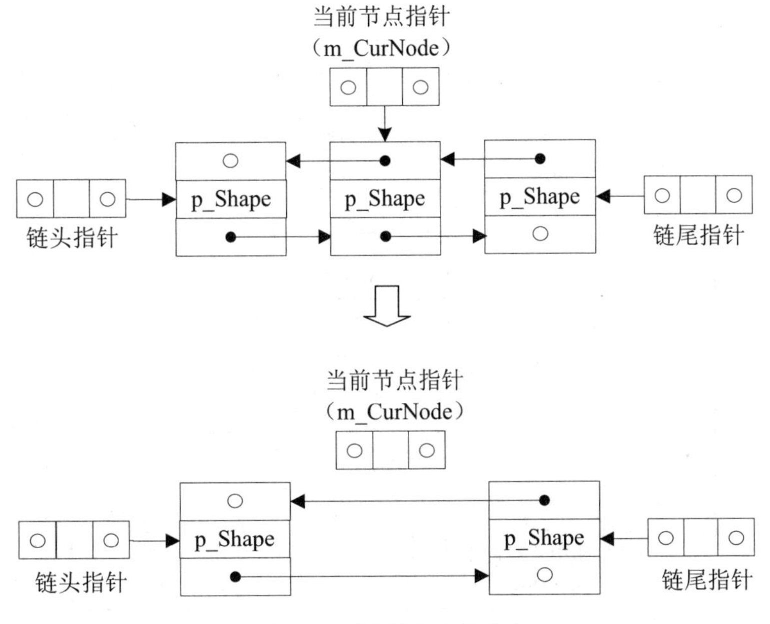

图 2-9 删除链表当前节点

Draw 函数从链表的第一个节点开始绘制链表节点所指的图形。

Clear 函数释放链表中的所有图形对象，并清空链表。

PickObject 函数从链表的第一个节点查找第一个被选中的图形对象。如果图形对象被选中，则将当前节点指针指向该对象；否则将当前节点指针指向空。PickObject 函数还删除之前的当前图形的特殊点。

SaveToFile 函数从链表的表头开始依次调用图形对象的 Save 方法将图形对象保存在磁盘文件中。该磁盘文件默认的扩展名为 cdt。下面是一个很简单的 cdt 文件：

L:0:0:1:77:65:202:67:

R:0:0:1:0:1:3:31:98:84:126:

从这个文件可以看出，每一个图形对象在磁盘文件中表现为一行文本。每一行文本的第一个字母表示图形对象的类型，如 L 表示是直线，R 表示是矩形。上例表明文件中有两个图形对象：一个直线和一个矩形。类型后面跟着一串由冒号隔开的数字，每一个数字对应了图形的一个属性。具体每一个数字所表示的图形属性参见图形类的实现部分。有了图形类型和图形的所有属性，OpenFromFile 函数就有了充分的依据将磁盘文件的每一行文本分析成图形对象，并添加到链表中。

OpenFromFile 函数加载一个 SaveToFile 函数生成的磁盘文件（*.cdt），根据文件内容生成一个图形链表。OpenFromFile 函数打开文件后，依次读入一行文本，然后将文本作为参数传递给 getShapeAttr 函数来获得文本所示的图形属性并创建图形对象，最后将图形对象添加到链表中。OpenFromFile 函数的流程图如图 2-10 所示。

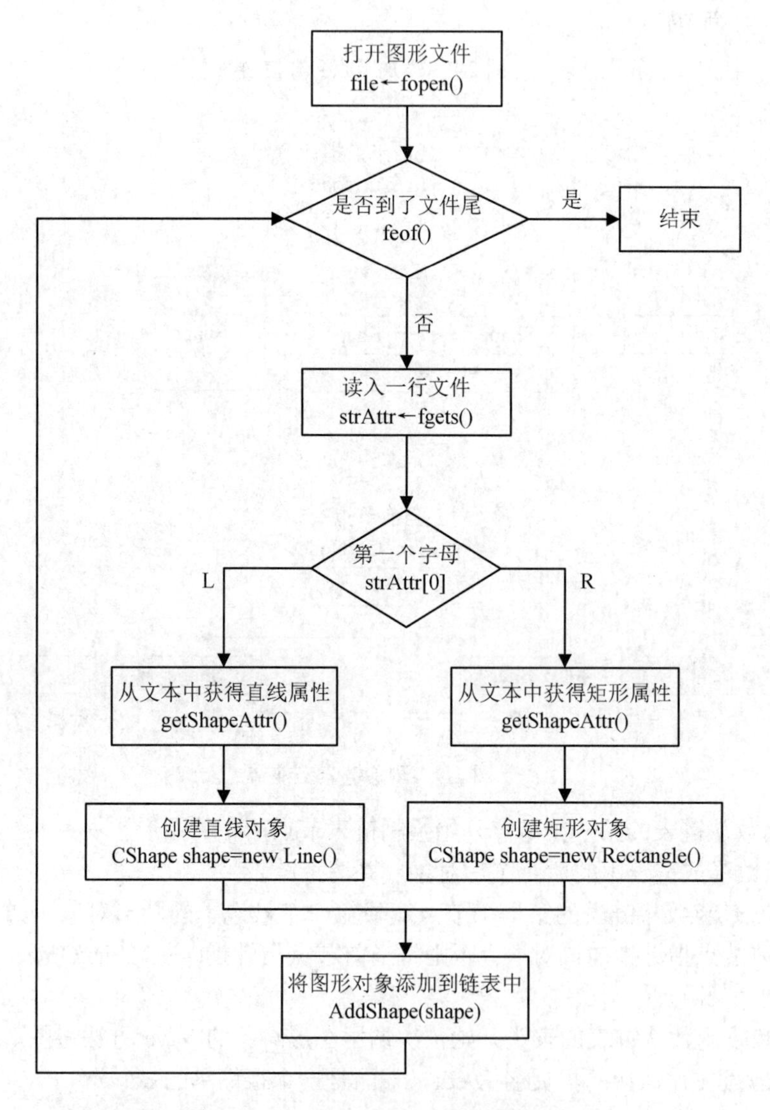

图 2-10 OpenFromFile 函数流程图

2.4.4 实现绘制图形用例

绘制图形的基本步骤：用户选择绘图命令并设置图形基本属性（如边框线颜色、类型等），系统等待用户输入能唯一确定一图形所需的参数，当用户输入必要参数后，系统在绘图区域绘制出图形。

这里将采用工具栏形式来实现用户与系统的交互。绘图工具栏供用户选择绘图命令或者删除命令，图形属性工具栏提供用户设置图形的属性。

1. 实现绘图工具栏和图形属性工具栏

选择【Insert|Resource】菜单项，弹出 Insert Resource 对话框。在对话框的 Resource type 中选择 Toolbar，然后单击 New 按钮，新的 IDR_TOOLBAR1 工具栏资源添加到了 Resource View 中的 Toolbar 文件中。修改工具栏资源 ID 为 IDR_DRAW。

按照同样的方法添加工具栏资源 IDR_SHAPEATTR。

双击 IDR_DRAW 工具栏资源，打开工具栏资源编辑器，编辑工具栏资源成图 2-11 所示。

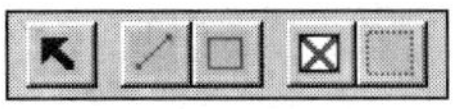

图 2-11　IDR_DRAW 工具栏位图

IDR_DRAW 工具栏各按钮的属性如表 2-6 所示。

表 2-6　IDR_DRAW 工具栏各按钮属性

序号	ID（标识符）	Prompt（提示）	描述
0	ID_TBTSELECT	选择图形\n 选择图形	
1			间隔
2	ID_TBTLINE	绘制直线\n 绘制直线	
3	ID_TBTRECT	绘制矩形\n 绘制矩形	
4			间隔
5	ID_TBTDEL	删除图形\n 删除图形	

注意：绘图工具栏位图中最后一个带虚线框的按钮是下一个新按钮的位置，运行时不会显示。

双击 IDR_SHAPEATTR 工具栏资源，打开工具栏资源编辑器，编辑工具栏资源成图 2-12 所示。

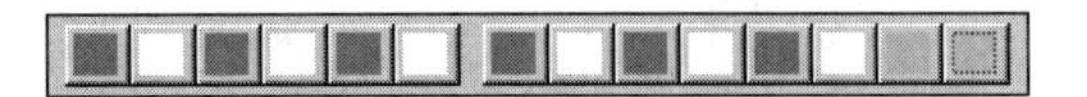

图 2-12　IDR_SHAPEATTR 工具栏位图

IDR_SHAPEATTR 工具栏各按钮的属性如表 2-7 所示。

表 2-7　IDR_SHAPEATTR 工具栏各按钮属性

序号	ID（标识符）	Prompt（提示）	描述
0	ID_LBLINECOLOR		线条颜色标签
1	ID_CBLINECOLOR		线条颜色组合框
2	ID_LBLINESIZE		线条大小标签
3	ID_CBLINESIZE		线条大小组合框

续表

序号	ID（标识符）	Prompt（提示）	描述
4	ID_LBLINETYPE		线条类型标签
5	ID_CBLINETYPE		线条类型组合框
6			间隔
7	ID_LBFILLCOLOR		填充颜色标签
8	ID_CBFILLCOLOR		填充颜色组合框
9	ID_LBFILLTYPE		填充类型标签
10	ID_CBFILLTYPE		填充类型组合框
11	ID_LBFILLHATCH		填充图案标签
12	ID_CBFILLHATCH		填充图案组合框
13	ID_NULL		保留

打开主框架窗口类的头文件 MainFrm.h，添加如下代码：

```
private:
    CToolBar     m_tbDraw;                   //画图工具栏
    CToolBar     m_tbShapeAttr;              //图形属性工具栏

    CStatic      m_stLineColor;              //线条颜色标签
    CComboBox    m_cbLineColor;              //线条颜色组合框
    CStatic      m_stLineSize;               //线条大小标签
    CComboBox    m_cbLineSize;               //线条大小组合框
    CStatic      m_stLineType;               //线条类型标签
    CComboBox    m_cbLineType;               //线条类型组合框
    CStatic      m_stFillColor;              //填充颜色标签
    CComboBox    m_cbFillColor;              //填充颜色组合框
    CStatic      m_stFillType;               //填充类型标签
    CComboBox    m_cbFillType;               //填充类型组合框
    CStatic      m_stFillHatch;              //填充图案标签
    CComboBox    m_cbFillHatch;              //填充图案组合框
public:
    COLORREF     getLineColor();             //获得边框线颜色
    int          getLineType();              //获得边框线类型
    int          getLineSize();              //获得边框线大小
    COLORREF     getFillColor();             //获得填充颜色
    int          getFillType();              //获得填充类型
    int          getFillHatch();             //获得填充图案
private:
    BOOL         InitDrawToolBar();          //初始化绘图工具栏
    BOOL         InitShapeAttrToolBar();     //初始化图形属性工具栏
```

以上代码声明了两个工具栏成员变量：m_tbDraw 和 m_tbShapeAttr，并为每个图形属性声明了一个标签和一个组合框，这些标签和组合框将被添加到图形属性工具栏上。在 CMainFrame

类中还声明了六个 public 成员方法，分别获得六个图形属性。

打开主框架窗口类 CMainFrame 的实现文件 MainFrm.cpp，在 OnCreate 函数的最后一条语句：

```
return 0;
```

之前添加如下两条语句：

```
if(! InitDrawToolBar())                        //初始化绘图工具栏
    return -1;
if(! InitShapeAttrToolBar())                   //初始化图形属性工具栏
    return -1;
```

这两条语句分别调用 InitDrawToolBar 方法和 InitShapeAttrToolBar 方法创建和初始化绘图工具栏和图形属性工具栏。

InitDrawToolBar 方法的实现代码如下：

```
BOOL CMainFrame::InitDrawToolBar()
{
    BOOL IsSuccess = true;
    IsSuccess = m_tbDraw.CreateEx(this, TBSTYLE_FLAT, WS_CHILD | WS_VISIBLE
        | CBRS_LEFT | CBRS_GRIPPER | CBRS_TOOLTIPS | CBRS_FLYBY | CBRS_SIZE_DYNAMIC);
    if(!IsSuccess)
    {
        return IsSuccess;
    }
    IsSuccess = m_tbDraw.LoadToolBar(IDR_DRAW);
    if(!IsSuccess)
    {
        return IsSuccess;
    }
    m_tbDraw.EnableDocking(CBRS_ALIGN_ANY);
    DockControlBar(&m_tbDraw);
    return IsSuccess;
}
```

InitShapeAttrToolBar 方法的实现代码如下：

```
BOOL CMainFrame::InitShapeAttrToolBar()
{
    //创建图形属性工具栏
    BOOL IsSuccess = true;
    IsSuccess = m_tbShapeAttr.CreateEx(this, TBSTYLE_FLAT, WS_CHILD | WS_VISIBLE | CBRS_TOP|
            CBRS_GRIPPER | CBRS_TOOLTIPS | CBRS_FLYBY | CBRS_SIZE_DYNAMIC);
    if(!IsSuccess)
    {
        return IsSuccess;
    }
    IsSuccess = m_tbShapeAttr.LoadToolBar(IDR_SHAPEATTR);
    if(!IsSuccess)
    {
        return IsSuccess;
```

```
}
m_tbShapeAttr.EnableDocking(CBRS_ALIGN_ANY);
DockControlBar(&m_tbShapeAttr);

//为图形属性工具栏添加控件
CRect rect;
//---线条颜色标签
m_tbShapeAttr.SetButtonInfo(0,ID_LBLINECOLOR,TBBS_SEPARATOR,70);
m_tbShapeAttr.GetItemRect(0,&rect);
m_stLineColor.Create("线条颜色",SS_CENTER|WS_VISIBLE,rect,&m_tbShapeAttr,
    IDT_LBLINECOLOR);
//---线条颜色组合框
m_tbShapeAttr.SetButtonInfo(1,ID_CBLINECOLOR,TBBS_SEPARATOR,70);
m_tbShapeAttr.GetItemRect(1,&rect);
rect.bottom += 100 ;
m_cbLineColor.Create(CBS_DROPDOWNLIST|WS_VISIBLE|WS_TABSTOP
    |CBS_AUTOHSCROLL|WS_VSCROLL,rect,&m_tbShapeAttr,IDT_CBLINECOLOR);
m_cbLineColor.AddString("Black");
m_cbLineColor.AddString("Red");
m_cbLineColor.AddString("Green");
m_cbLineColor.AddString("Blue");
m_cbLineColor.AddString("White");
m_cbLineColor.SetCurSel(0);
//---线条大小标签
m_tbShapeAttr.SetButtonInfo(2,ID_LBLINESIZE,TBBS_SEPARATOR,70);
m_tbShapeAttr.GetItemRect(2,&rect);
m_stLineSize.Create("线条大小",SS_CENTER|WS_VISIBLE,rect,&m_tbShapeAttr,
    IDT_LBLINESIZE);
//---线条大小组合框
m_tbShapeAttr.SetButtonInfo(3,ID_CBLINESIZE,TBBS_SEPARATOR,40);
m_tbShapeAttr.GetItemRect(3,&rect);
rect.bottom += 100;
m_cbLineSize.Create(CBS_DROPDOWNLIST|WS_VISIBLE|WS_TABSTOP
    |CBS_AUTOHSCROLL|WS_VSCROLL,rect,&m_tbShapeAttr,IDT_CBLINESIZE);
CString strTemp;
for(int i=0;i<10;++i)
{
    strTemp.Format("%d",i);
    m_cbLineSize.AddString(strTemp);
}
m_cbLineSize.SetCurSel(1);
//---线条类型标签
m_tbShapeAttr.SetButtonInfo(4,ID_LBLINETYPE,TBBS_SEPARATOR,70);
m_tbShapeAttr.GetItemRect(4,&rect);
m_stLineType.Create("线条类型",SS_CENTER|WS_VISIBLE,rect,&m_tbShapeAttr,IDT_LBLINETYPE);
//---线条类型组合框
```

```
m_tbShapeAttr.SetButtonInfo(5,ID_CBLINETYPE,TBBS_SEPARATOR,100);
m_tbShapeAttr.GetItemRect(5,&rect);
rect.bottom += 100;
m_cbLineType.Create(CBS_DROPDOWNLIST|WS_VISIBLE|WS_TABSTOP
    |CBS_AUTOHSCROLL|WS_VSCROLL,rect,&m_tbShapeAttr,IDT_CBLINETYPE);
m_cbLineType.AddString("Solid");
m_cbLineType.AddString("Dash");
m_cbLineType.AddString("Dot");
m_cbLineType.AddString("DashDot");
m_cbLineType.AddString("DashDotDot");
m_cbLineType.SetCurSel(0);
//---填充颜色标签
m_tbShapeAttr.SetButtonInfo(7,ID_LBFILLCOLOR,TBBS_SEPARATOR,70);
m_tbShapeAttr.GetItemRect(7,&rect);
m_stFillColor.Create("填充颜色",SS_CENTER|WS_VISIBLE,rect,&m_tbShapeAttr,
    IDT_LBFILLCOLOR);
//---填充颜色组合框
m_tbShapeAttr.SetButtonInfo(8,ID_CBFILLCOLOR,TBBS_SEPARATOR,70);
m_tbShapeAttr.GetItemRect(8,&rect);
rect.bottom += 100 ;
m_cbFillColor.Create(CBS_DROPDOWNLIST|WS_VISIBLE|WS_TABSTOP
    |CBS_AUTOHSCROLL|WS_VSCROLL,rect,&m_tbShapeAttr,IDT_CBFILLCOLOR);
m_cbFillColor.AddString("Black");
m_cbFillColor.AddString("Red");
m_cbFillColor.AddString("Green");
m_cbFillColor.AddString("Blue");
m_cbFillColor.SetCurSel(0);
//---填充类型标签
m_tbShapeAttr.SetButtonInfo(9,ID_LBFILLTYPE,TBBS_SEPARATOR,70);
m_tbShapeAttr.GetItemRect(9,&rect);
m_stFillType.Create("填充类型",SS_CENTER|WS_VISIBLE,rect,&m_tbShapeAttr,
    IDT_LBFILLTYPE);
//---填充类型组合框
m_tbShapeAttr.SetButtonInfo(10,ID_CBFILLTYPE,TBBS_SEPARATOR,80);
m_tbShapeAttr.GetItemRect(10,&rect);
rect.bottom += 100;
m_cbFillType.Create(CBS_DROPDOWNLIST|WS_VISIBLE|WS_TABSTOP
    |CBS_AUTOHSCROLL|WS_VSCROLL,rect,&m_tbShapeAttr,IDT_CBFILLTYPE);
m_cbFillType.AddString("Hollow");
m_cbFillType.AddString("Hatched");
m_cbFillType.AddString("Solid");
m_cbFillType.SetCurSel(0);
//---填充图案标签
m_tbShapeAttr.SetButtonInfo(11,ID_LBFILLHATCH,TBBS_SEPARATOR,70);
m_tbShapeAttr.GetItemRect(11,&rect);
```

```
    m_stFillHatch.Create("填充图案",SS_CENTER|WS_VISIBLE,rect,&m_tbShapeAttr,
        IDT_LBFILLHATCH);
    //---填充图案组合框
    m_tbShapeAttr.SetButtonInfo(12,ID_CBFILLHATCH,TBBS_SEPARATOR,120);
    m_tbShapeAttr.GetItemRect(12,&rect);
    rect.bottom += 100;
    m_cbFillHatch.Create(CBS_DROPDOWNLIST|WS_VISIBLE|WS_TABSTOP
        |CBS_AUTOHSCROLL|WS_VSCROLL,rect,&m_tbShapeAttr,IDT_CBFILLHATCH);
    m_cbFillHatch.AddString("Upward-Diagonal");
    m_cbFillHatch.AddString("Downward-Diagonal");
    m_cbFillHatch.AddString("Cross");
    m_cbFillHatch.AddString("Diag & Cross");
    m_cbFillHatch.AddString("Horizontal");
    m_cbFillHatch.AddString("Vertical");
    m_cbFillHatch.SetCurSel(0);

    return IsSuccess;
}
```

InitShapeAttrToolBar 方法的实现按功能可以分为两部分：第一部分创建图形属性工具栏，第二部分创建图形属性控件并将其添加到工具栏上。

现在运行应用程序，绘图工具栏上的按钮不可用，还必须处理工具栏按钮更新命令 UI 消息。

运行 ClassWizard，在 Message Maps 选项卡中设置 Class name 为 CMainFrame，Object IDs 为 ID_TBLINE，Message 为 UPDATE_COMMAND_UI。然后单击 Add function 按钮，在弹出的对话框中输入成员函数名为 OnUpdateTbtline 后单击 OK 按钮，返回到 MFC ClassWizard 对话框。再单击 Edit code 按钮，将光标定位到 OnUpdateTbtline 函数处。在 OnUpdateTbtline 函数中添加如下语句：

```
pCmdUI->Enable(true);
```

按照以上方法为 ID_TBTRECT（矩形按钮）、ID_TBTDEL（删除按钮）和 ID_TBTSELECT（选择按钮）添加更新命令 UI 消息处理函数 OnUpdateTbtrect、OnUpdateTbtdel 和 OnUpdateTbtselect，并在这些消息处理函数中添加如下语句：

```
pCmdUI->Enable(true);
```

现在运行应用程序，就可以选择绘图工具栏上的按钮了。

CMainFrame 类还要实现在头文件中定义的六个获取图形属性的方法。下面列出这六个获取图形属性方法的代码：

```
COLORREF CMainFrame::getLineColor()
{
    CString strColor;
    m_cbLineColor.GetWindowText(strColor);
    if(strColor.Compare("Black") == 0)
        return RGB(0,0,0);
    else if(strColor.Compare("Red") == 0)
        return RGB(255,0,0);
```

```
    else if(strColor.Compare("Green") == 0)
        return RGB(0,255,0);
    else if(strColor.Compare("Blue") == 0)
        return RGB(0,0,255);
    else if(strColor.Compare("White") == 0)
        return RGB(255,255,255);
}

int CMainFrame::getLineSize()
{
    CString strLineSize;
    m_cbLineSize.GetWindowText(strLineSize);
    int iLineSize = 0;
    if(strLineSize.Compare("0") == 0)
        iLineSize = 0;
    else if(strLineSize.Compare("1") == 0)
        iLineSize = 1;
    else if(strLineSize.Compare("2") == 0)
        iLineSize = 2;
    else if(strLineSize.Compare("3") == 0)
        iLineSize = 3;
    else if(strLineSize.Compare("4") == 0)
        iLineSize = 4;
    else if(strLineSize.Compare("5") == 0)
        iLineSize = 5;
    else if(strLineSize.Compare("6") == 0)
        iLineSize = 6;
    else if(strLineSize.Compare("7") == 0)
        iLineSize = 7;
    else if(strLineSize.Compare("8") == 0)
        iLineSize = 8;
    else if(strLineSize.Compare("9") == 0)
        iLineSize = 9;
    else if(strLineSize.Compare("10") == 0)
        iLineSize = 10;
    return iLineSize;
}

int CMainFrame::getLineType()
{
    CString strLineType;
    m_cbLineType.GetWindowText(strLineType);
    int iLineType = 0;
    if(strLineType.Compare("Solid") == 0)
        iLineType = PS_SOLID;
    else if(strLineType.Compare("Dash") == 0)
```

```
            iLineType = PS_DASH;
        else if(strLineType.Compare("Dot") == 0)
            iLineType = PS_DOT;
        else if(strLineType.Compare("DashDot") == 0)
            iLineType = PS_DASHDOT;
        else if(strLineType.Compare("DashDotDot") == 0)
            iLineType = PS_DASHDOTDOT;
        return iLineType;
}

COLORREF CMainFrame::getFillColor()
{
        CString strColor;
        m_cbFillColor.GetWindowText(strColor);
        if(strColor.Compare("Black") == 0)
            return RGB(0,0,0);
        else if(strColor.Compare("Red") == 0)
            return RGB(255,0,0);
        else if(strColor.Compare("Green") == 0)
            return RGB(0,255,0);
        else if(strColor.Compare("Blue") == 0)
            return RGB(0,0,255);
        else
            return RGB(255,255,255);
}

int CMainFrame::getFillType()
{
        CString strFillType;
        m_cbFillType.GetWindowText(strFillType);
        int iFillType = 0;
        if(strFillType.Compare("Hollow") == 0)
            iFillType = BS_HOLLOW;
        else if(strFillType.Compare("Hatched") == 0)
            iFillType = BS_HATCHED;
        else if(strFillType.Compare("Solid") == 0)
            iFillType = BS_SOLID;
        return iFillType;
}

int CMainFrame::getFillHatch()
{
        CString strFillHatch;
        m_cbFillHatch.GetWindowText(strFillHatch);
        int iFillHatch = 0;
        if(strFillHatch.Compare("Upward-Diagonal") == 0)
```

```
        iFillHatch = HS_FDIAGONAL;
    else if(strFillHatch.Compare("Downward-Diagonal") == 0)
        iFillHatch = HS_BDIAGONAL;
    else if(strFillHatch.Compare("Cross") == 0)
        iFillHatch = HS_CROSS;
    else if(strFillHatch.Compare("Diag & Cross") == 0)
        iFillHatch = HS_DIAGCROSS;
    else if(strFillHatch.Compare("Horizontal") == 0)
        iFillHatch = HS_HORIZONTAL;
    else if(strFillHatch.Compare("Vertical") == 0)
        iFillHatch = HS_VERTICAL;
    return iFillHatch;
}
```

getLineColor 方法获取用户设置的图形边框线颜色，getLineSize 方法获取图形边框线大小，getLineType 方法获取图形边框线类型，getFillColor 方法获取图形填充颜色，getFillType 方法获取图形填充类型，getFillHatch 方法获取图形填充图案。

2. 设置绘图鼠标指针

为了便于绘图，将默认的箭头式鼠标指针改变成十字形鼠标指针。

选择【Insert|Resource】菜单项，弹出 Insert Resource 对话框。在对话框的 Resource type 中选择 Cursor，然后单击 New 按钮，新的 IDC_CURSOR1 鼠标指针资源添加到了 Resource View 中的 Cursor 文件中。修改工具栏资源 ID 为 IDC_CURSOR_DRAW。

编辑鼠标指针资源成十字形状，编辑后的鼠标指针如图 2-13 所示。

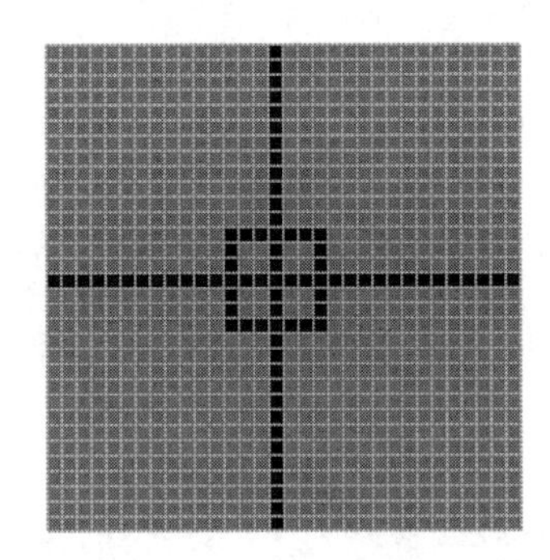

图 2-13　绘图鼠标指针

通常自定义鼠标指针需要设置热点位置以让系统准确响应鼠标事件。单击资源编辑器上端的 Hot spot 按钮，并选取十字形鼠标指针的正中央点即可。

鼠标指针编辑好后，就可以设置视图的指针了。选择【View|ClassWizard】菜单项，运行 ClassWizard。为 CCADToolView 类添加 WM_SETCURSOR 消息处理函数 OnSetCursor。其代码如下：

```
BOOL CCADToolView::OnSetCursor(CWnd* pWnd, UINT nHitTest, UINT message)
{
    ::SetCursor(::LoadCursor(AfxGetInstanceHandle(),MAKEINTRESOURCE(IDC_CURSOR_DRAW)));
    return true;
}
```

3. 实现线条绘制功能

绘制一条线段需要确定该线段的两个端点，当用户确定了线段的两个端点后，将创建一个直线对象，添加其到图形链表中，并在屏幕上绘制出一条线段。要实现这一功能主要涉及以下三个问题：

- 确定绘制的图形。
- 确定绘制图形动作的当前步骤（当当前步骤处于绘制线段的第一步时，需要确定线段的第一个点；当当前步骤处于绘制线段的第二步时，需要确定线段的第二个端点，并且此时移动鼠标将绘制临时的橡皮筋线）。
- 图形链表对象的缓存。

用面向对象的思想解决前两个问题，习惯定义一个枚举类型来表示绘制的图形或绘图动作的当前步骤。利用MFC的文档/视图思想解决第三个问题，即将应用程序数据——图形链表作为文档对象的成员变量，实现文档/视图分离。

（1）在CCADToolDoc（文档）类中添加CShapeList（链表）成员变量。

打开CCADToolDoc类的头文件CADToolDoc.h，在文件的顶部添加包含链表头文件的指令：

```
#include "ShapeList.h"
```

并在CCADToolDoc类定义中添加如下语句：

```
public:
    CShapeList m_shapeList;
```

（2）定义枚举类型和全局变量。

在StdAfx.h文件中添加如下代码：

```
//当前绘图命令类型
typedef enum
{
    DC_NULL=0x0000,                             //不绘制任何图形（作为保留）
    DC_SELECT=0x0001,                           //图形选取命令
    DC_LINE=0x0002,                             //绘制线条命令
    DC_RECT=0x0003                              //绘制矩形命令
}emDrawCommandType;
//当前绘图步骤
typedef enum
{
    DS_NULL=0x0000,
    DS_FIRSTPOINT=0x0001,                       //确定第一个点;
    DS_SECONDPOINT=0x0002                       //确定第二个点;
}emDrawStepType;

extern emDrawCommandType g_dcDrawCommand;       //当前绘图命令类型
extern emDrawStepType g_dsDrawStep;             //当前绘图动作的步骤
extern POINT g_MDPoint_Previous;                //记录之前鼠标左键选取的点（MouseDown）
extern POINT g_MMPoint_Previous;                //记录之前鼠标移到的点（MouseMove）
extern COLORREF g_corBackground;                //背景色
```

下面来介绍这些全局变量在应用程序中的作用。

g_dcDrawCommand 变量表示当前的绘图命令类型。

g_dsDrawStep 变量表示当前绘图动作的步骤。

g_MDPoint_Previous 变量记录之前鼠标左键选取的点。当绘制线段时（g_dcDrawCommand 等于 DC_LINE），g_MDPoint_Previous 表示线段的第一个端点。

g_MMPoint_Previous 变量记录之前鼠标移到的点。当绘制线段时，利用 g_MMPoint_Previous 可以绘制橡皮筋线。

g_corBackground 变量表示当前绘图区域的背景色，供删除对象使用。在绘图区域删除对象，实际上就是将对象绘制成背景色。

注意：这些全局变量是用关键字 extern 声明的。用 extern 关键字声明的变量和函数可以在声明处以外的文件可见，并且这些变量必须在全局作用域被初始化。

在 StdAfx.cpp 文件中添加初始化全局变量的代码：

```
extern emDrawCommandType g_dcDrawCommand=DC_NULL;
extern emDrawStepType g_dsDrawStep=DS_NULL;
extern POINT g_MDPoint_Previous = {0,0};
extern POINT g_MMPoint_Previous = {0,0};
```

（3）实现绘制线条逻辑。

绘制线条的流程图如图 2-14 所示。

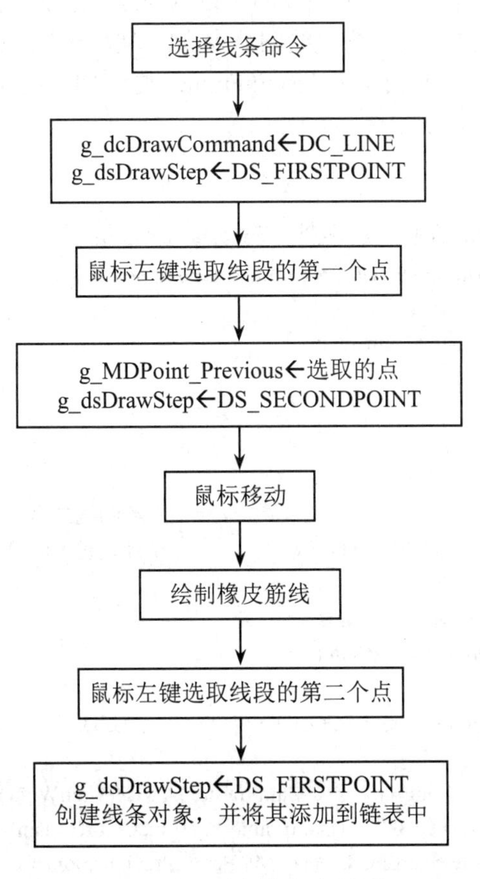

图 2-14　绘制线条流程图

下面分步骤实现绘制线条逻辑。

首先实现选择线条命令。当用户在绘图工具栏中选择线条命令时，将发送命令通知消息到应用程序主框架。主框架处理该消息，设置当前绘图命令为 DC_LINE，并将当前绘图步骤设置为 DS_FIRSTPOINT。为应用程序主框架类 CMainFrame 添加 ID_TBTLINE 按钮的命令通知消息处理函数 OnTbtline。OnTbtline 函数的代码如下：

```
void CMainFrame::OnTbtline()
{
    g_dcDrawCommand = DC_LINE;                //设置当前绘图命令为绘制直线
    g_dsDrawStep = DS_FIRSTPOINT;             //设置绘图命令的当前步骤为确定第一个点
};
```

然后为 CCADToolView（视图类）添加 WM_LBUTTONDOWN（鼠标左键按下事件）处理函数。利用 ClassWizard 为视图类 CCADToolView 添加 WM_LBUTTONDOWN 消息处理函数 OnLButtonDown。

OnLButtonDown 函数用一个 switch 语句处理各种绘图命令。使用这种结构可扩充性强。当需要添加一种绘图命令时，只需添加一个 case 子句即可。现在我们仅在这个结构中处理 DC_LINE 命令。当按下鼠标左键时，线条命令的处理方式是：判断线条命令的当前步骤。如果处于第一步，记录鼠标左键选取的点作为线段的起始点，并进入线条命令的第二步；如果处于第二步，则将鼠标左键选取的点作为线段的结束点创建一条从起始点到结束点的 CLINE 对象，并将其添加到图形链表中，然后恢复绘图命令步骤为第一步，使其可以继续绘制线条。因为 CCADToolView 在绘制线条时使用了 CMainFrame 类和 CLine 类，因此在 CCADToolView 的实现文件的顶部添加如下包含指令：

```
#include "Line.h"
#include "MainFrm.h"
```

定位到 OnLButtonDown 函数的实现处，输入如下代码：

```
void CCADToolView::OnLButtonDown(UINT nFlags, CPoint point)
{
    CCADToolDoc* pDoc=GetDocument();
    ASSERT_VALID(pDoc);
    CDC* pDC = GetDC();
    switch(g_dcDrawCommand)
    {
    case DC_LINE:                                      //绘制线条命令
        if(g_dsDrawStep == DS_FIRSTPOINT)              //确定线条的第一个点
        {
            g_MDPoint_Previous = point;
            g_dsDrawStep = DS_SECONDPOINT;
        }
        else if(g_dsDrawStep == DS_SECONDPOINT)        //确定线条的第二个点
        {
            CMainFrame* mainFrame = (CMainFrame*)AfxGetMainWnd();
            CShape* shape=new CLine(mainFrame->getLineColor(),mainFrame->getLineType(),
                mainFrame->getLineSize(),g_MDPoint_Previous,point);
            pDoc->m_shapeList.AddShape(shape);
```

```
            g_dsDrawStep = DS_FIRSTPOINT;
        }
        break;
    }
    OnDraw(pDC);                                        //重新绘制链表中的图形
    ReleaseDC(pDC);
}
```

接着实现用户鼠标移动事件处理函数。为视图类 CCADToolView 添加 WM_MOUSEMOVE 消息处理函数 OnMouseMove。OnMouseMove 函数同样用一个 switch 语句处理各种绘图命令。当鼠标在视图窗口移动时，线条命令的处理方式是：如果线条命令的当前步骤是第二步，则先删除原来鼠标移动到的线条，然后绘制一条从 g_MDPoint_Previous（线条起始点）到鼠标当前点的线条。这样绘制的线条就像一根橡皮筋一样，伸缩自如，所以叫做橡皮筋线。OnMouseMove 函数的代码如下：

```
void CCADToolView::OnMouseMove(UINT nFlags, CPoint point)
{
    CDC * dc = GetDC();
    switch(g_dcDrawCommand)
    {
    case DC_LINE://绘制线条命令
        if(g_dsDrawStep == DS_SECONDPOINT)//绘制橡皮筋线
        {
            CMainFrame* mainFrame = (CMainFrame*)AfxGetMainWnd();
            OnDraw(dc);
            CPen pen;
            //删除原来的线
            pen.CreatePen(mainFrame->getLineType(),mainFrame->getLineSize(),g_corBackground);
            CPen * OldPen = (CPen *)dc->SelectObject(&pen);
            dc->MoveTo(g_MDPoint_Previous);
            dc->LineTo(g_MMPoint_Previous);
            pen.DeleteObject();
            dc->SelectObject(OldPen);
            //绘制新线
            pen.CreatePen(mainFrame->getLineType(),mainFrame->getLineSize(),mainFrame->
                getLineColor());
            OldPen = dc->SelectObject(&pen);
            dc->MoveTo(g_MDPoint_Previous);
            dc->LineTo(point);
            dc->SelectObject(OldPen);
            pen.DeleteObject();
            //记录当前点，供下一个鼠标移动的删除操作使用
            g_MMPoint_Previous = point;
        }
        break;
    }
        ReleaseDC(dc);
}
```

最后实现 OnDraw 函数。OnDraw 函数首先绘制白色背景，然后调用 GetDocument 函数获得文档对象的指针，并调用文档对象的图形链表成员的 Draw 函数绘制图形链表中的图形。

```
void CCADToolView::OnDraw(CDC* pDC)
{
    //绘制背景
    CRect rect;
    GetClientRect(&rect);
    pDC->SelectStockObject(WHITE_BRUSH);
    pDC->Rectangle(&rect);
    //绘制图形
    CCADToolDoc* pDoc = GetDocument();
    ASSERT_VALID(pDoc);
    pDoc->m_shapeList.Draw(pDC);
}
```

现在运行应用程序，选取绘图工具栏中的线条命令，在视图窗口单击鼠标左键并移动鼠标可以看到一条橡皮筋线，再次单击将在视图窗口绘制出一根线段。读者可以试着改变图形属性工具栏中的图形属性，再执行以上步骤，将会看到不同效果的线段。

4. 实现矩形绘制功能

其实实现了线条绘制功能后，我们已经实现了绘制图形的基本框架。因此，添加其他图形的绘制功能只要往这个框架里填写代码即可。

因为绘制矩形要用到 CRectangle 类，所以需要包含 CRectangle 类的头文件。在 CCADToolView 类的实现文件 CADToolView.cpp 的顶部添加如下包含指令：

```
#include "Rectangle.h"
```

定位到 CCADToolView::OnLButtonDown 函数，在 switch 结构里添加处理矩形命令的 case 子句，代码如下：

```
case DC_RECT:
    if(g_dsDrawStep == DS_FIRSTPOINT)
    {
        g_MDPoint_Previous = point;
        g_dsDrawStep = DS_SECONDPOINT;
    }
    else if(g_dsDrawStep == DS_SECONDPOINT)
    {
        CMainFrame* mainFrame = (CMainFrame*)AfxGetMainWnd();
        CShape* shape=new CRectangle(mainFrame->getLineColor(),
            mainFrame->getLineType(),
            mainFrame->getLineSize(),
            mainFrame->getFillType(),
            mainFrame->getFillColor(),
            mainFrame->getFillHatch(),
            g_MDPoint_Previous,point);
        pDoc->m_shapeList.AddShape(shape);
        g_dsDrawStep = DS_FIRSTPOINT;
    }
    break;
```

定位到 CCADToolView::OnMouseMove 函数，在 switch 结构里添加处理矩形命令的 case 子句，代码如下：

```
case DC_RECT:
    if(g_dsDrawStep == DS_SECONDPOINT)//绘制橡皮筋线
    {
        CMainFrame* mainFrame = (CMainFrame*)AfxGetMainWnd();
        OnDraw(dc);
        CPen pen;
        CBrush brush;
        LOGBRUSH LogBrush;
        //删除原来的矩形
        pen.CreatePen(mainFrame->getLineType(),mainFrame->getLineSize(),g_corBackground);
        LogBrush.lbStyle = BS_SOLID;
        LogBrush.lbColor = g_corBackground;
        brush.CreateBrushIndirect(&LogBrush);
        CPen * OldPen = (CPen *)dc->SelectObject(&pen);
        CBrush * OldBrush = (CBrush *)dc->SelectObject(&brush);
        dc->Rectangle(g_MDPoint_Previous.x,g_MDPoint_Previous.y,g_MMPoint_Previous.x,
                g_MMPoint_Previous.y);
        pen.DeleteObject();
        brush.DeleteObject();
        dc->SelectObject(OldPen);
        dc->SelectObject(OldBrush);
        //绘制新矩形
        pen.CreatePen(mainFrame->getLineType(),mainFrame->getLineSize(),mainFrame->getLineColor());
        LogBrush.lbStyle = mainFrame->getFillType();
        LogBrush.lbHatch = mainFrame->getFillHatch();
        LogBrush.lbColor = mainFrame->getFillColor();
        brush.CreateBrushIndirect(&LogBrush);
        OldPen = (CPen *)dc->SelectObject(&pen);
        OldBrush = (CBrush *)dc->SelectObject(&brush);
        dc->Rectangle(g_MDPoint_Previous.x,g_MDPoint_Previous.y,g_MMPoint_Previous.x,
            g_MMPoint_Previous.y);
        dc->SelectObject(OldPen);
        dc->SelectObject(OldBrush);
        pen.DeleteObject();
        brush.DeleteObject();
        //记录当前点，供下一个鼠标移动的删除操作使用
        g_MMPoint_Previous = point;
    }
    break;
```

2.4.5 实现选取图形用例

选取图形用例的实现步骤是：首先，用户在绘图工具栏上选中图形选取命令，系统设置当前绘图命令 g_dcDrawCommand 为 DC_SELECT；然后，用户在绘图区域上单击鼠标左键选取某一个点，系统从链表的表头开始查找第一个被选中（用户在绘图区域选取的点在图形的边

框上）的节点，绘制其特殊点，并将链表的 m_CurNode 指针指向被选中节点。

首先，为应用程序主框架类 CMainFrame 添加 ID_TBTSELECT 按钮的命令通知消息处理函数 OnTbtselect。OnTbtselect 函数的代码如下：

```
void CMainFrame::OnTbtselect()
{
    g_dcDrawCommand = DC_SELECT;//设置当前绘图命令为图形选取命令
}
```

然后，在视图类 CCADToolView 的 OnLButtonDown 函数中处理图形选取命令。定位到 CCADToolView::OnLButtonDown 函数处，在 switch 结构里添加处理图形选取命令的 case 子句，代码如下：

```
case DC_SELECT:
        pDoc = GetDocument();
        ASSERT_VALID(pDoc);
        pDoc->m_shapeList.PickObject(point,pDC);
        break;
```

2.4.6 实现修改图形用例

修改图形用例包括修改当前图形的边框线颜色、边框线类型和边框线大小等属性；对于封闭图形，还包括填充颜色、填充类型和填充图案等属性。

修改图形用例的实现步骤是：用户在图形属性工具栏上选择某个图形属性值，系统读取链表对象的当前节点指针 m_CurNode。如果 m_CurNode 是一个空指针，则表明当前没有图形对象被选中，则不做任何处理；否则修改当前图形的属性值，并调用 OnDraw 函数绘制链表图形。

用户在图形属性工具栏上选择某个图形属性值的时候，图形属性控件（包含图形属性值的组合框）会发出一个通知消息。视图类声明该消息的处理函数，并将该消息映射到消息处理函数上，从而使系统有机会修改图形的属性值。这个处理流程归纳起来分为以下三步：

- 声明图形属性控件的通知消息处理函数。
- 实现图形属性控件的通知消息处理函数。
- 将图形属性控件的通知消息映射到消息处理函数上。

1. 修改图形的边框线颜色

（1）声明边框线颜色组合框 IDT_CBLINECOLOR 的通知消息处理函数。

在视图类 CCADToolView 的头文件中添加如下声明语句：

```
afx_msg void OnCBLineColorChanged();                //修该边框线颜色
```

（2）实现边框线颜色组合框 IDT_CBLINECOLOR 的通知消息处理函数。

在视图类的实现文件中添加 OnCBLineColorChanged 的实现代码，如下：

```
void CCADToolView::OnCBLineColorChanged()
{
    CCADToolDoc* pDoc = GetDocument();
    ASSERT_VALID(pDoc);
    if(! pDoc->m_shapeList.m_CurNode)
        return;
    CMainFrame* mainFrame = (CMainFrame*)AfxGetMainWnd();
    pDoc->m_shapeList.m_CurNode->p_Shape->setLineColor(mainFrame->getLineColor());
```

```
    CDC* pDC = GetDC();
    OnDraw(pDC);
    ReleaseDC(pDC);
}
```

（3）映射边框线颜色组合框的通知消息到处理函数 OnCBLineColorChanged。

将边框线颜色组合框 IDT_CBLINECOLOR 的通知消息映射到 OnCBLineColorChanged 处理函数上。在视图类 CCADToolView 的实现文件：

```
BEGIN_MESSAGE_MAP(CCADToolView, CView)
...
END_MESSAGE_MAP()
```

的中间添加消息映射语句：

```
ON_CBN_SELCHANGE(IDT_CBLINECOLOR,OnCBLineColorChanged)
```

2. 修改图形的边框线类型

按照修改图形边框线颜色的步骤声明边框线类型组合框 IDT_CBLINETYPE 的通知消息处理函数 OnCBLineTypeChanged，其实现代码如下：

```
void CCADToolView::OnCBLineTypeChanged()
{
    CCADToolDoc* pDoc = GetDocument();
    ASSERT_VALID(pDoc);
    if(! pDoc->m_shapeList.m_CurNode)
        return;
    CMainFrame* mainFrame = (CMainFrame*)AfxGetMainWnd();
    pDoc->m_shapeList.m_CurNode->p_Shape->setLineType(mainFrame->getLineType());
    CDC* pDC = GetDC();
    OnDraw(pDC);
    ReleaseDC(pDC);
}
```

在消息映射区添加如下消息映射语句：

```
ON_CBN_SELCHANGE(IDT_CBLINETYPE,OnCBLineTypeChanged)
```

3. 修改图形的边框线大小

按照修改图形边框线颜色的步骤声明修改图形边框线大小的通知消息处理函数 OnCBLineSizeChanged，其实现代码如下：

```
void CCADToolView::OnCBLineSizeChanged()
{
    CCADToolDoc* pDoc = GetDocument();
    ASSERT_VALID(pDoc);
    if(! pDoc->m_shapeList.m_CurNode)
        return;
    CMainFrame* mainFrame = (CMainFrame*)AfxGetMainWnd();
    pDoc->m_shapeList.m_CurNode->p_Shape->setLineSize(mainFrame->getLineSize());
    CDC* pDC = GetDC();
    OnDraw(pDC);
    ReleaseDC(pDC);
}
```

在消息映射区添加如下消息映射语句：

```
ON_CBN_SELCHANGE(IDT_CBLINESIZE,OnCBLineSizeChanged)
```

4．修改封闭图形的填充颜色

按照修改图形边框线颜色的步骤声明修改封闭图形填充颜色的通知消息处理函数OnCBFillColorChanged，其实现代码如下：

```
void CCADToolView::OnCBFillColorChanged()
{
    CCADToolDoc* pDoc = GetDocument();
    ASSERT_VALID(pDoc);
    if(! pDoc->m_shapeList.m_CurNode)
        return;
    CShape* shape =(CShape*)pDoc->m_shapeList.m_CurNode->p_Shape;
    if(shape->getShapeType() != "CCloseShape")//不是封闭图形对象
        return;
    CMainFrame* mainFrame = (CMainFrame*)AfxGetMainWnd();
    CCloseShape* closeShape =(CCloseShape*)shape;
    closeShape->setFillColor(mainFrame->getFillColor());
    CDC* pDC = GetDC();
    OnDraw(pDC);
    ReleaseDC(pDC);
}
```

在消息映射区添加如下消息映射语句：

```
ON_CBN_SELCHANGE(IDT_CBFILLCOLOR,OnCBFillColorChanged)
```

5．修改封闭图形的填充类型

按照修改图形边框线颜色的步骤声明修改封闭图形填充类型的通知消息处理函数OnCBFillTypeChanged，其实现代码如下：

```
void CCADToolView::OnCBFillTypeChanged()
{
    CCADToolDoc* pDoc = GetDocument();
    ASSERT_VALID(pDoc);
    if(! pDoc->m_shapeList.m_CurNode)
        return;
    CShape* shape =(CShape*)pDoc->m_shapeList.m_CurNode->p_Shape;
    if(shape->getShapeType() != "CCloseShape")//不是封闭图形对象
        return;
    CMainFrame* mainFrame = (CMainFrame*)AfxGetMainWnd();
    CCloseShape* closeShape =(CCloseShape*)shape;
    closeShape->setFillType (mainFrame->getFillType());
    CDC* pDC = GetDC();
    OnDraw(pDC);
    ReleaseDC(pDC);
}
```

在消息映射区添加如下消息映射语句：

```
ON_CBN_SELCHANGE(IDT_CBFILLTYPE,OnCBFillTypeChanged)
```

6. 修改封闭图形的填充图案

按照修改图形边框线颜色的步骤声明修改封闭图形填充图案的通知消息处理函数 OnCBFillHatchChanged，其实现代码如下：

```
void CCADToolView::OnCBFillHatchChanged()
{
    CCADToolDoc* pDoc = GetDocument();
    ASSERT_VALID(pDoc);
    if(! pDoc->m_shapeList.m_CurNode)
        return;
    CShape* shape =(CShape*)pDoc->m_shapeList.m_CurNode->p_Shape;
    if(shape->getShapeType() != "CCloseShape")//不是封闭图形对象
        return;
    CMainFrame* mainFrame = (CMainFrame*)AfxGetMainWnd();
    CCloseShape* closeShape =(CCloseShape*)shape;
    closeShape->setFillHatch(mainFrame->getFillHatch());
    CDC* pDC = GetDC();
    OnDraw(pDC);
    ReleaseDC(pDC);
}
```

在消息映射区添加如下消息映射语句：

```
ON_CBN_SELCHANGE(IDT_CBFILLHATCH,OnCBFillHatchChanged)
```

2.4.7　实现删除图形用例

删除图形用例的实现步骤是：首先，用户在绘图工具栏上选中删除图形命令，系统设置当前绘图命令 g_dcDrawCommand 为 DC_DELETE；然后，用户在绘图区域移动鼠标，系统绘制鼠标当前位置下的图形特殊点以方便用户选取；最后，用户在绘图区域上单击鼠标左键选取要删除的图形，系统从链表的表头开始查找第一个被选中（用户在绘图区域选取的点在图形的边框上）的图形对象，将其删除，并将链表的 m_CurNode 指针指向空。

首先，为应用程序主框架类 CMainFrame 添加 ID_TBTDEL 按钮的命令通知消息处理函数 OnTbtdel。OnTbtdel 函数的实现代码如下：

```
void CMainFrame::OnTbtdel()
{
    g_dcDrawCommand = DC_DELETE;        //设置当前绘图命令为删除图形命令
}
```

然后，在视图类 CCADToolView 的 OnMouseMove 函数中处理删除图形命令。定位到 CCADToolView:: OnMouseMove 函数处，在 switch 结构里添加处理删除图形命令的 case 子句，代码如下：

```
case DC_DELETE:
        CCADToolDoc* pDoc;
        pDoc = GetDocument();
        ASSERT_VALID(pDoc);
        pDoc->m_shapeList.PickObject(point,dc);
        if(pDoc->m_shapeList.m_CurNode)
```

```
            pDoc->m_shapeList.m_CurNode->p_Shape->DrawFocus(dc,true);
        break;
```

最后，在视图类 CCADToolView 的 OnLButtonDown 函数中处理删除图形命令。定位到 CCADToolView::OnLButtonDown 函数处，在 switch 结构里添加处理删除图形命令的 case 子句，代码如下：

```
case DC_DELETE:
        pDoc->m_shapeList.PickObject(point,pDC);
        pDoc->m_shapeList.DelShape();
        break;
```

2.4.8 实现保存图形用例

保存图形用例的步骤是：用户单击 AppWizard 自动生成的工具栏上的“保存”按钮，系统读取当前文档的标题（标题是一个文件名），如果标题为“无标题”，表明是一个新文档，则打开“另存为”对话框，供用户指定保存的文件名和路径；如果标题不是“无标题”，表明当前文档加载自一个磁盘文件，则不打开“另存为”对话框，文件名就是文档标题。获得文件名之后，系统调用链表对象的 SaveToFile 方法从链表的表头开始依次将对象对象保存到指定的磁盘文件中。最后，设置文档的标题为指定的文件名。

用 ClassWizard 为视图类 CCADToolView 添加保存按钮 ID_FILE_SAVE 的命令通知消息处理函数 OnFileSave，其实现代码如下：

```
void CCADToolView::OnFileSave()
{
    CCADToolDoc* pDoc = GetDocument();
    ASSERT_VALID(pDoc);
    CString strTitle = pDoc->GetTitle();                    //获取文档标题
    if(strTitle == "无标题")                                 //如果是新文档，则打开保存对话框
    {
        CFileDialog* fDialog = new CFileDialog(false,"cdt",NULL,OFN_HIDEREADONLY|
            OFN_OVERWRITEPROMPT,"绘图文件 (*.cdt)|*.cdt|所有文件 (*.*)|*.*|",this);
        if(fDialog->DoModal() == IDCANCEL)
            return;
        strTitle = fDialog->GetFileName();
    }
    pDoc->m_shapeList.SaveToFile(strTitle);                 //保存图形文件
    pDoc->SetTitle(strTitle);                               //设置文档标题
}
```

以上代码首先调用视图类的 GetDocument 方法获得文档对象指针 pDoc，然后调用文档对象的 GetTitle 方法获得文档标题。如果标题为“无标题”，表明是一个新文档，则构造一个 CFileDialog（打开/保存文件对话框）对象，供用户指定文件名和路径。CFileDialog 的构造函数的原型如下：

```
CFileDialog(BOOL bOpenFileDialog, LPCTSTR lpszDefExt = NULL, LPCTSTR lpszFileName = NULL,
DWORD dwFlags = OFN_HIDEREADONLY | OFN_OVERWRITEPROMPT, LPCTSTR lpszFilter = NULL,
CWnd* pParentWnd = NULL);
```

参数 bOpenFileDialog 指定对话框的类型，如果为 TRUE，则构造一个“打开文件”对话

框；如果为 FLASE，则构造一个“保存文件”对话框。

参数 lpszDefExt 指定默认的文件扩展名。

参数 lpszFileName 指定默认的文件名。

参数 dwFlags 用来定制对话框。

参数 lpszFilter 指定文件过滤器。过滤器的格式如下：“描述 | 扩展名 | 描述 | 扩展名”。

参数 pParentWnd 指定文件对话框的父窗口或拥有者窗口。详细信息参见 MSDN Library。

CFileDialog 对象的 GetFileName 方法获得用户指定的文件名。

获得文件名之后，调用链表对象的 SaveToFile 方法将链表中的图形对象保存到磁盘文件中。最后调用文档对象的 SetTitle 方法设置文档的标题。

2.4.9 实现打开图形文件用例

打开图形文件用例的步骤是：用户单击 AppWizard 自动生成的工具栏上的“打开”按钮，系统打开“打开”对话框，供用户选择要打开的文件；用户选择一个磁盘文件，系统调用链表对象的 OpenFromFile 方法加载磁盘文件，并调用视图对象的 OnDraw 函数绘制图形。

用 ClassWizard 为视图类 CCADToolView 添加打开按钮 ID_FILE_OPEN 的命令通知消息处理函数 OnFileOpen，其实现代码如下：

```
void CCADToolView::OnFileOpen()
{
    CFileDialog* fDialog = new CFileDialog(true,"cdt",NULL,
        OFN_HIDEREADONLY|OFN_OVERWRITEPROMPT,
        "绘图文件 (*.cdt)|*.cdt|所有文件 (*.*)|*.*|",this);
    if(fDialog->DoModal() == IDCANCEL)
        return;
    CCADToolDoc* pDoc = GetDocument();
    ASSERT_VALID(pDoc);
    pDoc->m_shapeList.OpenFromFile(fDialog->GetFileName());    //打开图形文件
    pDoc->SetTitle(fDialog->GetFileName());                    //设置文档标题
    CDC* pDC = GetDC();
    OnDraw(GetDC());                                           //绘制图形
    ReleaseDC(pDC);
}
```

第 3 章　局域网即时通信工具

本章所涉及的主题是有关网络领域的编程。随着网络通信技术的发展，很多企业、学校、政府等都设立了局域网。通过网络平台，可以实现共享资源，高速传递信息。本章所讲的实例"局域网即时通信工具"实现局域网内发送即时消息、传输文件、网络会议等功能。本章涉及的内容主要包括:

- 局域网即时通信工具分析。
- 局域网即时通信工具设计。
- Windows Sockets 简介。
- 局域网即时通信工具实现。

本章知识重点：

- Windows Sockets 规范。
- 基于 UDP 协议的面向业务的通信框架。
- 基于 TCP 协议的文件传输。
- 操作系统注册表的访问技术。

3.1　局域网即时通信工具分析

3.1.1　局域网即时通信工具需求陈述

局域网即时通信工具实现局域网内即时消息发送、文件传输、网络会议等功能，并具有以下方面的具体要求：

- 提供用户登录功能。成功登录后的用户能够看见局域网内的其他在线（非隐身）用户，这些在线用户显示在在线用户列表中。
- 提供注销功能。用户注销之后，在其他用户的在线列表中删除注销用户，并且不能与注销用户进行通信。
- 提供隐身功能。用户隐身后，在其他用户的在线列表中删除隐身用户，但可以继续跟局域网内的其他在线用户通信。
- 能够发送即时消息给指定用户，并且可以查看与该用户的聊天历史记录。
- 能够广播消息给局域网内所有的在线用户。
- 能够提供可靠的文件传输功能。
- 能够设置随着操作系统启动是否需要自动启动该程序。

3.1.2　重要高层用例分析

1. 登录用例

参与者：系统使用人员。

描述：系统在启动时，弹出登录对话框，提示用户输入登录昵称和是否隐身。如果不是隐身登录，则在系统的其他在线成员的在线列表中添加登录者的昵称和 IP 地址。系统自动在登录者的在线列表中显示所有在线（非隐身）用户。登录用例的活动图如图 3-1 所示。

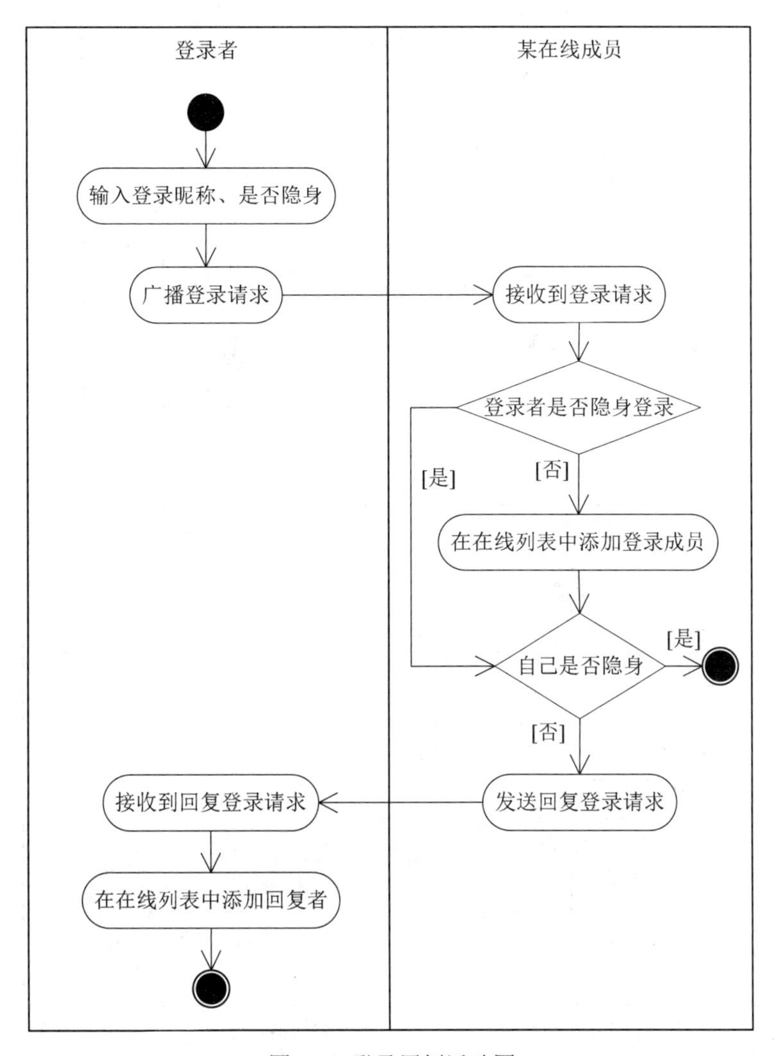

图 3-1　登录用例活动图

2. *注销用例*

参与者：系统使用人员。

描述：用户关闭应用程序主对话框，系统发送注销请求给每一个在线成员。在线成员在其在线列表中删除注销者。注销者退出应用程序。注销用例的活动图如图 3-2 所示。

3. *发送即时消息用例*

参与者：系统使用人员。

描述：用户打开与消息接收者的聊天对话框，系统从本地磁盘文件中加载与消息接收者的聊天历史记录。用户输入待发送的消息并单击“发送”按钮，系统发送即时消息请求给消息接收者，并将消息写入聊天记录文件。消息接收者接收到消息后，打开与消息发送者的聊天对话框，在对话框中显示与消息发送者的聊天历史记录和新接收到的消息，并将新接收到的消息写入聊天记录文件。发送即时消息用例的活动图如图 3-3 所示。

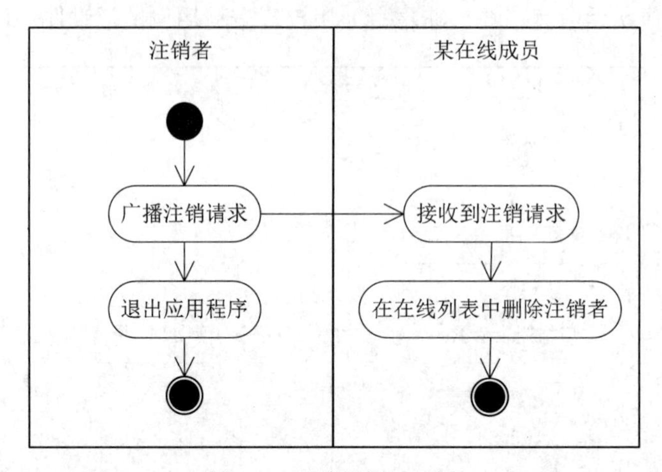

图 3-2　注销用例活动图

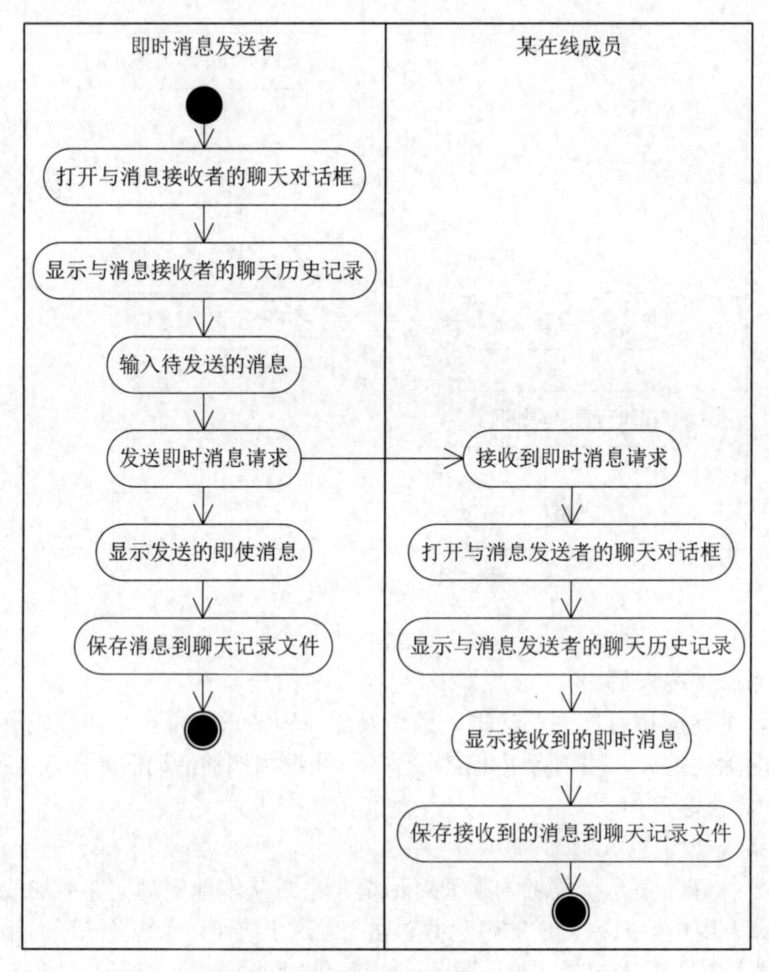

图 3-3　发送即时消息用例活动图

4. 传送文件用例

参与者：系统使用人员。

描述：文件发送者选择待传送的文件并指定文件接收者，系统发送传送文件请求给文件接收者。文件接收者接收到文件传送请求后，弹出对话框询问用户是否同意接收文件。若接收者选择"否"，则回复"拒绝接收文件"；若选择"是"，则回复"同意接收文件"，并准备接收文件。文件发送者收到文件接收者的回复后，若文件接收者回复"拒绝接收文件"，则提示文件发送者"对方拒绝接收文件"；若文件接收者回复"同意接收文件"，则传送文件给文件接收者。传送文件用例的活动图如图 3-4 所示。

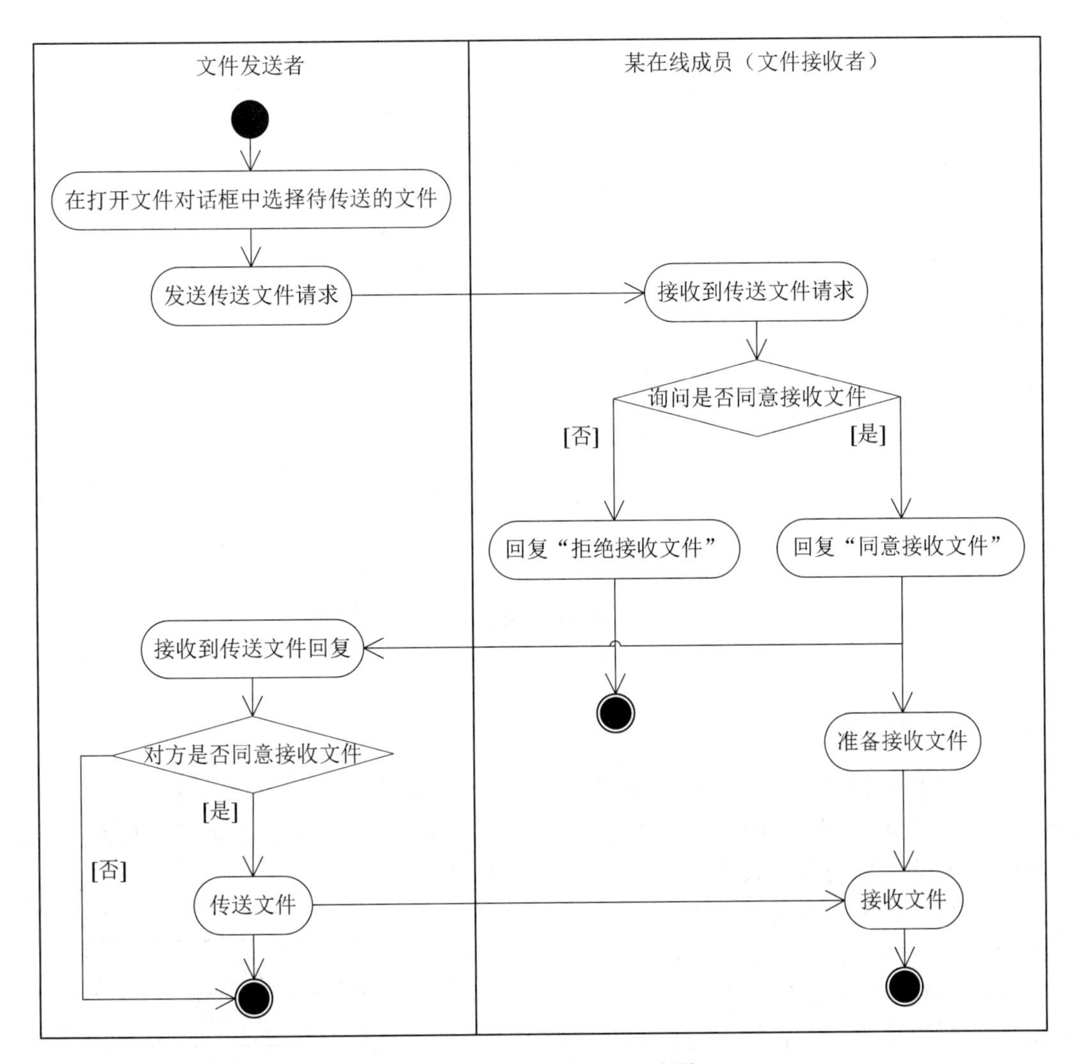

图 3-4　传送文件用例活动图

3.1.3　局域网即时通信工具用例图

局域网即时通信工具用例图，如图 3-5 所示。

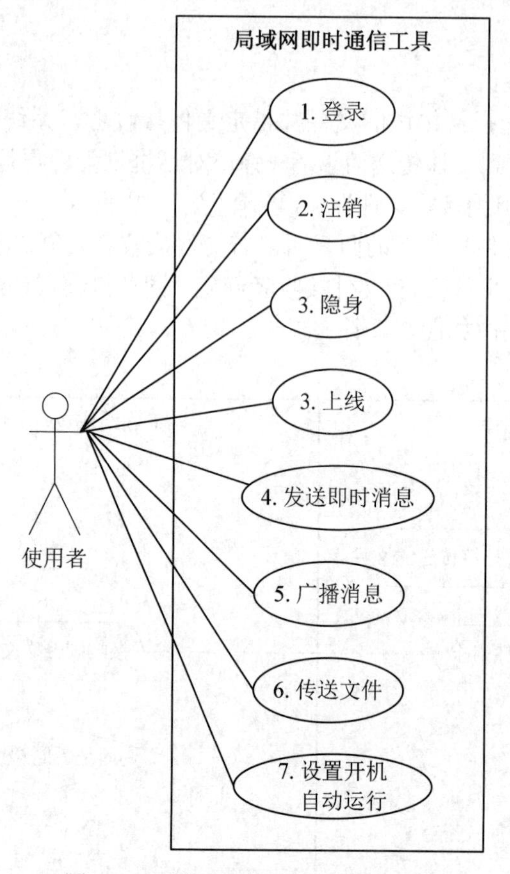

图 3-5 局域网即时通信工具用例图

3.2 局域网即时通信工具设计

3.2.1 应用程序体系结构

在设计软件系统时，通常利用模块化和分层的思想将复杂的软件系统分解成简单的易于理解和实现的单元。通常，应用程序的功能在逻辑上至少可以划分为表示层和应用层两个层面。表示层负责收集和展现业务数据，应用层负责加工业务数据。

局域网即时通信工具主要实现即时消息发送、文件传输等网络业务。这些功能需要利用网络基础设施在计算机之间传递数据。将计算机之间数据传递的功能从应用层独立出来，抽象为一个通信层，为应用程序提供通信服务。从而，局域网即时通信工具在逻辑上可以划分为三个层面：通信层、业务层（应用层）和表示层。图 3-6 所示为局域网即时通信工具的分层模型。

表示层
业务层
通信层

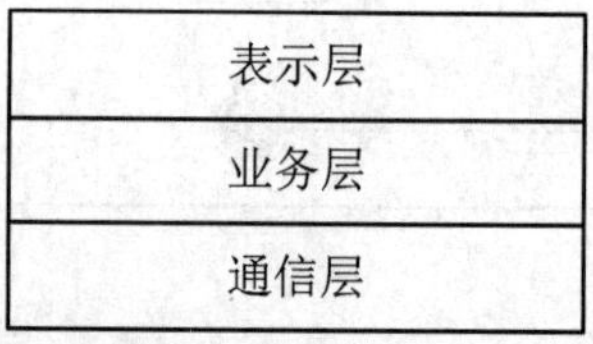

图 3-6 局域网即时通信工具的分层模型

通信层负责发送和接收网络数据包。发送端接收来自业务层的数据包，并将数据包投递到网络。接收端接收数据包并转交给业务层处理。

业务层负责加工来自表示层的原始数据或处理分析来自通信层的数据包。发送端接收来自表示层的原始数据，并将其加工成通信双方约定的数据包格式。接收端接收来自通信层的数据包，按照约定的格式分析出业务数据，按照业务要求对业务数据进行加工，并将加工后的业务数据交给表示层展现给用户。

表示层负责收集和展现业务数据。

通信层、业务层和表示层各层相对独立，下层为上层提供服务。通信层为业务层提供数据传输服务，业务层为表示层提供具体业务处理服务。通信双方的一次通信处理流程呈 U 形，如图 3-7 所示。

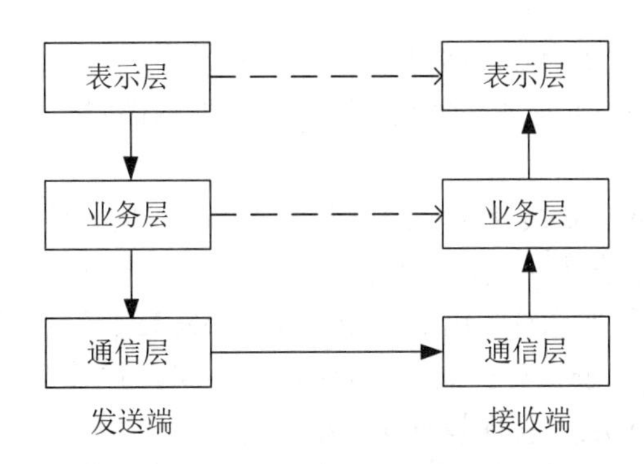

图 3-7 通信双方的处理流程

发送端从上至下，上层调用下层提供的服务。接收端将从网络上接收的数据包从下至上传递，直至表示层。图 3-7 中的虚线表示层之间逻辑上可以直接通信，不必关心底层的细节。

3.2.2 数据包格式

业务层的功能之一就是将表示层提供的原始数据格式化成通信双方约定的数据包格式，通信双方按照约定的格式交换数据。在设计阶段需要设计网络数据包格式。数据包格式的设计应该遵循以下原则：

（1）数据包中的数据应包括一次通信所需的所有数据。

（2）在保证数据充分的前提下，应尽可能减少不必要的数据传输。

（3）可扩充性要好，应提供方便的途径来扩充业务。

（4）应尽可能采用易于实现的设计方案。

局域网即时通信工具数据包中与业务相关的数据主要包括业务类型、业务数据和目的地址。其中业务类型唯一标识系统中的一项业务；业务数据根据不同的业务类型其含义不同；目的地址标识数据包的接收者。例如即时消息发送业务，业务类型为即时消息发送，业务数据为消息内容，目的地址为即时消息接收者的地址。

即时消息业务的消息内容长度是不固定的（其他的业务也可能出现业务数据长度变化的情况）。因此，业务数据在数据包中设计为一个变长域，并增加一个表示业务数据长度的域。

综合以上各种因素，局域网即时通信工具数据包格式分为两部分：包头和包体。其中包头包括业务类型（数据包类型）、目的地址和数据包长度；包体表示业务数据。

注意：数据包长度表示整个数据包的长度，而业务数据长度（包体长度）可以通过数据包长度减去包头长度得到。包头长度是一个常量。

局域网即时通信工具数据包格式如图 3-8 所示。

业务类型	目的地址	数据包长度
业务数据		

图 3-8 局域网即时通信工具数据包格式

3.2.3 静态结构

基于局域网即时通信工具体系结构的分层设计思想，进一步设计应用程序静态结构。对层次模型中的每一层提供的功能进行封装，使每一层内聚性强，并形成清晰的应用程序逻辑结构。

设计 CCommunication 类封装通信层的所有功能，为应用程序提供通信服务。

设计 CBusiness 类封装业务层的所有功能，为应用程序提供业务处理服务。

表示层主要由几个边界类组成，包括 CLANMessageDlg（应用程序主对话框）、CLoginDlg（登录对话框）、CChatDlg（聊天对话框）、CNetMeetingDlg（网络会议对话框）、CBroadcastDlg（广播消息对话框）、CSetDlg（程序设置对话框）等。

局域网即时通信工具静态结构图如图 3-9 所示。

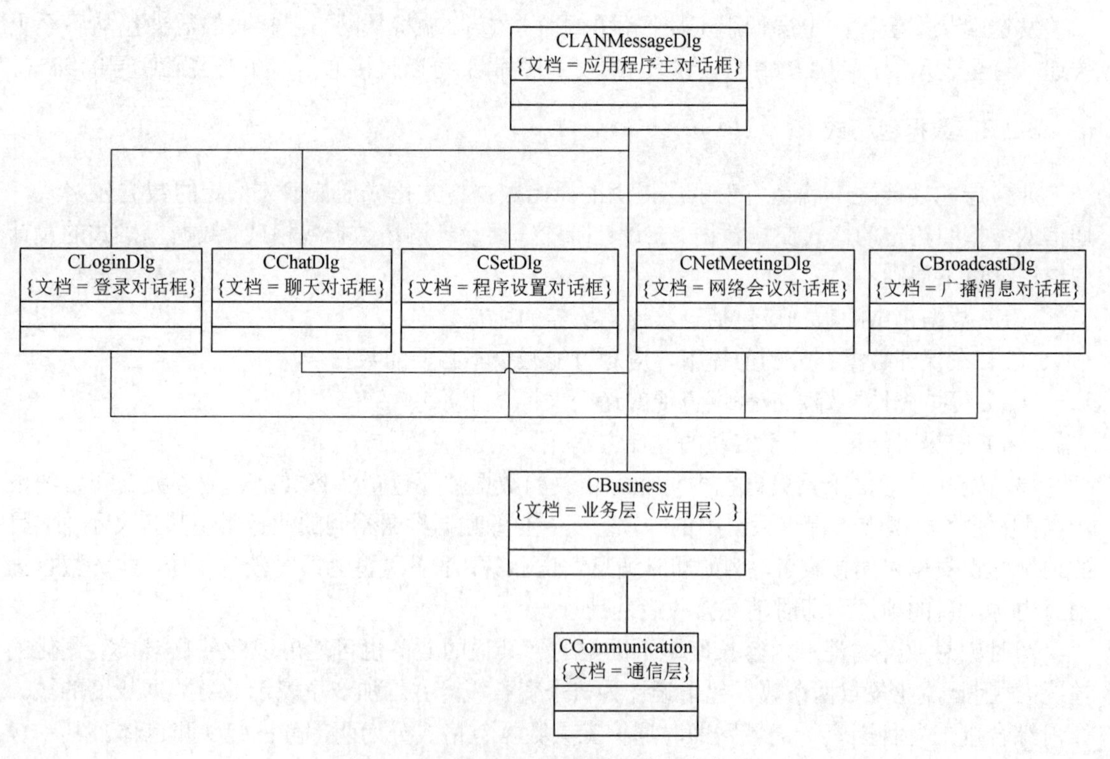

图 3-9 局域网即时通信工具静态结构图

3.2.4 界面设计

局域网即时通信工具界面导航图如图 3-10 所示。

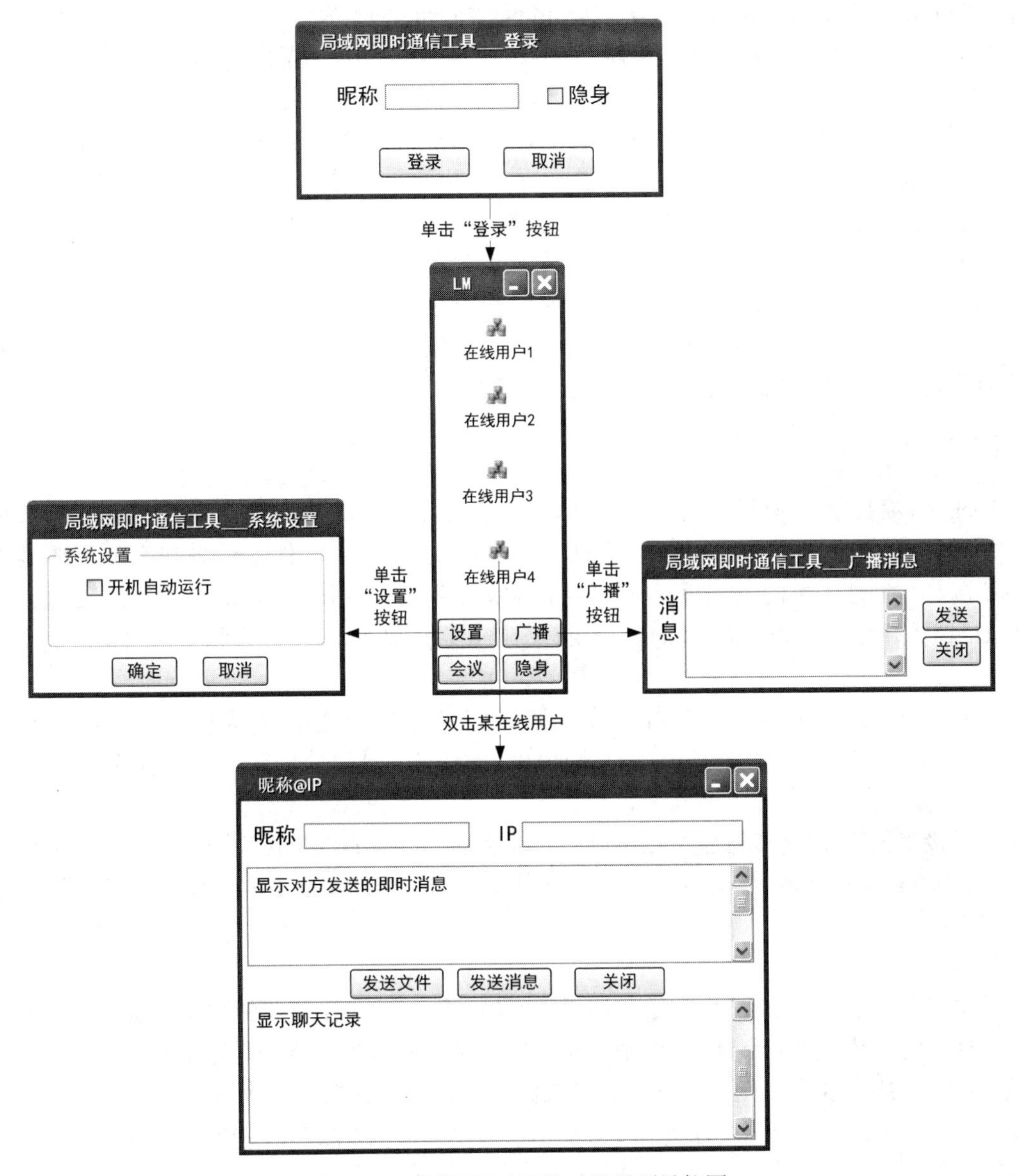

图 3-10 局域网即时通信工具界面导航图

3.3 Windows Sockets 简介

Windows Sockets 是 Windows 下的网络编程规范。从 1991 年的 1.0 版到 1995 年的 2.0.8 版，经过不断完善并在 Intel、Microsoft、Sun、SGI、Informix、Novell 等公司的全力支持下，已成为 Windows 网络编程事实上的标准。

Windows Sockets规范以加利福尼亚大学伯克利分校BSD UNIX中流行的Socket接口为范例定义了一套 Microsoft Windows 下的网络编程接口。它不仅包含了人们所熟悉的 Berkeley Socket 风格的库函数，同时也包含了一组针对 Windows 的扩展库函数，以使程序员能充分地利用 Windows 消息驱动机制进行编程。Windows Sockets 规范的本意在于提供给应用程序开发者一套简单的 API，并让各家网络软件供应商共同遵守。这份规范定义了应用程序开发者能够使用，并且网络软件供应商能够实现的一套库函数调用和相关语义。遵守这套 Windows Sockets 规范的网络软件，我们称之为是 Windows Sockets 兼容的，而 Windows Sockets 兼容实现的提供者，我们称之为 Windows Sockets 提供者。一个网络软件供应商必须实现 Windows Sockets 规范才能做到 Windows Sockets 兼容。任何能够与 Windows Sockets 兼容实现协同工作的应用程序就被认为是具有 Windows Sockets 接口，这种应用程序被称为 Windows Sockets 应用程序。Windows Sockets 规范定义并记录了如何使用 API 与 Internet 协议族（IPS，通常指的是 TCP/IP）连接。应用程序调用 Windows Sockets 的 API 实现通信，Windows Sockets 又利用下层的网络通信协议功能和操作系统调用实现实际的通信工作。

3.3.1 Socket

Socket（套接字）是网络通信过程中端点的抽象表示。Socket 在实现中以句柄的形式被创建，包含了进行网络通信必需的五种信息：连接使用的协议、本地主机的 IP 地址、本地进程的协议端口、远地主机的 IP 地址、远地进程的协议端口。要使用 Socket，首先，必须创建一个 Socket；然后，按要求配置 Socket；接着，按要求通过 Socket 接收和发送数据；最后，关闭此 Socket。

所有的Windows Sockets实现都支持流套接字和数据报套接字。流套接字提供面向连接的、可靠的数据传输服务；数据报套接字提供面向无连接的、非可靠的数据传输服务。

1. 流套接字

流套接字采用 TCP 传输层协议提供面向连接的、可靠的数据传输服务。对于要求精确传输数据的 Windows Sockets 通信程序，一般采用流套接字。流套接字常用来编写客户机/服务器模式应用程序。

2. 数据报套接字

数据报套接字采用 UDP 传输层协议提供面向无连接的、非可靠的数据传输服务。由于不建立连接，数据报套接字比流套接字快，但不能保证所有数据都准确有序地到达目的地，不保证顺序性、可靠性和无重复性。它是无连接的服务，以独立的信包进行传输，通信端点使用 UDP 对应的 Internet 地址。双方不需要互连，按固定的最大长度进行传输，因而适用于单个报文传输，数据报套接字常用来编写无服务器模式应用程序。

3. 原始套接字

原始套接字提供对诸如 ICMP、TCP、UDP 等协议数据的传输，采用这种传输机制，要求编程者自己填充 ICMP、TCP、UDP 乃至 IP 数据结构中的内容，主要面向高级程序员。

3.3.2 Windows Sockets API 简介

1. WSAStartup 函数

Windows Sockets 兼容的应用程序在使用 Windows Sockets 之前必须调用 WSAStartup 函数

来初始化 WS2_32.DLL 动态链接库。该函数允许用户指定所需的 Windows Sockets 版本并返回其详细信息。

函数原型：int WSAStartup(WORD wVersionRequested,LPWSADATA lpWSAData);

该函数参数说明如表 3-1 所示。

表 3-1　WSAStartup 函数参数说明

参数	说明
wVersionRequested	指定要加载的套接字版本，其中高位字节指定次版本号，低位字节指定主版本号。可以使用 MAKEWORD(X,Y)（其中，X 为高版本号，Y 为低版本号）宏获得 WORD 类型的版本号值
lpWSAData	指向 WSADATA 结构的指针，WSAStartup 函数利用该参数返回加载的 Socket 的版本信息

该函数执行成功后返回 0，否则返回错误代码。

示例 1：应用程序调用 WSAStartup 函数使用 2.2 版本的 Windows Sockets，代码如下：

```
WORD wVersionRequested;
WSADATA wsaData;
int iRet;
wVersionRequested = MAKEWORD(2, 2);
iRet = WSAStartup(wVersionRequested, &wsaData);
if(iRet != 0)
{
    //告知用户无法找到可用的 WinSock 动态库
    return;
}

/* 判断 WinSock 动态库是否支持 2.2 版本 */
/* 如果 WinSock 动态库既支持 2.2 版本，又支持高于 2.2 的版本 */
/* 将返回 2.2 版本。因为应用程序请求的版本是 2.2   */

if (LOBYTE(wsaData.wVersion) != 2 ||
        HIBYTE(wsaData.wVersion) != 2) {
    //告知用户无法找到可用的 WinSock 动态库
    WSACleanup();    //释放 WinSock 动态库所占用的系统资源
    return;
}

/*继续其他套接字函数的调用*/
```

2. WSACleanup 函数

应用程序在完成对 WinSock 动态库的使用后，需要调用 WSACleanup 函数结束对 WinSock 动态库的使用并且释放 WinSock 动态库所占用的系统资源。

函数原型：int WSACleanup(void);

该函数执行成功后返回 0，否则返回 SOCK_ERROR，具体的错误代码可以通过调用 WSAGetLastError函数获得。

3. socket 函数

应用程序调用 socket 函数来创建一个能够进行网络通信的套接字。

函数原型：SOCKET socket(int af, int type, int protocol);

该函数参数说明如表 3-2 所示。

表 3-2 socket 函数参数说明

参数	说明
af	指定应用程序使用的通信协议的协议族，对于 TCP/IP 协议族，该参数置 PF_INET
type	指定要创建的套接字类型：流套接字类型为 SOCK_STREAM，数据报套接字类型为 SOCK_DGRAM，原始套接字类型为 SOCK_RAW
protocol	指定应用程序所使用的通信协议

该函数如果调用成功就返回新创建的套接字的描述符，否则返回 INVALID_SOCKET，具体的错误代码可以通过调用WSAGetLastError函数获得。

套接字描述符是一个整数类型的值。每个进程的进程空间里都有一个套接字描述符表，该表中存放着套接字描述符和套接字数据结构的对应关系，套接字数据结构在操作系统的内核缓冲里，根据套接字描述符就可以找到其对应的套接字数据结构。如果 socket 函数执行成功，则会在该表中添加一行存放新创建的套接字的描述符和套接字数据结构的地址。

4. closesocket 函数

closesocket 函数用于关闭一个套接字。由于每个进程中都有一个套接字描述符表，表中的每个套接字描述符都对应了一个位于操作系统缓冲区中的套接字数据结构，因此有可能有几个套接字描述符指向同一个套接字数据结构。套接字数据结构中专门有一个字段存放该结构的被引用次数，即有多少个套接字描述符指向该结构。

当调用 closesocket 函数时，首先将进程中的套接字描述符表中对应的表项清除；然后将操作系统管理的套接字数据结构的引用次数减 1；再判断套接字的引用次数是否为 0，如果为 0，表明没有进程引用该套接字，操作系统释放套接字数据结构。

函数原型：int closesocket(SOCKET s);

参数 s 为要关闭的套接字描述符。

closesocket 函数执行成功返回 0，否则返回 SOCKET_ERROR，具体的错误代码可以通过调用WSAGetLastError函数获得。

5. bind 函数

当创建了一个 Socket 以后，套接字数据结构中有一个默认的 IP 地址和默认的端口号。应用程序必须调用 bind 函数来给其绑定一个 IP 地址和一个特定的端口号。

函数原型：int bind(SOCKET s, const struct sockaddr FAR *name, int namelen);

该函数参数说明如表 3-3 所示。

表 3-3 bind 函数参数说明

参数	说明
s	指定待绑定的 Socket 描述符
name	sockaddr 结构，指定待邦定的地址
namelen	地址长度

sockaddr 结构的定义：struct sockaddr {u_short sa_family; char sa_data[14];};

其中，sa_family 指定地址族，对于 TCP/IP 协议族的套接字，给其置 AF_INET。当对 TCP/IP 协议族的套接字进行绑定时，通常使用另一个地址结构：

```
struct sockaddr_in {
short sin_family;
u_short sin_port;
struct in_addr sin_addr;
char sin_zero[8];
};
```

其中 sin_family 置 AF_INET；sin_port 表示端口号；sin_addr 结构体中只有一个唯一的字段 s_addr，表示 IP 地址，该字段是一个整数，一般用 inet_addr 函数把字符串形式的 IP 地址转换成 unsigned long 型的整数值后再赋值给 s_addr。有的服务器是多宿主机，至少有两个网卡，那么运行在这样的服务器上的服务程序在为其 Socket 绑定 IP 地址时可以把 htonl(INADDR_ANY)置给 s_addr，这样做的好处是不论哪个网段上的客户程序都能与该服务程序通信；如果只给运行在多宿主机上的服务程序的 Socket 绑定一个固定的 IP 地址，那么就只有与该 IP 地址处于同一个网段上的客户程序才能与该服务程序通信。我们用 0 来填充 sin_zero 数组，目的是让 sockaddr_in 结构的大小与 sockaddr 结构的大小一致。

示例 2：创建一个套接字 sock，并为其绑定本机 IP 和 830701 端口。

```
SOCK sock = socket(PF_INET, SOCK_STREAM,0);
struct sockaddr_in saddr;
saddr.sin_family = AF_INET;
saddr.sin_port = htons(830701);
saddr.sin_addr.s_addr = htonl(INADDR_ANY);
int iRet = bind(sock,(sockaddr*)&saddr,sizeof(saddr));
if (iRet == SOCK_ERROR）
{
    //绑定失败
}
else
{
    //绑定成功
}
```

6. listen 函数

listen 函数使流套接字处于监听状态，一般应用于服务程序。服务程序先用 socket 函数创建套接字，接着调用 bind 函数将套接字与本机的地址关联起来，然后调用 listen 函数监听客户程序的连接请求。处于监听状态的流套接字维护一个客户连接请求队列，该队列最多容纳 backlog（调用 listen 函数时指定的一个最大连接请求参数）个客户连接请求。

函数原型：int listen(SOCKET s, int backlog);

参数 s 为监听套接字描述符；参数 backlog 为连接请求队列长度，如果设置为 SOMAXCONN，则由相应的服务提供者负责将 backlog 设置为一个合理的值。

若函数执行成功，返回 0；否则，返回 SOCKET_ERROR，具体的错误代码可以通过调用 WSAGetLastError函数获得。

7. connect 函数

客户程序调用 connect 函数发送连接请求给 name 指定的计算机的服务 Socket，并等待服务程序处理连接请求；服务程序接收到客户 Socket 的连接请求后，将连接请求放进服务 Socket 的客户连接请求队列中等待服务 Socket 处理连接请求。如果客户 Socket 连接成功，connect 函数返回 0；如果失败，则返回 SOCKET_ERROR。

函数原型：int connect(SOCKET s, const struct sockaddr FAR *name, int namelen);

该函数参数说明如表 3-4 所示。

表 3-4 connect 函数参数说明

参数	说明
s	客户机发起连接请求的套接字描述符
name	sockaddr 结构，指定客户 Socket 要连接的服务 Socket 和其端口号等参数
namelen	指定 name 参数的长度

示例 3：客户 Socket 请求连接绑定于 172.154.82.244 机器上的 831206 端口的服务 Socket。

```
struct sockaddr_in saddr_ser;
memset((void *)&saddr_ser,0,sizeof(saddr_ser));
saddr_ser.sin_family = AF_INET;
saddr_ser.sin_port = htons(831206);
saddr_ser.sin_addr.s_addr = inet_addr("172.154.82.244");
//csock 为客户 SOCKET
int iRet = connect(csock,(struct sockaddr *)&saddr_ser,sizeof(saddr_ser));
if(iRet == SOCKET_ERROR)
{
    //连接失败
}
else
{
    //连接成功
}
```

8. accept 函数

服务程序调用 accept 函数从处于监听状态的流套接字 s 的客户连接请求队列中取出排在最前的一个客户请求，并且创建一个新的套接字来与客户套接字创建连接通道。如果连接成功，就返回新创建的套接字描述符，以后与客户套接字交换数据的是新创建的套接字；如果失败，就返回 INVALID_SOCKET。

函数原型为 SOCKET accept(SOCKET s, struct sockaddr FAR *addr, int FAR *addrlen);

该函数参数说明如表 3-5 所示。

示例 4：服务 Socket 调用 accept 函数处理客户机的连接请求。

```
struct sockaddr_in saddr_NewSer;
int addrlen = sizeof (saddr_NewSer);
```

```
//sock_Listen 为服务程序的监听 Socket
SOCKET sock_NewSer=accept(sock_Listen,(struct sockaddr *)&saddr_NewSer,&addrlen);
```

表 3-5　accept 函数参数说明

参数	说明
s	指定处于监听状态的流套接字描述符
addr	操作系统利用第二个参数来返回新创建的套接字的地址结构
addrlen	操作系统利用第三个参数来返回新创建的套接字的地址结构的长度

9. send 函数

send 函数向已建立连接的另一端套接字上发送数据，该函数既可用于流套接字发送数据，又可用于数据报套接字发送数据（先执行 connect 函数）。客户程序一般用 send 函数向服务程序发送请求，而服务程序则通常用 send 函数来向客户程序发送应答数据。

函数原型：int send(SOCKET s, const char FAR *buf, int len, int flags);

该函数参数说明如表 3-6 所示。

表 3-6　send 函数参数说明

参数	说明
s	发送端套接字描述符
buf	存放应用程序要发送数据的缓冲区
len	实际要发送的数据的字节数
flags	调用方式，其值可以为：MSG_DONTROUTE（不经过路由，将数据通过接口直接发送出去）、MSG_OOB（发送带外数据，仅对流套接字起作用）

当调用该函数时，先比较待发送数据的长度 len 和套接字 s 的发送缓冲区的长度，如果 len 大于 s 的发送缓冲区的长度，则该函数返回 SOCKET_ERROR；如果 len 小于或者等于 s 的发送缓冲区的长度，那么 send 先检查协议是否正在发送 s 的发送缓冲中的数据，如果是就等待协议把数据发送完，如果协议还没有开始发送 s 的发送缓冲中的数据或者 s 的发送缓冲中没有数据，那么 send 就比较 s 的发送缓冲区的剩余空间和 len，如果 len 大于剩余空间大小 send 就一直等待协议把 s 的发送缓冲中的数据发送完，如果 len 小于剩余空间大小 send 就仅仅把 buf 中的数据复制到剩余空间里（注意并不是 send 把 s 的发送缓冲中的数据传到连接的另一端的，而是协议传的，send 仅仅是把 buf 中的数据复制到 s 的发送缓冲区的剩余空间里）。如果 send 函数复制数据成功，就返回实际复制的字节数，如果 send 在复制数据时出现错误，那么 send 就返回 SOCKET_ERROR；如果 send 在等待协议传送数据时网络断开的话，那么 send 函数也返回 SOCKET_ERROR。要注意 send 函数把 buf 中的数据成功复制到 s 的发送缓冲的剩余空间里后它就返回了，但是此时这些数据并不一定马上被传到连接的另一端。如果协议在后续的传送过程中出现网络错误的话，那么下一个 Socket 函数就会返回 SOCKET_ERROR（每一个除 send 以外的 Socket 函数在执行的最开始总要先等待套接字的发送缓冲中的数据被协议传送

完毕后才能继续，如果在等待时出现网络错误，那么该Socket函数就返回SOCKET_ERROR）。

10. sendto函数

sendto函数向指定的地址发送数据，仅能用于数据报套接字发送数据。

函数原型：int sendto (SOCKET s, const char FAR * buf, int len,int flags, const struct sockaddr FAR * to, int tolen);

该函数参数说明如表3-7所示。

表3-7 sendto函数参数说明

参数	说明
s	发送端套接字描述符
buf	存放应用程序要发送数据的缓冲区
len	实际要发送的数据的字节数
flags	调用方式，其值可以为：MSG_DONTROUTE（不经过路由，将数据通过接口直接发送出去）、MSG_OOB（发送带外数据，仅对流套接字起作用）
to	数据接收端地址
tolen	数据接收端地址的长度

11. recv函数

recv函数用于从已建立连接的套接字上接收数据。该函数既可以从流套接字上接收数据，也可以从数据报套接字上接收数据。但对于流套接字，一定要使用该函数接收数据。

函数原型：int recv(SOCKET s, char FAR *buf, int len, int flags);

该函数参数说明如表3-8所示。

表3-8 recv函数参数说明

参数	说明
s	接收端套接字描述符
buf	接收数据的缓冲区
len	接收数据的缓冲区长度
flags	标志，其值可以为： MSG_PEEK（检查收到的数据，但并不把数据从输入队列里删除）、MSG_OOB（处理带外数据，一般置0）

当应用程序调用recv函数时，recv先等待s的发送缓冲中的数据被协议传送完毕，如果协议在传送s的发送缓冲中的数据时出现网络错误，那么recv函数返回SOCKET_ERROR，如果s的发送缓冲中没有数据或者数据被协议成功发送完毕后，recv先检查套接字s的接收缓冲区，如果s的接收缓冲区中没有数据或者协议正在接收数据，那么recv就一直等待，直到

协议把数据接收完毕。当协议把数据接收完毕后，recv 函数就把 s 的接收缓冲中的数据复制到 buf 中（注意协议接收到的数据可能大于 buf 的长度，所以在这种情况下要调用几次 recv 函数才能把 s 的接收缓冲中的数据复制完。recv 函数仅仅是复制数据，真正的接收数据是协议来完成的)，然后返回其实际复制的字节数。如果 recv 在复制时出错，那么它返回 SOCKET_ERROR；如果 recv 函数在等待协议接收数据时网络中断了，那么它返回 0。

12. recvfrom 函数

recvfrom 函数仅能用于从数据报套接字上接收数据。

函数原型：int recvfrom (SOCKET s, char FAR* buf, int len, int flags, struct sockaddr FAR* from, int FAR* fromlen);

该函数参数说明如表 3-9 所示。

表 3-9　recvfrom 函数参数说明

参数	说明
s	接收端套接字描述符
buf	接收数据的缓冲区
len	接收数据的缓冲区长度
flags	标志，其值可以为：MSG_PEEK（检查收到的数据，但并不把数据从输入队列里删除）、MSG_OOB（处理带外数据，一般置 0）
from	数据发送端地址
fromlen	数据发送端地址的长度

3.3.3　套接字工作模式

1. 基于流套接字的客户机/服务器模式

客户机/服务器模式应用程序是一种常见的网络应用程序。服务器按照某种约定（协议）为客户机提供某种服务，客户机使用服务器提供的服务完成相应操作。例如 FTP 服务，FTP 客户程序使用远程机器上的 FTP 服务下载远程文件。

（1）服务器工作流程。

服务器工作流程如图 3-11 所示。

（2）客户机工作流程。

客户机工作流程如图 3-12 所示。

2. 基于数据报套接字的无服务器模式

无服务器模式应用程序也是一种常见的网络应用程序，在整个网络应用中没有绝对的服务器和客户机角色，每一个程序实例在网络应用中用平等的身份交换数据。很多局域网聊天软件就采用无服务器模式。图 3-13 所示为无服务器模式应用程序工作流程。

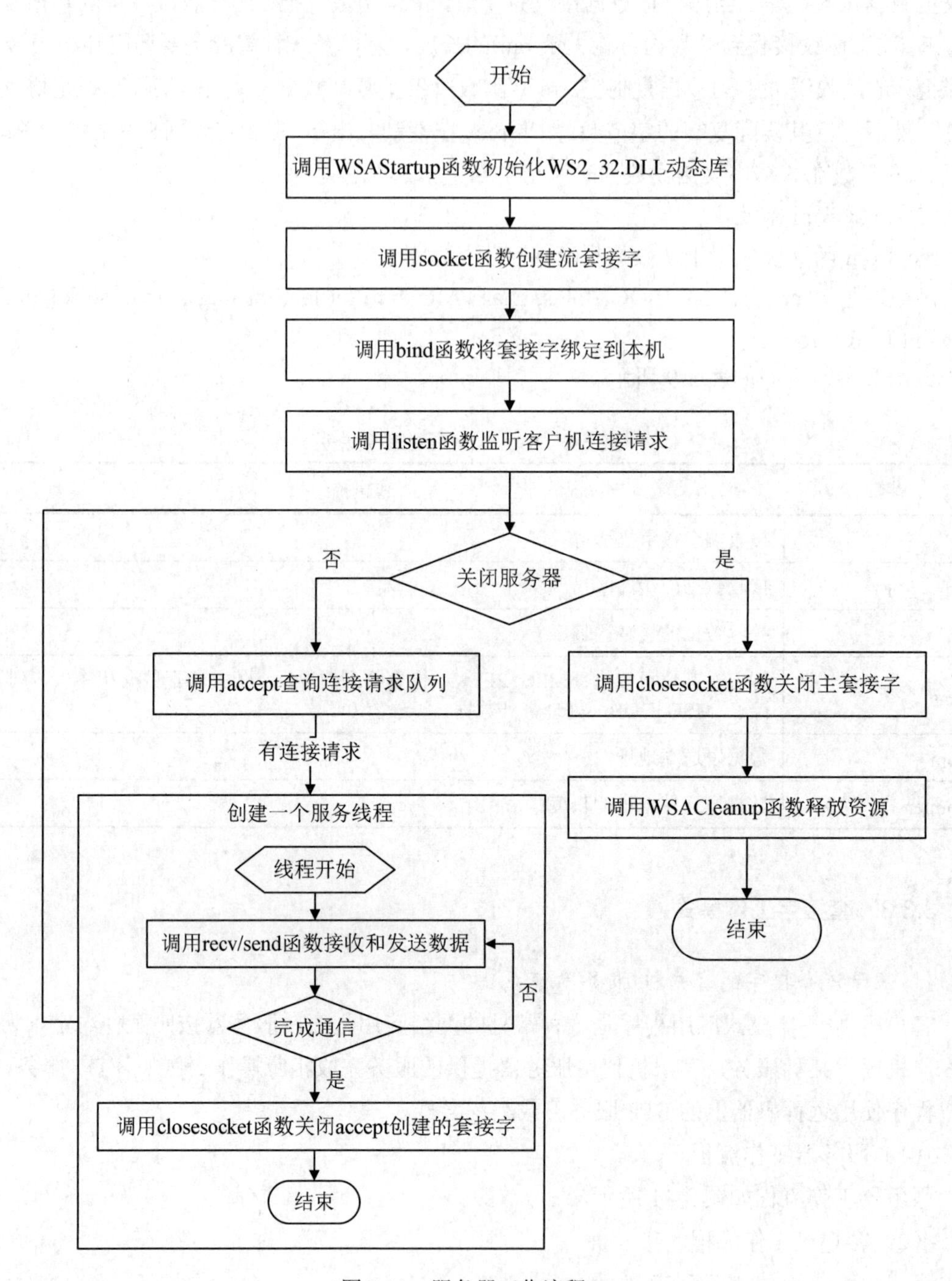

图 3-11　服务器工作流程

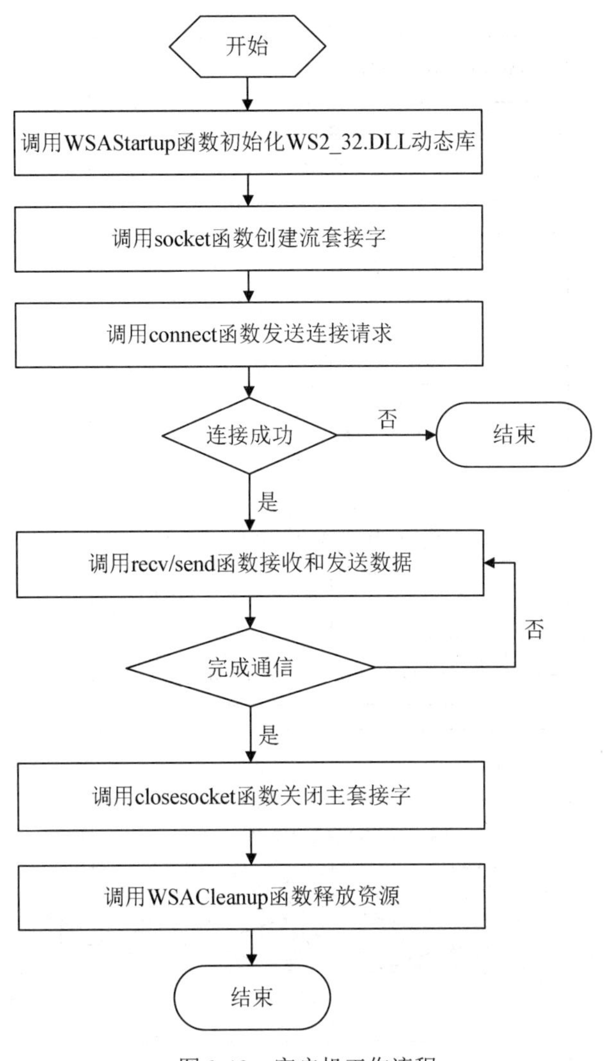

图 3-12　客户机工作流程

3.3.4　示例

1．基于流套接字的客户机/服务器程序示例

这里将实现一个回显服务程序来描述基于流套接字的客户机/服务器程序的编程方法。回显服务程序由两部分组成：客户机和服务器。

客户机将从标准输入设备（键盘）读入的数据发送给服务器，并接收服务器回传的数据，将其显示在标准输出设备（显示器）上。

服务器负责接收客户机发送的数据，将其显示在标准输出设备上，并将这些数据回传给客户机。

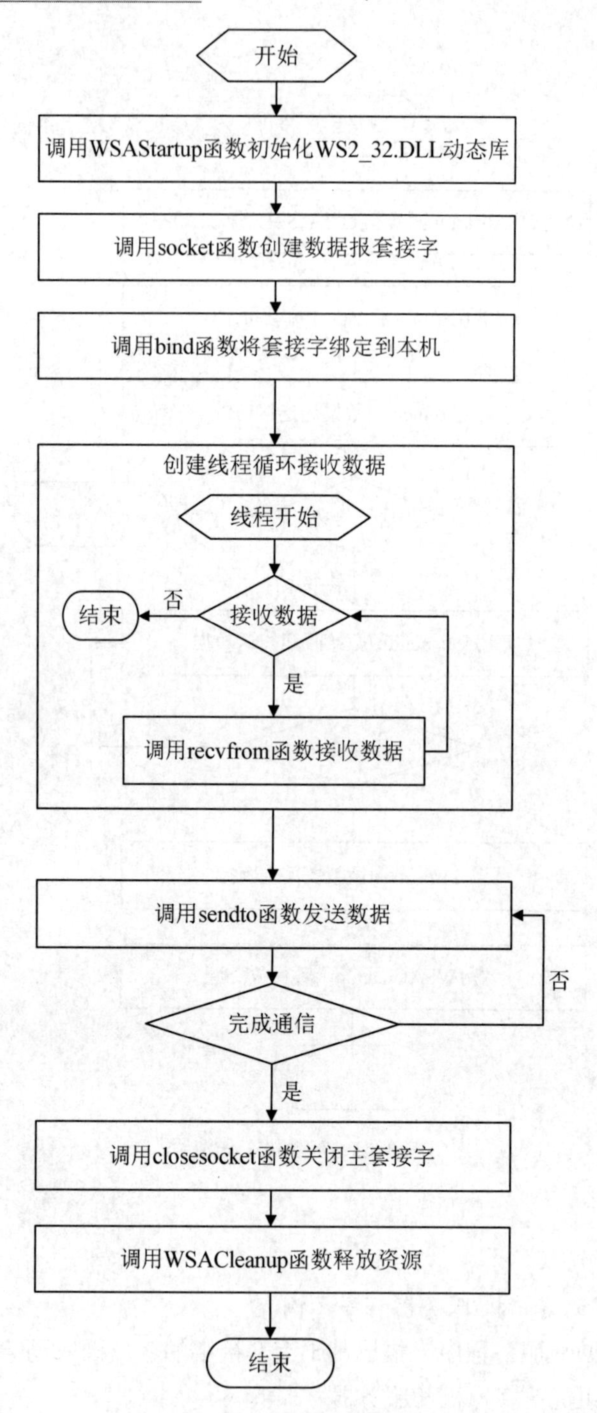

图 3-13　基于数据报套接字的无服务器模式应用程序工作流程

（1）服务器程序代码。

```
#include <stdio.h>
#include <winsock2.h>                    //编写 WinSock 程序需要包含 winsock2.h 头文件
#pragma comment(lib,"WSOCK32.LIB")       //并需要链接 WSOCK32.LIB
```

```
SOCKET g_sock;                                    //定义全局套接字
bool g_IsRecvData = true;                         //标识是否接收数据

//客户服务线程函数，回显客户输入
DWORD WINAPI EchoServiceTread(LPVOID param)
{
    int len=0;
    char buff[4096]={0};
    while(g_IsRecvData)
    {
        len =recv(g_sock,(char *)buff,4096,0);
        if(len >0 && len!=SOCKET_ERROR)
        {
            printf("%s",buff);                    //打印接收到的数据
            send(g_sock,buff, len,0);             //回收接收到的数据给客户机，以便客户机回显
        }
        memset(buff,0,4096);
    }
    closesocket(g_sock);                          //关闭套接字
    return 0;
}

int main(int argc, char* argv[])
{
    //1.初始化 WS2_32.DLL 动态库
    WSADATA wsaData = {0};
    if(WSAStartup(MAKEWORD(2,2),&wsaData)!=0)
        return false;
    if (LOBYTE(wsaData.wVersion) != 2 || HIBYTE(wsaData.wVersion) != 2)
    {
        WSACleanup();                             //释放 WinSock 动态库所占用的系统资源
        return -1;
    }

    //2.创建用于监听的流套接字
    SOCKET sock_Lin = socket(AF_INET,SOCK_STREAM,0);

    //3.绑定套接字到本机
    sockaddr_in saddr_Src;
    saddr_Src.sin_family = AF_INET;
    saddr_Src.sin_port = htons(unsigned short(831206));
    saddr_Src.sin_addr.s_addr = htonl(INADDR_ANY);
    if(bind(sock_Lin,(sockaddr*)&saddr_Src,sizeof(saddr_Src)) == SOCKET_ERROR)
```

```
            return -1;

        //4.监听客户连接请求
        if(listen(sock_Lin,5) == SOCKET_ERROR)
            return -1;

        //5.处理客户连接请求
        sockaddr_in saddr_Ser;
        int iaddrlen;
        DWORD dwTreadID;
        while(true)
        {
            iaddrlen=sizeof(saddr_Ser);
            g_sock = accept(sock_Lin,(sockaddr*)&saddr_Ser,&iaddrlen);
            if(g_sock == INVALID_SOCKET)
            {
                return -1;
            }
            else
            {
                //创建服务线程回显客户输入
                if(CreateThread(0,0,EchoServiceTread,0,0,&dwTreadID) == NULL)
                    return -1;
            }
        }

        //6.停止回显服务
        g_IsRecvData = false;

        //7.关闭套接字
        closesocket(sock_Lin);

        //8.释放资源
        WSACleanup();

        return 0;
}
```

（2）客户机程序代码。

```
#include <stdio.h>
#include <winsock2.h>                        //编写 WinSock 程序需要包含 winsock2.h 头文件
#pragma comment(lib,"WSOCK32.LIB")           //并需要链接 WSOCK32.LIB

int main(int argc, char* argv[])
{
```

```
    //1.初始化 WS2_32.DLL 动态库
    WSADATA wsaData = {0};
    if(WSAStartup(MAKEWORD(2,2),&wsaData)!=0)
        return false;
    if (LOBYTE(wsaData.wVersion) != 2 || HIBYTE(wsaData.wVersion) != 2)
    {
        WSACleanup();                //释放 WinSock 动态库所占用的系统资源
        return -1;
    }

    //2.创建流套接字
    SOCKET sock = socket(AF_INET,SOCK_STREAM,0);

    //3.发送连接请求
    sockaddr_in saddr_Ser;
    saddr_Ser.sin_family = AF_INET;
    saddr_Ser.sin_port = htons(unsigned short(831206));
    saddr_Ser.sin_addr.s_addr = inet_addr("127.0.0.1");
    if(connect(sock,(sockaddr*)&saddr_Ser,sizeof(saddr_Ser)) == SOCKET_ERROR)
        return -1;

    // 4.从标准输入设备读入数据，发送到服务器
    //并在标准输出设备上接收服务器回显回来的数据
    char buff[4096]={0};
    char rbuff[4096]={0};
    while(fgets(buff,sizeof(buff),stdin))
    {
        buff[4096]='\0';
        send(sock,buff,sizeof(buff),0);
        recv(sock,rbuff,4096,0);
        printf(rbuff);
    }

    //5.关闭套接字
    closesocket(sock);

    //6.释放资源
    WSACleanup();

    return 0;
}
```

2. 基于数据报套接字的无服务器程序示例

该示例描述了基于数据报套接字的无服务器程序的编程方法。示例实现接收自己发送的10 个“Hello World”字符串，并将接收到字符串显示在标准输出设备上。代码如下：

```
#include <stdio.h>
#include <winsock2.h>                          //编写 WinSock 程序需要包含 winsock2.h 头文件
```

```
#pragma comment(lib,"WSOCK32.LIB")                    //并需要链接 WSOCK32.LIB

SOCKET g_sock;                                        //定义全局套接字
bool g_IsRecvData = true;                             //标识是否接收数据

//接收数据线程函数
DWORD WINAPI RecvDataTread(LPVOID param)
{
    int l=0;
    int k=0;
    char buff[4096]={0};
    sockaddr_in socaddTar;
    while(g_IsRecvData)
    {
        l=sizeof(sockaddr_in);
        k=recvfrom(g_sock,(char *)buff,4096,0,(sockaddr*)&socaddTar,&l);
        if(k)
        {
            //处理接收到的数据
            printf("%s\n",buff);
        }
        memset(buff,0,4096);
    }
    return 0;
}

int main(int argc, char* argv[])
{
    //1.初始化 WS2_32.DLL 动态库
    WSADATA wsaData = {0};
    if(WSAStartup(MAKEWORD(2,2),&wsaData)!=0)
        return false;
    if (LOBYTE(wsaData.wVersion) != 2 || HIBYTE(wsaData.wVersion) != 2)
    {
        WSACleanup();                                 //释放 WinSock 动态库所占用的系统资源
        return -1;
    }

    //2.创建数据报套接字
    g_sock = socket(AF_INET,SOCK_DGRAM,0);

    //3.绑定套接字到本机
    sockaddr_in saddr_Src;
    saddr_Src.sin_family = AF_INET;
    saddr_Src.sin_port = htons(unsigned short(831207));
    saddr_Src.sin_addr.s_addr = htonl(INADDR_ANY);
```

```
    if(bind(g_sock,(sockaddr*)&saddr_Src,sizeof(saddr_Src)) == SOCKET_ERROR)
        return -1;

    //4.创建线程接收数据
    DWORD dwTreadID;
    if(CreateThread(NULL,NULL,RecvDataTread,NULL,NULL,&dwTreadID) == NULL)
        return -1;

    //5.发送数据
    char buff[4096]={0};
    sprintf(buff,"%s","hello world");
    sockaddr_in saddr_Tar;
    saddr_Tar.sin_family = AF_INET;
    saddr_Tar.sin_port = htons(unsigned short(831207));
    saddr_Tar.sin_addr.s_addr = inet_addr("127.0.0.1");
    for(int i=0;i<10;++i)
    {
        int k=sendto(g_sock,buff,strlen(buff),0,(sockaddr*)&saddr_Tar,sizeof(saddr_Tar));
        if(k== 0)
        {
            printf("发送数据失败\n");
        }
        Sleep(10);                              //等待接收线程处理数据
    }

    //6.停止接收数据
    g_IsRecvData = false;

    //7.关闭套接字
    closesocket(g_sock);

    //8.释放资源
    WSACleanup();

    return 0;
}
```

3.4　局域网即时通信工具实现

3.4.1　创建工程

启动 Visual C++ 6.0，运行 MFC AppWizard(exe)，创建一个名为 LanMessage 的 Dialog based 工程。

设置主对话框的 ID 属性为 IDD_DLGMAIN，Caption 属性为“局域网即时通信工具”，并设置其具有 Title bar（标题栏）、System menu（系统按钮）、Minimize box（最小化按钮）。

按照表 3-10 所示为主对话框添加控件，并对其进行合适的布局。

表 3-10　主对话框控件属性

控件类型	ID	其他	说明
List Control	IDC_LTONLINE	View=Icon	显示在线用户列表
Button	IDC_MAIN_BTNETMEETING	Caption=会议；Flat=true	选择网络会议功能
Button	IDC_MAIN_BTBROADCAST	Caption=广播；Flat=true	选择广播消息功能
Button	IDC_MAIN_BTSET	Caption=设置；Flat=true	选择系统设置功能
Button	IDC_MAIN_BTHIDE	Caption=隐身；Flat=true	选择隐身功能

3.4.2　定义数据包结构和常用宏

选择【File|New】菜单项，弹出 New 对话框，在 Files 选项卡中选择 C/C++ Header File，接着选择 Add to project，在 File 文本框中输入文件名 Protocol.h，单击“确定”按钮，Protocol.h 文件就添加到了工程中。

Protocol.h 文件是通信协议文件，定义了数据包结构和若干系统常量，如广播地址、通信端口号、数据包长度、数据包类型等。

打开 Protocol.h 文件，添加如下代码：

```
#ifndef _PROTOCOL_
#define _PROTOCOL_

//包含 WinSock 程序必要的头文件
//连接 WinSock 程序必要的库文件
#include <winsock2.h>
#include <mswsock.h>
#pragma comment(lib,"WSOCK32.LIB")

//定义广播地址
//一个网络的广播地址是主机号全为 1 的地址，即主机部分全为 255
//例如：网络号为 10 的网络的广播地址为：10.255.255.255
#define g_BroadcastAddr "10.255.255.255"

//定义通信端口号
#define UDPPORT 8307                                    //定义 UDP 端口号
#define TCPPORT 8312                                    //定义 TCP 端口号

//定义数据包：最大包长、包头长、最大包体长
//最大包体长=最大数据包长-数据包头长
#define PHEADLEN (sizeof(PACKHEAD))                     //包头大小
#define MAXPACKLENGTH 4096                              //最大包长
#define MAXPACKBODYLENGTH=MAXPACKLENGTH-PHEADLEN  //最大包体长

//定义数据包类型
typedef enum
```

```
{
        TLOGIN= 0x0001,                          //登录
        TACKLOGIN= 0x0002,                       //回复登录
        TLOGOUT= 0x0003,                         //注销
        THIDESELF= 0x0004,                       //隐身
        TMESSAGE= 0x0005,                        //发送即时消息
        TSENDFILE= 0x0006,                       //传送文件
        TACKSENDFILE= 0x0007,                    //回复传送文件
        TBROADCASTMSG= 0x0008                    //广播消息
}PACKTYPE;

//定义数据包包头结构{包类型+包长+目标地址}
typedef struct
{
    PACKTYPE pType;                              //数据包类型
    long int pLength;                            //数据包长（包括包头）
    sockaddr_in pAddr;                           //目标地址
}PACKHEAD;

//定义数据包结构{包头+包体}
typedef struct
{
    PACKHEAD pHead;                              //数据包头部分
    char pBody[MAXPACKBODYLENGTH];               //数据包体部分
}PACK;

//定义 Windows 消息
#define WM_DOMESSAGE WM_USER+103                 //处理即时消息数据包

#endif
```

3.4.3　实现通信类

通信类 CCommunication 对应于应用程序层次模型中的最底层——通信层。本程序在网络通信部分的实现采用了 WinSock 通信机制。通信类封装了对 WinSock 的所有操作，具有发送和接收自定义数据包、发送和接收文件等功能，为应用程序提供了网络通信功能。

选择【Insert|New Class】菜单项，弹出 New Class 对话框。在 New Class 对话框中设置 Class type（类型）为 Generic Class，Name（类名）为 CCommunication。单击 OK 按钮，将自动添加 Communication.h 和 Communication.cpp 两个文件到工程中。

打开 CCommunication 类的头文件 Communication.h，输入如下代码：

```
#include "Protocol.h"                            //包含协议头文件
#include "Business.h"                            //包含业务类头文件
class CCommunication
{
public:
    CCommunication();
```

```
    virtual ~CCommunication();
public:
    bool Init();                              //初始化通信层
    CString GetLocalIP();                     //获得本机 IP 地址
    bool SendPack(PACK pack);                 //发送自定义数据包
    bool StartRecvPack();                     //开始接收自定义数据包
    bool StopRecvPack();                      //停止接收自定义数据包
    bool SendFile(PACK pack);                 //开始发送文件
    bool RecvFile(char*strFileName);          //开始接收文件

public:
    SOCKET m_Sock;                            //数据报套接字
}
```

打开 CCommunication 类的实现文件 Communication.cpp，输入如下代码：

```
CCommunication::CCommunication()
{
    m_Sock = NULL;
}

//析构函数停止服务，关闭套接字，释放环境资源
CCommunication::~CCommunication()
{
    if(m_Sock)
    {
        StopRecvPack();                       //停止接收数据
        closesocket(m_Sock);                  //关闭套接字
        WSACleanup();                         //释放环境资源
    }
}

//初始化通信层
bool CCommunication::Init()
{
    //初始化 WS2_32.DLL 动态库
    WSADATA wsaData = {0};
    if(WSAStartup(MAKEWORD(2,2),&wsaData)!=0)
        return false;
    if (LOBYTE(wsaData.wVersion) != 2 || HIBYTE(wsaData.wVersion) != 2)
    {
        WSACleanup();                         //释放 WinSock 动态库所占用的系统资源
        return false;
    }

    //创建数据报套接字，为程序提供通信服务
    m_Sock = socket(AF_INET,SOCK_DGRAM,0);

    //绑定套接字到本机
```

```
	sockaddr_in socaddSource;
	socaddSource.sin_family = AF_INET;
	socaddSource.sin_port = htons(UDPPORT);
	socaddSource.sin_addr.s_addr = htonl(INADDR_ANY);
	if(bind(m_Sock,(sockaddr*)&socaddSource,sizeof(socaddSource)) == SOCKET_ERROR)
		return false;
	else
		return true;
}

//获得本机 IP 地址
CString CCommunication::GetLocalIP()
{
	char strhost[255];
	gethostname(strhost,255);
	struct hostent * dd;
	dd = gethostbyname(strhost);
	return inet_ntoa(*((struct in_addr*)dd->h_addr));
}

//发送自定义数据包
bool CCommunication::SendPack(PACK pack)
{
	int k=sendto(m_Sock,(char *)&pack,pack.pHead.pLength,0,
		(sockaddr*)&pack.pHead.pAddr,sizeof(sockaddr_in));
	if(k == 0)
		return false;
		return true;
}

//开始接收自定义数据包
bool CCommunication::StartRecvPack()
{
	DWORD dwTreadID;
	DWORD WINAPI RecvPackTread(LPVOID param);	//声明接收数据包的线程
	HANDLE hRecvDataThread = CreateThread(NULL,NULL,
		RecvPackTread,NULL,NULL,&dwTreadID);
	if(hRecvDataThread == NULL)
		return false;
		return true;
}

//**************************************************
//全局控制变量，控制接收数据包的线程是否继续接收数据包
bool g_IsStopService = false;
```

```
//************************************************

//接收自定义数据包的线程
DWORD WINAPI RecvPackTread(LPVOID param)
{
    int l=0;
    int k=0;
    CBusiness buss;
    PACK pack;
    memset(&pack,0,MAXPACKLENGTH);
    extern CCommunication g_Comm;
    while (!g_IsStopService)
    {
        l=sizeof(sockaddr_in);
        k=recvfrom(g_Comm.m_Sock,(char *)&pack,MAXPACKLENGTH,
            0,(sockaddr*)&pack.pHead.pAddr,&l);
        if(k)
        {
            buss.ProcessPack(pack);
            memset(&pack,0,sizeof(pack));
        }
    }
    return 0;
}

//停止接收自定义数据包
bool CCommunication::StopRecvPack()
{
    g_IsStopService = true;                    //设置全局控制变量，停止接收数据包
    return true;
}

//开始发送文件
bool CCommunication::SendFile(PACK pack)
{
    DWORD dwTreadID;
    DWORD WINAPI SendFileThread(LPVOID param);
    HANDLE hThread = CreateThread(NULL,NULL,SendFileThread,
        (LPVOID)&pack,NULL,&dwTreadID);
    if(hThread == NULL)
        return false;
        return true;
}

//发送文件线程
DWORD WINAPI SendFileThread(LPVOID param)
```

```
{
    //数据包包体格式：[对方是否同意接收][待发送的本地文件名]
    PACK* pack = (PACK*)param;

    //创建流套接字用于发送文件
    SOCKET sock;
    sock=socket(AF_INET,SOCK_STREAM,IPPROTO_IP);

    //发送连接请求到文件接收端
    sockaddr_in saddrTar = pack->pHead.pAddr;
    saddrTar.sin_port=htons(TCPPORT);
    if(connect(sock,(sockaddr*)&saddrTar,sizeof(saddrTar)) == SOCKET_ERROR)
    {
        AfxMessageBox("连接服务器失败!");
        closesocket(sock);                          //关闭套接字
        return 0;
    }

    //打开要发送的本地文件
    char* strFileName = pack->pBody+1;              //取得要发送的本地文件名
    HANDLE file;
    file=CreateFile(strFileName,GENERIC_READ,FILE_SHARE_READ,NULL,
        OPEN_EXISTING,FILE_ATTRIBUTE_NORMAL,NULL);
    if(!file)
    {
        AfxMessageBox("文件打开失败!");
        closesocket(sock);
        return 0;
    }

    //调用发送文件 API 发送文件
    ::TransmitFile(sock,file,0,10000,NULL,NULL,TF_REUSE_SOCKET);

    //关闭文件
    CloseHandle(file);

    CString strTemp;
    strTemp.Format("%s  文件发送完毕!",strFileName);
    AfxMessageBox(strTemp);

    //关闭套接字
    closesocket(sock);
    return 0;
}

//开始接收文件
```

```
bool CCommunication::RecvFile(char* strFileName)
{
    DWORD dwTreadID;
    char* strTempFileName = new char[1024];
    strcpy(strTempFileName,strFileName);
    DWORD WINAPI RecvFileThread(LPVOID param);
    HANDLE hRecvFileThread = CreateThread(NULL,NULL,RecvFileThread,
        (LPVOID)strTempFileName,NULL,&dwTreadID);
    if(hRecvFileThread == NULL)
        return false;
        return true;
}

//接收文件线程
DWORD WINAPI RecvFileThread(LPVOID param)
{
    //取本地保存文件
    char* strSaveFileName = (char*)param;

    //创建流套接字用于监听文件发送端的连接请求
    SOCKET sockListen;
    sockListen=socket(AF_INET,SOCK_STREAM,IPPROTO_IP);

    //绑定流套接字到本地
    sockaddr_in socaddSource;
    socaddSource.sin_family=AF_INET;
    socaddSource.sin_port=htons(TCPPORT);
    socaddSource.sin_addr.s_addr=htonl(INADDR_ANY);
    bind(sockListen,(sockaddr*)&socaddSource,sizeof(socaddSource));

    //监听文件发送端的连接请求
    listen(sockListen,5);

    //文件接收套接字
    SOCKET sockRecvFile;
    sockaddr_in socaddTarget;
    int l=sizeof(socaddTarget);

    //创建套接字响应文件发送端的连接请求，接收文件
    sockRecvFile = accept(sockListen,(sockaddr*)&socaddTarget,&l);
    HANDLE file=CreateFile(strSaveFileName,GENERIC_WRITE,FILE_SHARE_READ,
        NULL,CREATE_ALWAYS,FILE_ATTRIBUTE_NORMAL,NULL);
    char buff[10000];
    unsigned long len;
    while ((l=recv(sockRecvFile,buff,10000,0))!=0)
```

```
        {
            WriteFile(file,buff,l,&len,NULL);
        }
        CloseHandle(file);                                //关闭文件
        closesocket(sockRecvFile);                        //关闭文件接收套接字

        CString strTemp;
        strTemp.Format("%s 文件接收完毕!",strSaveFileName);
        AfxMessageBox(strTemp);

        delete strSaveFileName;                           //释放空间

        //关闭监听套接字
        closesocket(sockListen);
        return 0;
    }

    //********************************************
    //定义全局通信层对象，为系统提供通信服务
    CCommunication g_Comm;
    //********************************************
```

CCommunication 类定义了一个 Socket（套接字）类型的私有成员变量 m_Sock。该套接字在 Init 成员方法中被创建为一个数据报套接字，是通信服务的主要套接字，负责接收和发送自定义数据包。

CCommunication 类有若干个成员方法。

Init 成员方法的功能是初始化通信层。该方法首先初始化 WS2_32.DLL 动态库，然后创建一个数据报套接字，并将其绑定到本机的 8307 端口。该方法必须在其他通信层方法之前被调用。该方法执行成功返回 true，否则返回 false。

GetLocalIP 成员方法的功能是获得本机的 IP 地址。

SendPack 成员方法将自定义数据包发送到由包头目标地址域指定的目标机器。

StartRecvPack 成员方法的功能是开始接收网络上的自定义数据包。该方法并没有直接实现此功能，而是调用 API 函数 CreateThread 创建了一个线程，由线程来完成。线程的入口函数是 RecvPackTread 函数。

RecvPackTread 函数在本机的 8307 端口监听、接收数据包，直到调用了 StopRecvPack 函数。该函数接收到数据包后，调用 CBusiness（业务类）的 ProcessPack 函数处理数据包。有关 CBusiness 的介绍参见 3.4.4 节。

StopRecvPack 成员方法用于停止接收网络上的自定义数据包。该方法将全局控制变量 g_IsStopService 设置为 true，使接收数据包的线程函数 RecvPackTread 停止接收数据包。

SendFile 成员方法的功能是发送本地文件到文件接收端。该方法没有直接实现此功能，而是创建了一个入口函数为 SendFileThread 的线程来完成。

SendFileThread 线程函数创建一个流套接字，并连接到文件接收端。若连接成功，则打开要发送的本地文件发送给文件接收端。

RecvFile 成员方法的功能是接收远程文件并将其保存到 strFileName 参数指定的本地文件中。该方法没有直接实现此功能，而是创建一个入口函数为 RecvFileThread 的线程来完成。

RecvFileThread 函数创建一个流套接字 sockListen 来监听文件发送端发来的连接请求。当有连接请求时，就创建一个 sockRecvFile 套接字来与文件发送端建立连接，并接收、保存文件发送端发送来的文件流。

在 CCommunication 的实现文件 Communication.cpp 的末尾处定义了一个全局通信对象 g_Comm，为系统提供通信服务。

通信类 CCommunication 实现了两种通信模式，即基于数据报套接字的无服务器通信模式和基于流套接字的服务器/客户机通信模式。

自定义数据包发送、接收功能的实现采用了基于数据报套接字的无服务器通信模式。

文件传送功能的实现采用了基于流套接字的客户机/服务器通信模式。文件发送端是客户机，发送连接请求给文件接收端；文件接收端是服务器，负责响应文件发送端的连接请求，并创建一个新的套接字来与文件发送端建立连接，文件发送端连接的一端发送文件流，文件接收端连接的一端接收文件流。

3.4.4 实现业务类基本框架

业务类 CBusiness 对应于应用程序层次模型中的中间层——业务层。该类封装了应用程序提供的所有业务功能，具有登录、注销、隐身、上线、发送即时消息、广播消息、传送文件等功能，为应用程序提供了业务处理能力。

选择【Insert|New Class】菜单项，弹出 New Class 对话框。在 New Class 对话框中设置 Class type（类型）为 Generic Class，Name（类名）为 CBusiness。单击 OK 按钮，将自动添加 Business.h 和 Business.cpp 两个文件到工程中。

打开 CBusiness 类的头文件 Business.h，输入如下代码：

```
#include "Protocol.h"                                   //包含协议头文件
class CBusiness
{
public:
    CBusiness();
    virtual ~CBusiness();
public:
    void ProcessPack(PACK pack);                        //处理接收的网络数据包
};
```

打开 CBusiness 类的实现文件 Business.cpp，输入如下代码：

```
#include "Communication.h"                              //包含通信类头文件
extern CCommunication g_Comm;
CBusiness::CBusiness()
{}

CBusiness::~CBusiness()
{}

void CBusiness::ProcessPack(PACK pack)
{
```

```
    switch(pack.pHead.pType)
    {
    default:
        break;
    }
}
```

业务类 CBusiness 声明了一个公有成员方法 ProcessPack。ProcessPack 成员方法的功能是分析和处理网络数据包。通信层中的接收包线程函数 RecvPackTread 在接收到网络数据包后，将其递交给业务层的 ProcessPack 方法进行分析和处理。ProcessPack 方法的方法体由一个分支语句组成。该分支语句根据数据包类型的不同进行不同的处理。以上代码仅实现了数据包处理的基本框架，还没有对具体的数据包进行处理，不同类型的数据包的处理将在后面的用例实现部分逐步完善。

3.4.5　实现登录用例

如图 3-10 所示，系统在启动时，第一个显示的对话框是登录对话框。登录对话框是表示层的一部分，负责收集用户昵称等登录信息。系统将这些登录信息提交给业务类 CBusiness 的登录方法 Login 来完成登录业务。Login 方法将登录信息组织成登录（TLOGIN）数据包，并通过通信层发送给网络上的每一个节点。网络上的其他程序实例接收到登录数据包后分析出登录信息，在其在线成员列表中显示登录者昵称，并将自己的昵称回复给登录者。

1. 创建登录对话框

（1）创建登录对话框类。

选择【Insert|New Form】菜单项，弹出 New Form 对话框。在此对话框中设置登录对话框的 Name（类名）为 CLoginDlg，Base class（基类）为 CDialog，ID 为 IDD_LOGINDLG_DIALOG。单击 OK 按钮，系统将添加一个对话框类 CLoginDlg 和对话框资源到工程中。修改该对话框的 Caption 属性为“局域网即时通信工具___登录”，并按照图 3-10 所示为该对话框添加控件，各控件属性如表 3-11 所示。

表 3-11　登录对话框控件属性

控件类型	ID	属性	说明
Static Text	IDC_STATIC	Caption=昵称	昵称标签
Edit Box	IDC_LOGIN_EDNICKNAME		昵称文本框
Check Box	IDC_LOGIN_CKHIDE	Caption=隐身	隐身选择框
Button	IDC_LOGIN_BTLOGIN	Caption=登录	“登录”按钮
Button	IDC_LOGIN_BTCANCEL	Caption=取消	“取消”按钮

（2）实现“登录”按钮和“取消”按钮的单击事件处理函数。

打开登录对话框类 CLoginDlg 的头文件 Login.h，为 CLoginDlg 类定义两个公有成员变量：m_strNickName 和 m_IsHide，分别表示登录昵称和是否隐身登录，代码如下：

```
public:
    CString m_strNickName;
    BOOL m_IsHide;
```

为“取消”按钮添加单击事件处理函数 OnBtcancel，其实现代码如下：

```
void CLoginDlg::OnBtcancel()
{
    OnCancel();
}
```

为“登录”按钮添加单击事件处理函数 OnBtlogin，其实现代码如下：

```
void CLoginDlg::OnBtlogin()
{
    //取得昵称
    GetDlgItem(IDC_EDNICKNAME)->GetWindowText(m_strNickName);
    if(m_strNickName.GetLength() < 1)
        return;
    //取得是否隐身登录
    CButton* btHide =(CButton*)GetDlgItem(IDC_CKHIDE);
    m_IsHide = btHide->GetCheck();
    OnOK();
}
```

2. 实现登录业务

（1）声明与登录业务相关的方法。

在业务类 CBusiness 的头文件 Business.h 中声明与登录业务相关的四个方法，代码如下：

```
public:
    void Login(char* strNickName,BOOL IsHide);      //登录者发送登录请求
private:
    void DoLogin(PACK pack);                        //接收者处理登录者的登录请求
    void AckLogin(char* strNickName,char* strAddr); //接收者回复登录请求
    void DoAckLogin(PACK pack);                     //登录者处理接收者的回复登录请求
```

（2）实现与登录业务相关的方法。

在业务类 CBusiness 的实现文件 Business.cpp 中添加登录业务相关方法的实现，代码如下：

```
void CBusiness::Login(char* strNickName,BOOL IsHide)
{
    ////////////////////////////////////////////////////////////////////////////////
    //发送登录请求
    //描述：用户登录，广播登录数据包
    //参数：
    //strNickName：登录昵称
    //btHide 是否隐身
    //登录请求包包体格式：[是否隐身(1 字节)][昵称]
    ////////////////////////////////////////////////////////////////////////////////
    PACK pack;                                                      //定义数据包
    pack.pHead.pType = TLOGIN;                                      //设置数据包类型
    pack.pHead.pLength = PHEADLEN + strlen(strNickName)+1;          //设置数据包包长
    pack.pHead.pAddr.sin_family=AF_INET;
    pack.pHead.pAddr.sin_port=htons(UDPPORT);                       //设置端口号
    pack.pHead.pAddr.sin_addr.s_addr=inet_addr(g_BroadcastAddr);    //设置目标地址
    IsHide?pack.pBody[0]='Y':pack.pBody[0]='N';                     //设置是否隐身
```

```
    strcpy(&pack.pBody[1],strNickName);                         //设置昵称
    g_Comm.SendPack(pack);                                      //发送数据包
}

void CBusiness::DoLogin(PACK pack)
{
    //////////////////////////////////////////////////////////////////////////
    //处理登录请求
    //处理逻辑：
    //1．如果是自己发送来的登录请求，则不予以处理
    //2．如果登录者不是隐身登录，则在主对话框的在线成员列表中添加登录者昵称
    //3．如果自己不是隐身状态，则回复登录请求给对方，以便对方在在线列表中显
    //    示自己；否则不需要回复对方
    //////////////////////////////////////////////////////////////////////////

    //获得应用程序主对话框
    CLANMessageDlg* dlgMain = (CLANMessageDlg*)(AfxGetApp()->m_pMainWnd);
    ASSERT(dlgMain);

    //1.如果是自己发送来的登录请求，则不予以处理
    if(dlgMain->m_strIP.Compare(inet_ntoa(pack.pHead.pAddr.sin_addr))==0)
        return;

    //2.如果对方不是隐身登录，则在在线成员列表中显示
    if(pack.pBody[0] == 'N')
    {
        CListCtrl * ltOnLine = (CListCtrl *)dlgMain->GetDlgItem(IDC_LTONLINE);
        char* strIP=inet_ntoa(pack.pHead.pAddr.sin_addr);
        char strTemp[16];
        for(int i=0; i<ltOnLine->GetItemCount();++i)     //判断是否已经添加了登录者昵称
        {
            ltOnLine->GetItemText(i,1,strTemp,16);
            if(strcmp(strTemp,strIP) == 0)
            {
                ltOnLine->GetItemText(i,0,strTemp,16);
                ltOnLine->DeleteItem(i);
                break;
            }
        }
        if(i== ltOnLine->GetItemCount())
        {//没有添加登录者昵称，在在线成员列表中显示登录者昵称
            ltOnLine->InsertItem(0,pack.pBody+1,0);
            ltOnLine->SetItemText(0,1,inet_ntoa(pack.pHead.pAddr.sin_addr));
        }
    }
```

```
        //3.如果自己不是隐身状态，则回复登录请求
        if(! dlgMain->m_IsHide)
        {
            AckLogin(dlgMain->m_strNickName.GetBuffer(0),inet_ntoa(pack.pHead.pAddr.sin_addr));
        }
    }

    void CBusiness::AckLogin(char* strNickName,char* strAddr)
    {
        ////////////////////////////////////////////////////////////////////////////
        //回复登录请求
        //描述：回复登录请求给登录请求发送者
        //参数：
        //strNickName：回复人昵称
        //strAddr：对方 IP 地址
        //回复登录请求包体格式：[昵称]
        ////////////////////////////////////////////////////////////////////////////
        PACK pack;
        pack.pHead.pType = TACKLOGIN;
        pack.pHead.pLength = PHEADLEN + strlen(strNickName);
        pack.pHead.pAddr.sin_family=AF_INET;
        pack.pHead.pAddr.sin_port=htons(UDPPORT);
        pack.pHead.pAddr.sin_addr.s_addr=inet_addr(strAddr);
        strcpy(pack.pBody,strNickName);
        g_Comm.SendPack(pack);
    }

    void CBusiness::DoAckLogin(PACK pack)
    {
        ////////////////////////////////////////////////////////////////////////////
        //处理回复登录请求
        //处理逻辑：
        //1.在在线列表中添加回复者
        ////////////////////////////////////////////////////////////////////////////
        CLANMessageDlg* dlgMain = (CLANMessageDlg*)(AfxGetApp()->m_pMainWnd);
        CListCtrl * ltOnLine = (CListCtrl *)dlgMain->GetDlgItem(IDC_LTONLINE);
        int iIndex = ltOnLine->InsertItem(ltOnLine->GetItemCount(),pack.pBody,0);
        ltOnLine->SetItemText(iIndex,1,inet_ntoa(pack.pHead.pAddr.sin_addr));
    }
```

Login 成员方法的访问类型是公有的，供表示层调用以提供登录服务。参数 strNickName 表示登录者的昵称，IsHide 表示是否隐身登录。该方法将昵称和登录状态等信息组织成一个登录数据包，并调用全局通信对象 g_Comm 的 SendPack 方法将此数据包发送至登录者所在网络的每一个节点。

登录数据包包头的类型域为 TLOGIN，目标地址域为 g_BroadcastAddr（在 Protocol.h 文件中定义的一个宏，表示广播地址，在编写本书时的计算机网络环境广播地址为 10.255.255.255，

读者需根据实际网络环境修改该广播地址）；包体第一字节为是否隐身登录，Y 表示隐身登录，N 表示非隐身登录。

当网络上的其他程序实例的通信层接收到登录数据包后，便将其交给业务层的 ProcessPack 方法进行分析处理。ProcessPack 方法分析数据包的类型，若为 TLOGIN 型，则调用 DoLogin 方法处理登录者的登录请求。

DoLogin 成员方法分析登录数据包，取出登录者昵称和是否隐身等信息。若登录者是非隐身登录，则在接收者的主对话框的在线列表中显示登录者的昵称。若接收者是非隐身登录，则需调用 AckLogin 成员方法回复登录者。

AckLogin 成员方法创建一个 TACKLOGIN 类型的回复登录数据包，包体为回复者的登录昵称，并调用全局通信对象 g_Comm 的 SendPack 方法将此数据包发送给登录者。

登录者的通信层接收到回复登录数据包后，将其交给业务类的 ProcessPack 方法进行分析处理。ProcessPack 方法分析数据包类型，若为 TACKLOGIN 型，则调用 DoAckLogin 方法进行处理。

DoAckLogin 成员方法分析出回复登录数据包中的回复人昵称，并将其添加到在线成员列表中。

图 3-14 所示为登录业务相关方法的调用顺序。

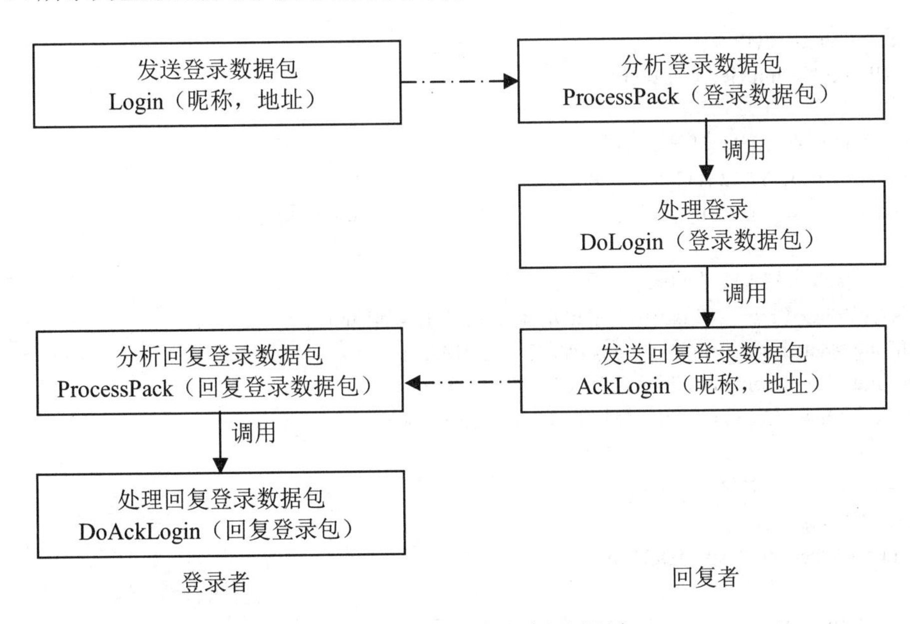

图 3-14　登录业务相关方法调用顺序

3. 访问登录业务

在应用程序主对话框类 CLANMessageDlg 的头文件 LANMessageDlg.h 中定义三个公有成员变量：m_strIP、m_strNickName 和 m_IsHide，分别保存本机 IP、用户的登录昵称和是否隐身信息。还定义一个 CImageList 保护成员变量 m_pIcons，用来加载应用程序使用的图标。代码如下：

```
protected:
    CImageList m_pIcons;                    //图标列表
```

```
public:
    CString m_strIP;                        //本机 IP
    CString m_strNickName;                  //登录昵称
    BOOL m_IsHide;                          //是否隐身
```

在应用程序主对话框类 CLANMessageDlg 的实现文件 LANMessageDlg.cpp 的顶部添加如下包含指令：

```
#include "Communication.h"                  //包含通信类
#include "Business.h"                       //包含业务类
#include "LoginDlg.h"                       //包含登录对话框类
```

修改应用程序主对话框类 CLANMessageDlg 的 OnInitDialog 函数，在

```
return TRUE;
```

语句前添加如下代码：

```
//初始化通信层，开始接收网络数据包，并取得本机 IP 地址
extern CCommunication g_Comm;
if(! g_Comm.Init())
{
    AfxMessageBox("初始化通信层失败");
    OnCancel();
}
g_Comm.StartRecvPack();
m_strIP = g_Comm.GetLocalIP();

//创建图标列表，并添加图标资源
m_pIcons.Create(32,32,ILC_COLOR32,2,2);
m_pIcons.Add(AfxGetApp()->LoadIcon(IDI_HM1));   //添加人像图标

//设置在线成员列表控件的图标及列头
CListCtrl* ltOnLine = (CListCtrl*) GetDlgItem(IDC_LTONLINE);
ltOnLine->SetImageList(&m_pIcons,LVSIL_NORMAL);
ltOnLine->InsertColumn(0,"昵称", LVCFMT_LEFT,100);
ltOnLine->InsertColumn(1,"IP 地址",LVCFMT_LEFT,60);

//创建登录对话框对象
CLoginDlg dlgLogin;
if(dlgLogin.DoModal() == IDCANCEL)
{                                                   //单击取消登录按钮，退出应用程序
    OnCancel();
}
else
{                                                   //登录
    m_strNickName= dlgLogin.m_strNickName;          //获取昵称
    m_IsHide= dlgLogin.m_IsHide;                    //获取是否隐身
    CBusiness buss;
    buss.Login(m_strNickName.GetBuffer(0),m_IsHide);   //访问登录业务
}
```

以上代码首先调用全局通信对象 g_Comm 的 Init 方法初始化通信层。若初始化失败，则

终止应用程序执行；若初始化成功，则调用其 StartRecvPack 方法开始接收网络数据包，并调用其 GetLocalIP 方法获得本机的 IP 地址。

然后设置用于显示在线成员列表的列表视图控件的属性。

最后构造一个登录对话框对象，并调用其 DoModal 方法显示登录对话框以收集用户登录信息。若用户在登录对话框单击“取消”按钮，则终止应用程序的执行；若单击“登录”按钮，则构造一个业务类对象，并调用其 Login 方法完成登录业务。

现在编译、运行应用程序，系统首先弹出登录对话框，用户输入昵称后单击“登录”按钮，出现应用程序主对话框，并在其在线成员列表中列出了当前所有在线的用户。

3.4.6　实现注销用例

当应用程序退出时，需要访问注销业务，以便通知网络上的其他程序实例，使其在在线成员列表中删除注销者的登录昵称，并关闭与注销者的聊天对话框。

1．实现注销业务

（1）声明与注销业务相关的方法。

在业务类 CBusiness 的头文件 Business.h 中声明与注销业务相关的两个方法，代码如下：

```
public:
    void Logout();                          //注销者发送注销请求
private:
    void DoLogout(PACK pack);               //接收者处理注销者的注销请求
```

（2）实现与注销业务相关的方法。

在业务类 CBusiness 的实现文件 Business.cpp 中添加注销业务相关方法的实现，代码如下：

```
void CBusiness::Logout()
{
    ////////////////////////////////////////////////////////////////////////
    //发送注销请求
    //描述：广播注销请求
    //注销数据包格式：空
    ////////////////////////////////////////////////////////////////////////
    PACK pack;
    pack.pHead.pType = TLOGOUT;
    pack.pHead.pLength = PHEADLEN;
    pack.pHead.pAddr.sin_family=AF_INET;
    pack.pHead.pAddr.sin_port=htons(UDPPORT);
    pack.pHead.pAddr.sin_addr.s_addr=inet_addr(g_BroadcastAddr);
    g_Comm.SendPack(pack);
}

void CBusiness::DoLogout(PACK pack)
{
    ////////////////////////////////////////////////////////////////////////
    //处理注销请求
    //处理逻辑：
    //1.在在线成员列表中删除注销者
```

```
    //2.若打开了与对方的聊天对话框，则关闭此对话框
    ////////////////////////////////////////////////////////////////////////////
    //1.在在线成员列表中删除注销者
    CLANMessageDlg* dlgMain = (CLANMessageDlg*)(AfxGetApp()->m_pMainWnd);
    CListCtrl * ltOnLine = (CListCtrl *)dlgMain->GetDlgItem(IDC_LTONLINE);
    char* strLogoutIP=inet_ntoa(pack.pHead.pAddr.sin_addr);
    char strTemp[16];
    for(int i=0; i<ltOnLine->GetItemCount();++i)
    {
        ltOnLine->GetItemText(i,1,strTemp,16);
        if(strcmp(strTemp,strLogoutIP) == 0)
        {
            ltOnLine->GetItemText(i,0,strTemp,16);
            ltOnLine->DeleteItem(i);
            break;
        }
    }
    //2.若打开了与对方的聊天对话框，则关闭此对话框
    CString strTitle;
    strTitle.Format("%s@%s",strTemp,strLogoutIP);
    CWnd* wnd = dlgMain->FindWindow(NULL,strTitle.GetBuffer(0));    //查找聊天对话框
    if(wnd)
    {
        wnd->SendMessage(WM_CLOSE);            //关闭此对话框
    }
}
```

（3）分析处理注销数据包。

修改 ProcessPack 方法，在 switch 语句中添加处理 TLOGOUT 数据包的代码：

```
case TLOGOUT:
    {
        DoLogout(pack);
        break;
    }
```

2. 访问注销业务

当应用程序主对话框关闭时，将发送 WM_DESTORY 消息，在此消息的处理函数中访问注销业务。为主对话框类添加 WM_DESTORY 消息处理函数 OnDestroy，其实现代码如下：

```
void CLANMessageDlg::OnDestroy()
{
    CDialog::OnDestroy();
    CBusiness buss;
    buss.Logout();                                //访问注销业务
}
```

3.4.7 实现隐身/上线用例

用户在应用程序主对话框上单击“隐身”按钮，网络上的其他程序实例将在其在线成员

列表中隐藏隐身者的昵称，而隐身者的“隐身”按钮改变成“上线”按钮。用户单击“上线”按钮，网络上的其他程序实例又将在其在线成员列表中显示上线者的昵称，而上线者的“上线”按钮又改变成“隐身”按钮。

综上所述，隐身/上线业务与登录/注销业务相同。所以，隐身/上线业务的实现是通过直接访问登录/注销业务来实现的。

为主对话框类的“隐身”按钮 IDC_MAIN_BTHIDE 添加单击事件处理函数 OnMainBthide，其实现代码如下：

```
void CLANMessageDlg::OnMainBthide()
{
    CString strCaption;
    GetDlgItem(IDC_MAIN_BTHIDE)->GetWindowText(strCaption);
    if(strCaption.Compare("隐身") == 0)
    {
        strCaption = "上线";
        GetDlgItem(IDC_MAIN_BTHIDE)->SetWindowText(strCaption);
        CBusiness buss;
        buss.Logout();
        m_IsHide = TRUE;
    }
    else
    {
        strCaption = "隐身";
        GetDlgItem(IDC_MAIN_BTHIDE)->SetWindowText(strCaption);
        CBusiness buss;
        buss.Login(m_strNickName.GetBuffer(0),FALSE);
        m_IsHide = FALSE;
    }
}
```

3.4.8　实现发送即时消息用例

如图 3-10 所示，即时消息发送者在其在线成员列表中双击消息接收者的昵称，将弹出与消息接收者聊天的对话框，对话框的标题形如：昵称@IP 地址。发送者在对话框中输入欲发送的即时消息，单击“发送”按钮。系统将即时消息提交给业务层的 SendMessage 方法。SendMessage 方法将即时消息组织成 TMESSAGE（即时消息）数据包，并通过通信层发送给消息接收者。消息接收者接收到即时消息数据包后分析出即时消息，并打开与消息发送者聊天的对话框，在其中显示接收到的即时消息。

1．创建聊天对话框

（1）创建聊天对话框类。

选择【Insert|New Form】菜单项，弹出 New Form 对话框。在此对话框中设置登录对话框的 Name（类名）为 CChatDlg，Base class（基类）为 CDialog，ID 为 IDD_CHATDLG_DIALOG。单击 OK 按钮，系统将添加一个对话框类 CChatDlg 和对话框资源到工程中。按照图 3-10 所示

为该对话框添加控件，各控件属性如表 3-12 所示。

表 3-12　聊天对话框控件属性

控件类型	ID	其他	说明
Static Text	IDC_STATIC	Caption=昵称	昵称标签
Static Text	IDC_STATIC	Caption=IP	IP 标签
Edit Box	IDC_CHAT_EDNICKNAME	Read-only=true	昵称文本框
Edit Box	IDC_CHAT_EDIP	Read-only=true	IP 地址文本框
Edit Box	IDC_CHAT_EDMESSAGE	Multiline=true Want return=true Auto HScroll=true Auto VScroll=true	即时消息文本框
Button	IDC_CHAT_BTSENDFILE	Caption=发送文件	“发送文件”按钮
Button	IDC_CHAT_BTSEND	Caption=发送 Default button=true	“发送”消息按钮
Button	IDC_CHAT_BTCLOSE	Caption=关闭	“关闭”按钮
Edit Box	IDC_CHAT_EDMSGLOG	Multiline=true Want return=true Auto HScroll=true Auto VScroll=true Vertical scroll=true	聊天历史记录文本框

为聊天对话框类的 IDC_CHAT_EDNICKNAME（昵称文本框）、IDC_CHAT_EDIP（IP 地址文本框）、IDC_CHAT_EDMESSAGE（即时消息文本框）和 IDC_CHAT_EDMSGLOG（聊天历史记录文本框）添加对应的控件成员变量，分别为 m_strNickName、m_strIP、m_strMsg、m_strMsgLog。

（2）为聊天对话框添加构造函数。

在聊天对话框类的头文件 ChatDlg.h 中添加构造函数的声明，代码如下：

```
public:
    CChatDlg(CWnd* pParent,CString strIP,CString strNickName);
```

在聊天对话框类的实现文件 ChatDlg.cpp 中添加构造函数的实现，代码如下：

```
CChatDlg::CChatDlg(CWnd* pParent,CString strIP,CString strNickName):
CDialog(CChatDlg::IDD, pParent)
{
    m_strIP = strIP;                              //消息接收者的 IP 地址
    m_strNickName = strNickName;                  //消息接收者的昵称
    CBusiness buss;                               //加载与消息接收者的聊天记录
    m_strMsgLog = buss.ReadMsgLog(strIP);
}
```

该构造函数将输入参数 strIP 和 strNickName（即时消息接收者的 IP 地址和昵称）赋值给 IP 地址文本框和昵称文本框对应的控件成员变量，以便在对话框上显示消息接收者的 IP 地址和昵称，并调用业务层的 ReadMsgLog 方法读取与消息接收者的聊天历史记录，并赋值给聊天历史记录文本框对应的控件成员变量。业务层的 ReadMsgLog 方法将在后面介绍。

（3）添加“发送”按钮单击事件处理函数。

为“发送”按钮 IDC_CHAT_BTSEND 添加单击事件处理函数 OnChatBtsend，其实现代码如下：

```
void CChatDlg::OnChatBtsend()
{
    UpdateData(TRUE);
    //发送即时消息给消息接收者
    CBusiness buss;
    buss.SendMessage(m_strMsg.GetBuffer(0),m_strIP.GetBuffer(0));
    //格式化消息：昵称@IP:发送时间\n 消息\n
    CTime t = CTime::GetCurrentTime();
    CString strTemp;
    CLANMessageDlg* dlgMain = (CLANMessageDlg*)(AfxGetApp()->m_pMainWnd);
    CString strMyNickName = dlgMain->m_strNickName;
    CString strMyIP = dlgMain->m_strIP;
    strTemp.Format("%s@%s:%s\r\n%s\r\n",strMyNickName.GetBuffer(0),
        strMyIP.GetBuffer(0),t.Format("%Y-%m-%d-%H-%S"),m_strMsg.GetBuffer(0));
    //清空发送文本框
    m_strMsg="";
    //在聊天记录文本框中显示
    m_strMsgLog = strTemp+m_strMsgLog;
    this->UpdateData(FALSE);
    //写聊天记录文件
    buss.WriteMsgLog(m_strIP,strTemp);
}
```

（4）实现按 Ctrl+Enter 组合键快速发送即时消息。

为对话框类添加消息处理函数 PreTranslateMessage，其实现代码如下：

```
BOOL CChatDlg::PreTranslateMessage(MSG* pMsg)
{
    if(pMsg->message == WM_KEYDOWN)
    {
        if(pMsg ->wParam == VK_RETURN && ::GetKeyState(VK_LCONTROL)<0)
        {   //同时按下 Ctrl+Enter 键，调用“发送”按钮单击事件处理函数发送即时消息
            OnChatBtsend();
            return TRUE;
        }
    }
    return CDialog::PreTranslateMessage(pMsg);
}
```

2. 实现即时消息发送业务

（1）声明即时消息发送业务相关的方法。

在业务类 CBusiness 的头文件 Business.h 中声明与即时消息发送业务相关的两个方法，代码如下：

```
public:
    void SendMessage(char* strMsg,char* strAddr);              //发送即时消息
    void WriteMsgLog(CString strFileName,CString strMsg);      //将即时消息写入文件中
    CString ReadMsgLog(CString strFileName);                   //从文件中读取聊天记录
private:
    void DoMessage(PACK pack);                                 //处理即时消息
```

（2）实现即时消息发送业务相关的方法。

在业务类 CBusiness 的实现文件 Business.cpp 中添加即时消息发送业务相关方法的实现，代码如下：

```
void CBusiness::SendMessage(char* strMsg,char* strAddr)
{
    PACK pack;
    pack.pHead.pType = TMESSAGE;
    pack.pHead.pLength = PHEADLEN + strlen(strMsg);
    pack.pHead.pAddr.sin_family=AF_INET;
    pack.pHead.pAddr.sin_port=htons(UDPPORT);
    pack.pHead.pAddr.sin_addr.s_addr=inet_addr(strAddr);
    strcpy(pack.pBody,strMsg);
    g_Comm.SendPack(pack);
}

void CBusiness::DoMessage(PACK pack)
{
    //将即时消息数据包转交给主对话框处理
    CLANMessageDlg* dlgMain = (CLANMessageDlg*)(AfxGetApp()->m_pMainWnd);
    dlgMain->SendMessage(WM_DOMESSAGE,(WPARAM)&pack);
}

void CBusiness::WriteMsgLog(CString strFileName,CString strMsg)
{
    FILE * file;
    file = fopen(strFileName.GetBuffer(0),"a+");
    if(file)
    {
        fputs(strMsg.GetBuffer(0),file);
        fclose(file);
    }
}
```

```
CString CBusiness::ReadMsgLog(CString strFileName)
{
    CString strMsgLog;
    FILE * file;
    file = fopen(strFileName.GetBuffer(0),"r");
    if(file)
    {
        char strTemp[1024];
        while(!feof(file))
        {
            if(fgets(strTemp,1024,file) == NULL)
                break;
            strMsgLog += strTemp;
        }
        fclose(file);
    }
    return strMsgLog;
}
```

（3）分析处理即时消息数据包。

修改 ProcessPack 方法，在 switch 语句中添加处理 TMESSAGE 数据包的代码：

```
case TMESSAGE:
    {
        DoMessage(pack);
        break;
    }
```

3. 访问即时消息发送业务

（1）双击在线成员显示聊天对话框。

当用户在应用程序主对话框的在线成员列表中双击某个在线成员时，将弹出与其聊天的对话框。该对话框中显示了与其聊天的历史记录。

```
void CLANMessageDlg::OnDblclkLtonline(NMHDR* pNMHDR, LRESULT* pResult)
{
    //得到当前选择项
    NM_LISTVIEW* pNMListView = (NM_LISTVIEW*)pNMHDR;
    int selItem=pNMListView->iItem;
    if(selItem == -1)
        return;
    //取得对方的昵称和 IP
    CListCtrl * ltOnLine = (CListCtrl *)GetDlgItem(IDC_LTONLINE);
    CString strNickName = ltOnLine->GetItemText(selItem,0);
    CString strIP = ltOnLine->GetItemText(selItem,1);
    //创建并显示聊天对话框
    CChatDlg* dlgChat = new CChatDlg(this,strIP,strNickName);
```

```
    dlgChat->Create(CChatDlg::IDD,this);
    dlgChat->SetWindowText(strNickName+"@"+strIP);
    dlgChat->ShowWindow(SW_SHOW);
    *pResult = 0;
}
```

（2）处理自定义消息 WM_DOMESSAGE。

业务层的 DoMessage 方法并没有处理接收到的即时消息数据包，而是将数据包通过 WM_DOMESSAGE 消息发送给应用程序主对话框。WM_DOMESSAGE 是在 Protocol.h 文件中定义的一个用户自定义消息宏，其定义代码如下：

```
#define WM_DOMESSAGE WM_USER+103            //处理即时消息数据包
```

应用程序主对话框需要添加该消息的消息处理函数，以处理接收到的即时消息数据包。

在应用程序主对话框类的头文件中声明 WM_DOMESSAGE 消息处理函数 OnMessage，代码如下：

```
public:
    afx_msg void OnMessage(WPARAM wpMsg);    //即时消息处理函数
```

在应用程序主对话框类的实现文件的消息映射部分添加 WM_DOMESSAGE 消息的映射代码：

```
BEGIN_MESSAGE_MAP(CLANMessageDlg, CDialog)
    //{{AFX_MSG_MAP(CLANMessageDlg)
    …
    //}}AFX_MSG_MAP
    ON_MESSAGE(WM_DOMESSAGE,OnMessage)    //映射即时消息
END_MESSAGE_MAP()
```

在应用程序主对话框类的实现文件中添加 WM_DOMESSAGE 消息处理函数 OnMessage 的实现代码：

```
void CLANMessageDlg::OnMessage(WPARAM wpMsg)
{
    ////////////////////////////////////////////////////////////////////////////
    //处理即时消息发送请求
    //处理逻辑：
    //1.取得消息发送者的 IP 和昵称
    //2.格式化即时消息，消息格式为：
    //[昵称]@[IP]:[日期]
    //[消息]
    //3.打开与对方的聊天对话框（对话框的标题为：[昵称]@[IP]），显示聊天记录
    //4.保存聊天记录到磁盘文件，文件名为对方的 IP
    ////////////////////////////////////////////////////////////////////////////

    //1.取得消息发送者的 IP 和昵称
    PACK* pPack = (PACK*)wpMsg;
    CString strIP = inet_ntoa(pPack->pHead.pAddr.sin_addr);
    CString strNickName;
```

```
    CListCtrl* ltOnLine = (CListCtrl*)GetDlgItem(IDC_LTONLINE);
    char strTemp[256];
    for(int i=0; i<ltOnLine->GetItemCount();++i)
    {
        ltOnLine->GetItemText(i,1,strTemp,256);
        if(strIP.Compare(strTemp) == 0)
        {
            ltOnLine->GetItemText(i,0,strNickName.GetBuffer(0),255);
        }
        memset(strTemp,0,256);
    }

    //2.格式化取得的消息
    CTime t = CTime::GetCurrentTime();
    CString strMsg;
    strMsg.Format("%s@%s:%s\r\n%s\r\n",strNickName.GetBuffer(0),strIP.GetBuffer(0),
                t.Format("%Y-%m-%d-%H-%M"),pPack->pBody);

    //3.打开与对方的聊天对话框，显示聊天记录
    CString strTitle;
    strTitle.Format("%s@%s",strNickName.GetBuffer(0),strIP.GetBuffer(0));
    CWnd* wnd = FindWindow(NULL,strTitle.GetBuffer(0));    //查找聊天对话框
    CChatDlg* dlgChat;
    if(wnd)
    {   //如果当前打开了与对方聊天的对话框，则将该对话框显示在屏幕最上方
        dlgChat=(CChatDlg*)wnd;
        dlgChat->BringWindowToTop();
    }
    else
    {   //否则，创建一个新的聊天对话框
        dlgChat = new CChatDlg(this,strIP,strNickName);
        dlgChat->Create(CChatDlg::IDD,this);
        dlgChat->SetWindowText(strTitle);
        dlgChat->ShowWindow(SW_SHOW);
    }
    dlgChat->m_strMsgLog = strMsg + dlgChat->m_strMsgLog;
    dlgChat->m_strMsg="";
    dlgChat->UpdateData(FALSE);

    //4.保存聊天记录到磁盘文件，文件名为对方的 IP
    CBusiness buss;
    buss.WriteMsgLog(strIP,strMsg);
}
```

4. 即时消息发送业务涉及的函数调用关系

即时消息发送业务涉及的函数调用关系如图 3-15 所示。

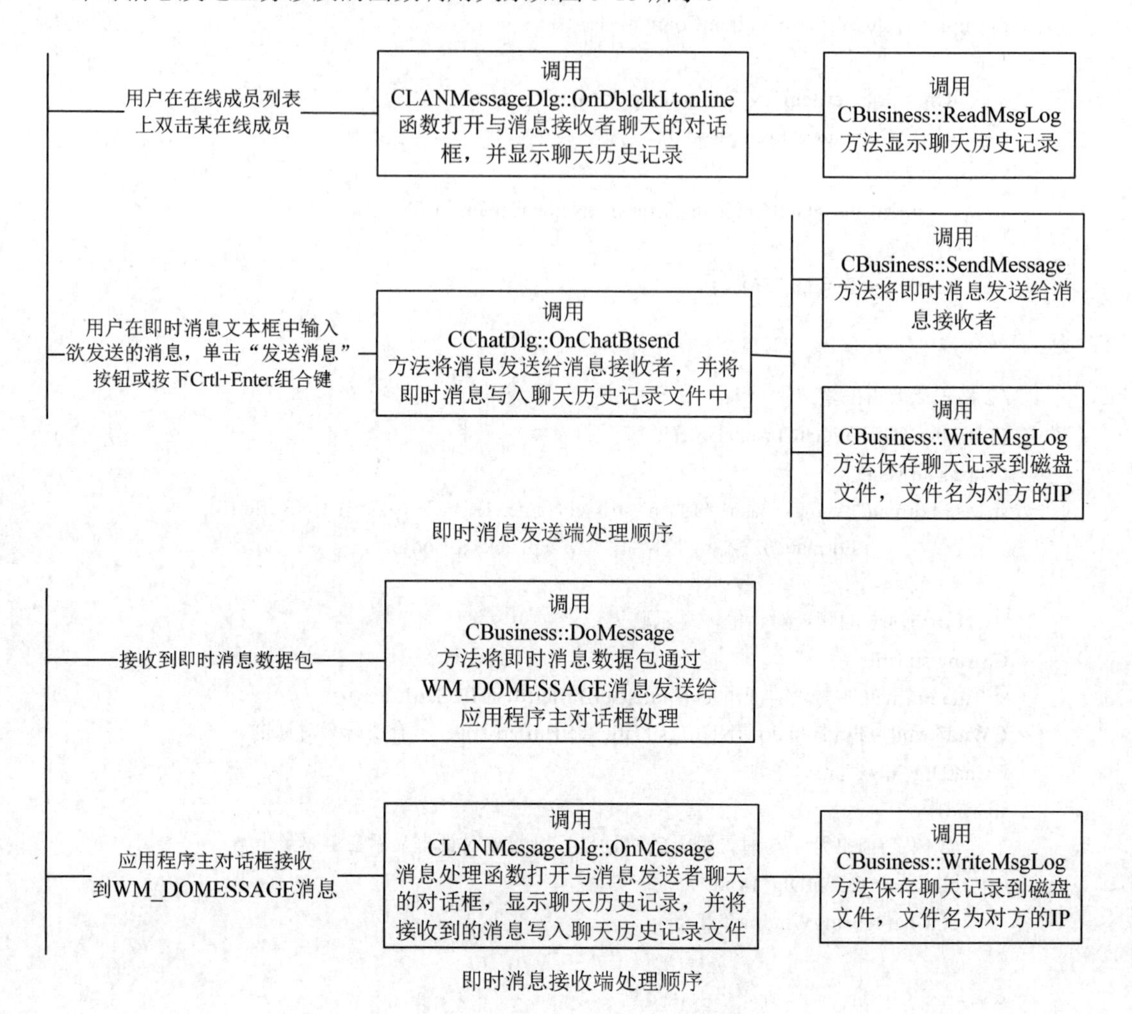

图 3-15 即时消息发送业务涉及的函数调用关系

3.4.9 实现广播消息用例

当用户单击主对话框上的“广播”按钮时，将弹出广播消息对话框。用户在消息文本框中输入需要广播的消息内容，然后单击“发送”按钮。系统将消息提交给业务类的 BroadcastMsg 方法处理。BroadcastMsg 方法将消息组成 TBROADCASTMSG（广播消息数据包），并通过通信层将数据包发送到网络上的每一个节点。网络上的其他程序实例接收到广播消息数据包后交由业务类的 DoBroadcastMsg 方法处理。DoBroadcastMsg 方法分析出消息，并以消息框的形式显示通知用户。

1. 创建广播消息对话框

（1）创建广播消息对话框类。

选择【Insert|New Form】菜单项，弹出 New Form 对话框。在此对话框中设置登录对话框

的 Name（类名）为 CBroadcastDlg，Base class（基类）为 CDialog，ID 为 IDD_BROADCASTDLG_DIALOG。单击 OK 按钮，系统将添加一个对话框类 CChatDlg 和对话框资源到工程中。修改对话框的 Caption 属性为“局域网即时通信工具___广播消息”，并按照表 3-13 所示为该对话框添加控件，各控件属性如表 3-13 所示。

表 3-13　广播消息对话框控件属性

控件类型	ID	其他	说明
Static Text	IDC_STATIC	Caption=消息	消息标签
Edit Box	IDC_BROADCAST_EDMSG	Multiline=true Want return=true Auto HScroll=true Auto VScroll=true Vertical scroll=true	消息文本框
Button	IDC_BROADCAST_BTSEND	Caption=发送 Default button=true	“发送”消息按钮
Button	IDC_BROADCAST_BTCLOSE	Caption=关闭	“关闭”按钮

（2）添加“发送”按钮单击事件处理函数。

单击“发送”按钮，将调用业务类的 BroadcastMsg 方法广播消息，因此需要在广播消息对话框类的实现文件 BroadcastDlg.cpp 的顶部添加如下包含指令：

```
#include "Business.h"
```

为广播消息对话框的“发送”按钮添加单击事件处理函数 OnBroadcastBtsend，其实现代码如下：

```
void CBroadcastDlg::OnBroadcastBtsend()
{
    CBusiness buss;
    CString strMsg;
    GetDlgItem(IDC_BROADCAST_EDMSG)->GetWindowText(strMsg);
    buss.BroadcastMsg(strMsg.GetBuffer(0));
}
```

（3）添加“关闭”按钮单击事件处理函数。

为广播消息对话框的“关闭”按钮添加单击事件处理函数 OnBroadcastBtclose，其实现代码如下：

```
void CBroadcastDlg::OnBroadcastBtclose()
{
    DestroyWindow();
}
```

2. 实现广播消息业务

（1）声明广播消息业务相关的方法。

在业务类的头文件中声明广播消息业务相关的方法，其代码如下：

```
public:
    void BroadcastMsg(char* strMsg);                //广播消息
```

```
private:
    void DoBroadcastMsg(PACK pack);                    //处理广播消息
```

（2）实现广播消息业务相关的方法。

在业务类的实现文件中添加广播消息业务相关方法的实现，代码如下：

```
void CBusiness::BroadcastMsg(char* strMsg)
{
    PACK pack;
    pack.pHead.pType = TBROADCASTMSG;
    pack.pHead.pLength = PHEADLEN + strlen(strMsg);
    pack.pHead.pAddr.sin_family=AF_INET;
    pack.pHead.pAddr.sin_port=htons(UDPPORT);
    pack.pHead.pAddr.sin_addr.s_addr=inet_addr(g_BroadcastAddr);
    strcpy(pack.pBody,strMsg);
    g_Comm.SendPack(pack);
}

void CBusiness::DoBroadcastMsg(PACK pack)
{
    char* strSenderIP=inet_ntoa(pack.pHead.pAddr.sin_addr);
    CString strPrompt;
    strPrompt.Format("%s 发来消息：%s",strSenderIP,pack.pBody);
    AfxMessageBox(strPrompt);
}
```

（3）分析处理广播消息数据包。

修改 ProcessPack 方法，在 switch 语句中添加处理 TBROADCASTMSG 数据包的代码：

```
case TBROADCASTMSG:
    {
        DoBroadcastMsg(pack);
        break;
    }
```

3. 为应用程序主对话框类添加单击“广播”按钮事件处理函数

为应用程序主对话框类的“广播”按钮添加单击事件处理函数 OnMainBroadcast，其实现代码如下：

```
void CLANMessageDlg::OnMainBroadcast()
{
    CBroadcastDlg* dlgBroadcast = new CBroadcastDlg(this);
    dlgBroadcast->Create(CBroadcastDlg::IDD,this);
    dlgBroadcast->ShowWindow(SW_SHOW);
}
```

3.4.10 实现设置开机自动运行用例

设置应用程序开机自动运行，只需在操作系统注册表的 HKEY_LOCAL_MACHINESOFTWARE\Microsoft\Windows\CurrentVersion\Run 下添加一个字符串的值，数值数据设置为应用程序的存放路径即可。

当用户单击主对话框上的“设置”按钮时，将弹出“设置”对话框，对话框类调用业务层的 IsSetAutoRun 方法检查注册表，判断应用程序已设置为开机自动运行。若已设置为开机自动运行，则设置对话框上的“开机自动运行”选择框的状态为选中状态，否则设置为未选中状态。用户选中或取消“开机自动运行”选择框，然后单击“确定”按钮，系统调用业务层的 SetAutoRun 方法设置或取消开机自动运行。

1. 实现设置开机自动运行业务

（1）声明设置开机自动运行业务相关的方法。

在业务类的头文件中声明与设置开机自动运行业务相关的方法，代码如下：

```
public:
    bool IsSetAutoRun();                          //是否设置了开机自动运行
    void SetAutoRun(bool IsAutoRun);              //设置/取消程序开机自动运行
```

IsSetAutoRun 方法查询操作系统注册表，返回是否已设置开机自动运行。

SetAutoRun 方法根据参数 IsAutoRun 设置或取消开机自动运行。若 IsAutoRun 为 true，则设置开机自动运行，否则取消开机自动运行。

（2）实现设置开机自动运行业务相关的方法。

因为设置开机自动运行业务相关的方法涉及操作系统注册表的操作，所以需要在业务类的实现文件顶部添加如下包含指令：

```
#include <atlbase.h>
```

在业务类的头文件中添加与设置开机自动运行业务相关方法的实现代码：

```
bool CBusiness::IsSetAutoRun()
{
    bool IsSetAutoRun=false;
    CRegKey regKey;
    if(ERROR_SUCCESS==regKey.Open(HKEY_LOCAL_MACHINE,"SOFTWARE\\Microsoft\\
        Windows\\CurrentVersion\\Run\\"))
    {
        char strValue[1024]={0};
        unsigned long len;
        if(ERROR_SUCCESS==regKey.QueryValue(strValue,"LanMessage.exe",&len))
            IsSetAutoRun=true;
    }
    regKey.Close();
    return IsSetAutoRun;
}

void CBusiness::SetAutoRun(bool IsAutoRun)
{
    CRegKey regKey;
    if(ERROR_SUCCESS==regKey.Open(HKEY_LOCAL_MACHINE,"SOFTWARE\\Microsoft\\
        Windows\\CurrentVersion\\Run\\"))
    {
        if(IsAutoRun)
        {//设置开机自动运行
```

```
                char strExeName[1024]={0};
                ::GetModuleFileName(NULL,strExeName,1024);
                regKey.SetValue(strExeName,"LanMessage.exe");
            }
            else//取消开机自动运行
                regKey.DeleteValue("LanMessage.exe");
            regKey.Close();
        }
    }
```

2. 创建“设置”对话框

（1）创建“设置”对话框类。

选择【Insert|New Form】菜单项，弹出 New Form 对话框。在此对话框中设置“设置”对话框的 Name（类名）为 CSetDlg，Base class（基类）为 CDialog，ID 为 IDD_SETDLG_DIALOG。单击 OK 按钮，系统将添加一个对话框类 CSetDlg 和对话框资源到工程中。修改对话框的 Caption 属性为“局域网即时通信工具___系统设置”，并按照表 3-14 所示为该对话框添加控件，各控件属性如表 3-14 所示。

表 3-14 设置对话框控件属性

控件类型	ID	其他	说明
Group box	IDC_STATIC	Caption=系统设置	框架
Check Box	IDC_SET_CKAUTORUN	Caption=开机自动运行	“开机自动运行”选择框
Button	IDC_SET_BTOK	Caption=确定 Default button=true	“确定”按钮
Button	IDC_SET_BTCANCEL	Caption=取消	“取消”按钮

（2）修改设置对话框类的 OnInitDialog 函数。

修改 OnInitDialog 函数，在其中调用业务类的 IsSetAutoRun 方法判断是否已设置开机自动运行，若已设置为开机自动运行，则“设置”对话框上的“开机自动运行”选择框的状态为选中状态，否则为未选中状态。OnInitDialog 函数代码如下：

```
BOOL CSetDlg::OnInitDialog()
{
    CDialog::OnInitDialog();
    CButton* button = (CButton*)GetDlgItem(IDC_SET_CKAUTORUN);
    CBusiness buss;
    button->SetCheck(buss.IsSetAutoRun());
    return TRUE;
}
```

（3）添加“确定”按钮单击事件处理函数。

为设置对话框类添加“确定”按钮单击事件处理函数 OnSetBtok，其实现代码如下：

```
void CSetDlg::OnSetBtok()
{
    CButton* button = (CButton*)GetDlgItem(IDC_SET_CKAUTORUN);
```

```
    CBusiness buss;
    buss.SetAutoRun(button->GetCheck());
    OnOK();
}
```

（4）添加“取消”按钮单击事件处理函数。

为设置对话框类添加“取消”按钮单击事件处理函数 OnSetBtcancel，其实现代码如下：

```
void CSetDlg::OnSetBtcancel()
{
    OnCancel();
}
```

3. 为应用程序主对话框类的“设置”按钮添加单击事件处理函数

为应用程序主对话框类的“设置”按钮添加单击事件处理函数 OnMainSet，其实现代码如下：

```
void CLANMessageDlg::OnMainSet()
{
    CSetDlg dlgSet;
    dlgSet.DoModal();
}
```

3.4.11　实现传送文件用例

传送文件的处理过程为：文件发送者在在线成员列表中双击文件接收者昵称，弹出与文件接收者聊天的对话框，该对话框上有一个“发送文件”按钮。单击“发送文件”按钮，弹出“选择文件”对话框询问用户需要发送的文件，用户在该对话框中选择需要发送的文件后，系统调用业务层的 SendFile 方法将文件名等信息组织成 TSENDFILE 数据包，并通过通信层发送给文件接收者。

文件接收者接收到 TSENDFILE 数据包后，调用业务层的 DoSendFile 方法处理。DoSendFile 方法分析出文件名，并弹出对话框询问接收者是否同意接收文件。

若文件接收者选择同意接收文件，则首先弹出保存文件对话框以确定文件的保存位置，然后调用通信层的 RecvFile 方法开始接收文件，并调用业务层的 AckSendFile 方法回复文件发送者，使其准备发送文件。若文件接收者选择拒绝接收文件，则直接调用 AckSendFile 方法通知文件发送者对方拒绝接收文件。

AckSendFile 方法组织、发送 TACKSENDFILE 数据包给文件发送者。TACKSENDFILE 数据包包体第一个字节表示接收者是否同意接收文件，若同意接收则为 Y，否则为 N。从第二字节开始为待发送的文件名和路径。

文件发送者接收到文件接收者的 TACKSENDFILE 回复数据包后，判断包体的第一个字节是否为 Y。若为 Y，表示对方同意接收文件，则调用通信层的 SendFile 方法发送文件；否则弹出对话框告知文件接收者拒绝接收文件。

1. 实现传送文件业务

（1）声明传送文件业务相关的方法。

在业务类的头文件中声明传送文件业务相关的方法，代码如下：

```
public:
    void SendFile(char* strFileName,char* strAddr);    //发送传送文件数据包
```

```
private:
    void DoSendFile(PACK pack);                    //处理传送文件数据包
    void AckSendFile(char* strFileName,BOOL IsAccept,
        char* strAddr);                             //回复是否同意接收文件
    void DoAckSendFile(PACK pack);                 //处理回复数据包
};
```

（2）实现传送文件业务相关的方法。

在业务类的实现文件中添加传送文件业务相关方法的实现代码：

```
void CBusiness::SendFile(char* strFileName,char* strAddr)
{
    ////////////////////////////////////////////////////////////////////////
    //传送文件请求
    //描述：发送传送文件请求给文件接收者
    //参数：
    //strFileName：文件名
    //strAddr：目标地址
    //传送文件请求数据包包体格式：[文件名]
    ////////////////////////////////////////////////////////////////////////
    PACK pack;
    pack.pHead.pType = TSENDFILE;
    pack.pHead.pLength = PHEADLEN + strlen(strFileName);
    pack.pHead.pAddr.sin_family=AF_INET;
    pack.pHead.pAddr.sin_port=htons(UDPPORT);
    pack.pHead.pAddr.sin_addr.s_addr=inet_addr(strAddr);
    strcpy(pack.pBody,strFileName);
    g_Comm.SendPack(pack);
}

void CBusiness::DoSendFile(PACK pack)
{
    ////////////////////////////////////////////////////////////////////////
    //处理传送文件请求
    //处理逻辑：
    //1.提示对方请求传送文件，询问是否接收
    //2.若用户选择“是”，并在弹出的保存文件对话框中选择“保存”按钮，则回复同意
    //接收文件，并打开TCP端口准备接收文件
    //3.其他情况则回复拒绝接收文件
    ////////////////////////////////////////////////////////////////////////
    //1.提示对方请求传送文件，询问是否接收
    char* strIP = inet_ntoa(pack.pHead.pAddr.sin_addr);
    CLANMessageDlg* dlgMain = (CLANMessageDlg*)(AfxGetApp()->m_pMainWnd);
    CString strNickName;
    dlgMain->GetNickNameByIP(strIP,strNickName);
    CString strPrompt;
    strPrompt.Format(" %s@%s 传来文件%s,是否接收?",
        strNickName.GetBuffer(0),strIP,pack.pBody);
```

```
    if(AfxMessageBox(strPrompt,MB_YESNO) == IDYES)
    {
        CFileDialog* fDialog = new CFileDialog(false,NULL,pack.pBody,
            OFN_HIDEREADONLY|OFN_OVERWRITEPROMPT,
            "所有文件 (*.*)|*.*|",NULL);
        if(fDialog->DoModal() == IDOK )
        {//2.若用户选择“是”，并在弹出的保存文件对话框中选择“保存”按钮，则回复同意
        //接收文件，并打开 TCP 端口准备接收文件
            CString strFileName = fDialog->GetFileName();
            g_Comm.RecvFile(strFileName.GetBuffer(0));
            AckSendFile(pack.pBody,TRUE,inet_ntoa(pack.pHead.pAddr.sin_addr));
            return;
        }
    }
    //3.其他情况则回复拒绝接收文件
    AckSendFile(pack.pBody,FALSE,inet_ntoa(pack.pHead.pAddr.sin_addr));
}

void CBusiness::AckSendFile(char* strFileName,BOOL IsAccept,char* strAddr)
{
    ///////////////////////////////////////////////////////////////////////
    //回复传送文件请求
    //描述：回复传送文件请求给文件的发送者
    //参数：
    //strFileName：文件名
    //IsAccept：是否同意接收
    //strAddr：文件发送者地址
    //回复传送文件请求数据包包体格式：[是否同意][文件名]
    ///////////////////////////////////////////////////////////////////////
    PACK pack;
    pack.pHead.pType = TACKSENDFILE;
    pack.pHead.pLength = PHEADLEN + strlen(strFileName) + 1;
    pack.pHead.pAddr.sin_family=AF_INET;
    pack.pHead.pAddr.sin_port=htons(UDPPORT);
    pack.pHead.pAddr.sin_addr.s_addr=inet_addr(strAddr);
    IsAccept?pack.pBody[0]='Y':pack.pBody[0]='N';
    strcpy(pack.pBody+1,strFileName);
    g_Comm.SendPack(pack);
}

void CBusiness::DoAckSendFile(PACK pack)
{
    ///////////////////////////////////////////////////////////////////////
    //处理回复传送文件请求
    //处理逻辑：
    //1.若对方拒绝接收文件，则弹出对话框提示用户
```

```
    //2.若对方同意接收文件，则连接文件接收者的 TCP 端口发送文件
    ///////////////////////////////////////////////////////////////////////
    if(pack.pBody[0]=='N')
    {//1.若对方拒绝接收文件，则弹出对话框提示用户
        char* strIP = inet_ntoa(pack.pHead.pAddr.sin_addr);
        CLANMessageDlg*dlgMain=(CLANMessageDlg*)(AfxGetApp()->m_pMainWnd);
        CString strNickName;
        dlgMain->GetNickNameByIP(strIP,strNickName);
        CString strPrompt;
        strPrompt.Format(" %s@%s 拒绝接收 %s 文件!",strip,strNickName.GetBuffer(0),pack.pBody+1);
        AfxMessageBox(strPrompt);
        return;
    }
    else
    {//2.若对方同意接收文件，则连接文件接收者的 TCP 端口发送文件
        g_Comm.SendFile(pack);
    }
}
```

（3）分析处理传送文件业务相关的数据包。

修改业务类的 ProcessPack 方法，在 switch 语句中添加处理 TSENDFILE 和 TACKSENDFILE 数据包的语句，代码如下：

```
case TSENDFILE:
    {
        DoSendFile(pack);
        break;
    }
case TACKSENDFILE:
    {
        DoAckSendFile(pack);
        break;
    }
```

2. 为聊天对话框添加“发送文件”按钮单击事件处理函数

为聊天对话框添加“发送文件”按钮单击事件处理函数 OnChatBtsendfile，其实现代码如下：

```
void CChatDlg::OnChatBtsendfile()
{
    CFileDialog* fDialog = new CFileDialog(true,"*",NULL,OFN_HIDEREADONLY|
        OFN_OVERWRITEPROMPT,"所有文件 (*.*)|*.*|",this);
    if(fDialog->DoModal() == IDCANCEL)
        return;
    CString strFileName = fDialog->GetFileName();
    CBusiness buss;
    buss.SendFile(strFileName.GetBuffer(0),m_strIP.GetBuffer(0));
}
```

第 4 章　高校学籍管理系统

本章所涉及的主题是有关数据库领域的编程。20 世纪 70 年代随着数据库技术、网络技术和科学管理方法的发展，计算机在管理上的应用日益广泛，管理信息系统逐渐成熟起来。管理信息系统最大的特点是高度集中地组织数据和信息，并进行快速处理，统一使用。本章所讲的实例“高校学籍管理系统”对高校学籍管理工作进行了分析，并设计和实现了学籍档案信息管理和日常工作报表的维护等功能。本章涉及的内容主要包括：

- 高校学籍管理系统分析。
- 高校学籍管理系统设计。
- ADO 简介。
- 高校学籍管理系统的实现。

本章知识重点：

- ADO 数据库访问技术。
- MFC 打印及打印预览。
- MFC 多文档视图结构。

4.1　高校学籍管理系统分析

4.1.1　高校学籍管理系统需求概况

高校学籍管理系统是学校教学、教务的十分重要和出色的帮手，它快速、切实的工作方式使教学管理者从繁琐的教务工作中解脱出来，提高了工作效率。学籍管理系统是全面实现教育管理信息化的重要步骤之一，对教育资源进行有效的组织管理，充分提高资源的利用率和实现资源高度共享，为学籍管理的计划、组织、日常管理与决策提供基础信息和科学手段。

高校学籍管理系统是典型的管理信息系统。该系统采用传统的结构化分析方法，将非形式的需求陈述转化为完整的需求定义。结构化分析方法是面向数据流进行需求分析的方法。根据软件内部数据传递、变换的关系，自顶向下逐层分解，描绘出满足功能要求的软件模型。需求分析虽处于软件开发过程的开始阶段，但它对于整个软件开发过程以及软件产品质量和软件开发风险都是至关重要的。

高校学籍管理系统需求分析从系统目标、应用范围概括性地对系统进行了描述，并且详细地归纳了要实现的功能点。对高校现行学生学籍管理工作过程进行调研后，抽象其业务过程，用数据流程图建模其业务过程，并产生需求分析阶段的工作成果物《需求规格说明书》。《需求规格说明书》是产品的规格，是验收的准则，且是后续设计、实现、测试以及维护等活动的指南。

4.1.2　高校学籍管理系统需求

1. 功能需求

- 能够根据输入的用户名和密码验证用户身份并且决定能否使用该系统，能够增加、删除用户并能修改用户的密码。

- 能够对院系、专业、年级、班级信息进行管理，包括增加、删除、修改、查询等功能。
- 能够对学生学籍档案信息进行管理，包括增加、删除、修改、查询学生档案信息，按年级、院系、班级浏览和打印学生花名册报表等。
- 能够对学生进行注册，包括按班级注册和个人注册，按班级浏览和打印学生注册情况报表。
- 能够对学生学籍异动进行管理，包括增加、修改学生学籍异动信息，分院系按专业浏览和打印学生学籍异动情况报表。
- 能够对学生成绩信息进行管理，包括增加、删除、修改学生成绩信息，分班级浏览和打印学生成绩单。
- 能够将学生信息导出为磁盘文件进行备份。

2. 其他需求

- 数据应是准确的，如某学生退学之后，在在籍学生名单中不应有此学生记录。
- 数据应是完整的，如查询某学生信息，则该学生相关信息都应能查到。
- 对软磁盘、打印机和一般性操作的响应时间应在用户能接受的时间范围内。

3. 界面要求

用户界面应采用菜单界面驱动方式，支持鼠标和键盘操作，固定数据支持选择操作。要遵循一致性原则，即从任务、信息的表达、界面控制等方面与用户理解熟悉的模式尽量保持一致；要遵循兼容性原则，在用户期望和界面设计的现实之间要兼容，要基于用户以前的经验；要遵循指导性原则，界面设计应通过任务提示和反馈信息来指导用户，做到“以用户为中心”；要遵循适应性原则，用户应处于控制地位，因此界面应在多方面适应用户。

4. 数据流程图

数据流程图如图 4-1 到图 4-10 所示。

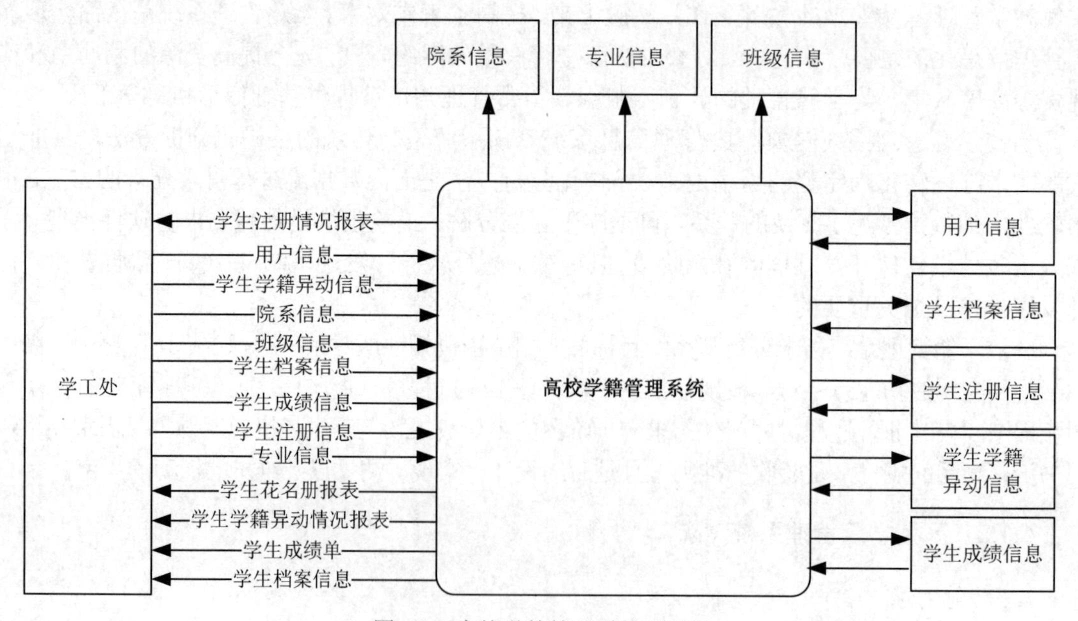

图 4-1 高校学籍管理系统顶层图

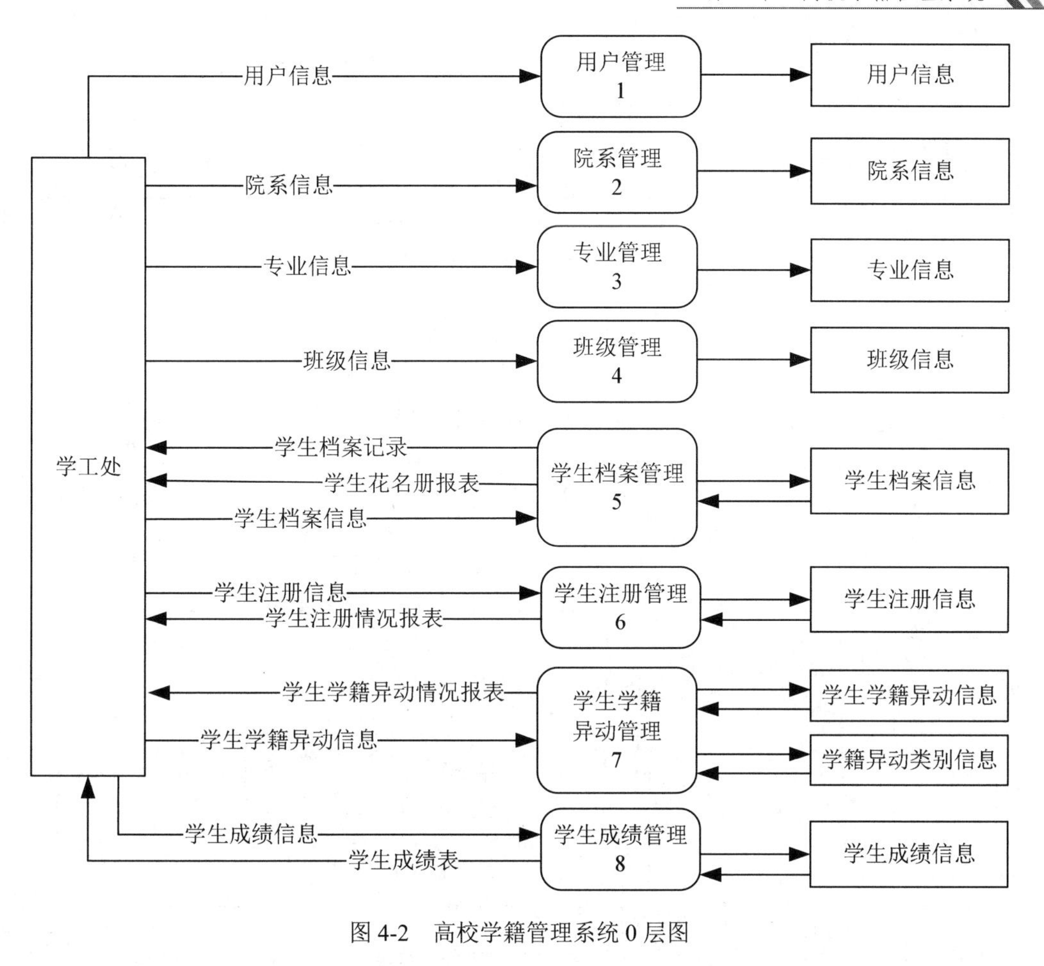

图 4-2　高校学籍管理系统 0 层图

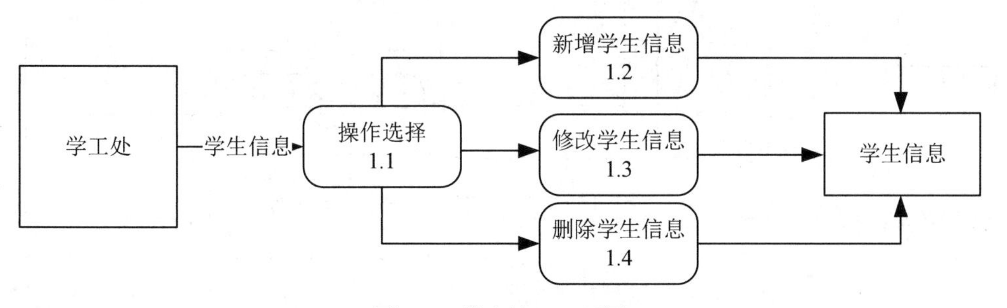

图 4-3　学生管理 1 层图

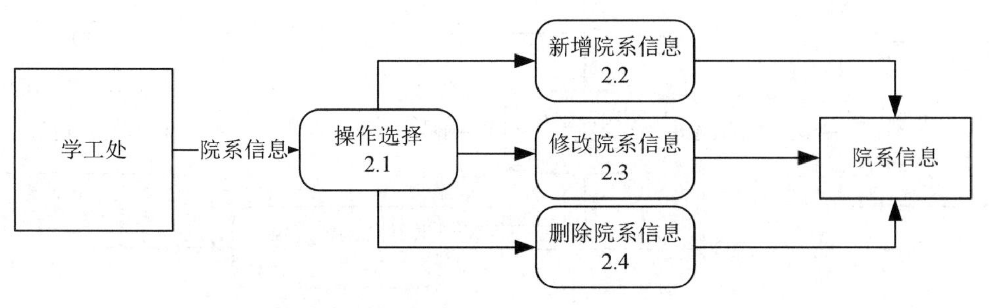

图 4-4　院系管理 1 层图

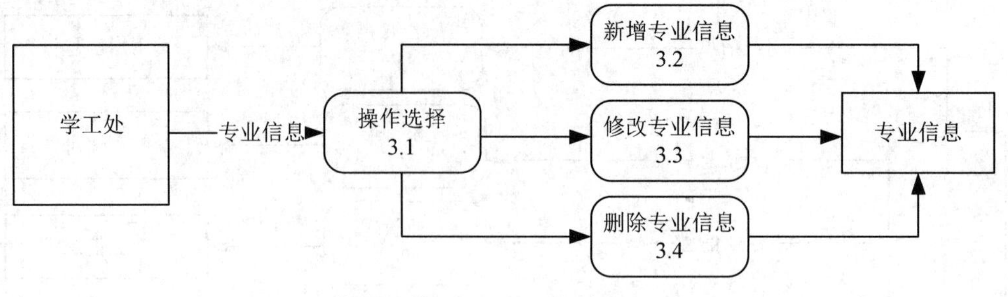

图 4-5 专业管理 1 层图

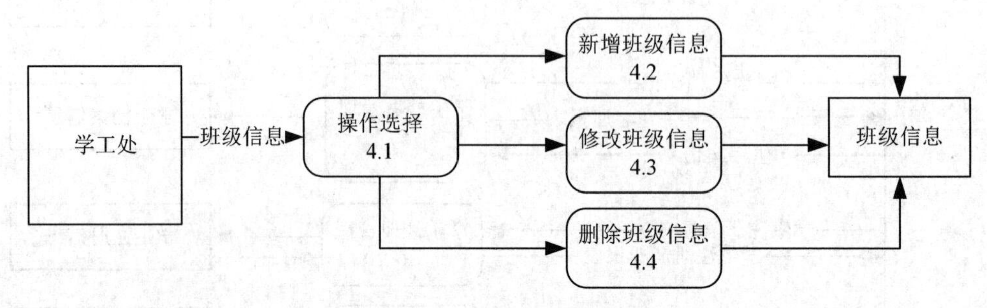

图 4-6 班级管理 1 层图

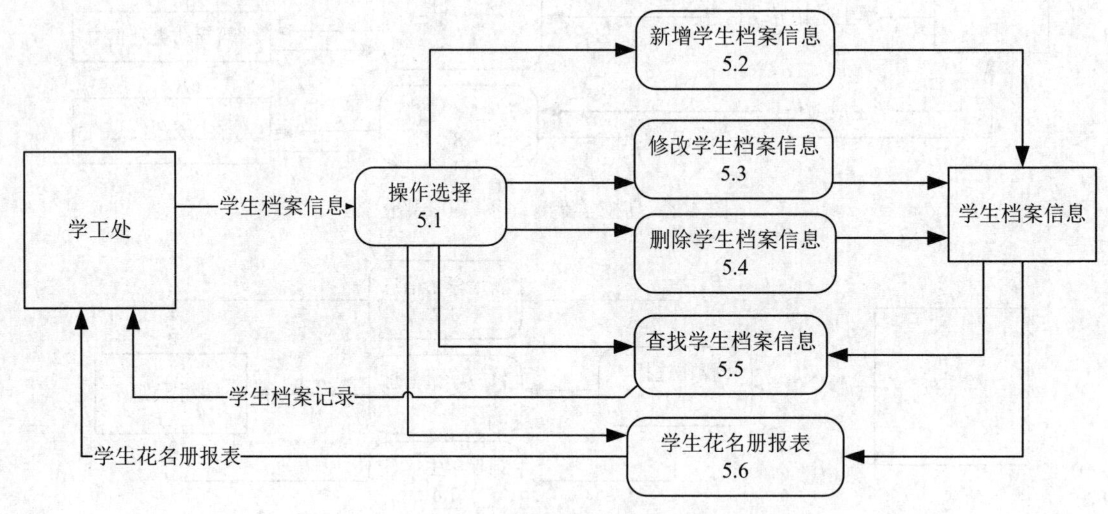

图 4-7 学生档案管理 1 层图

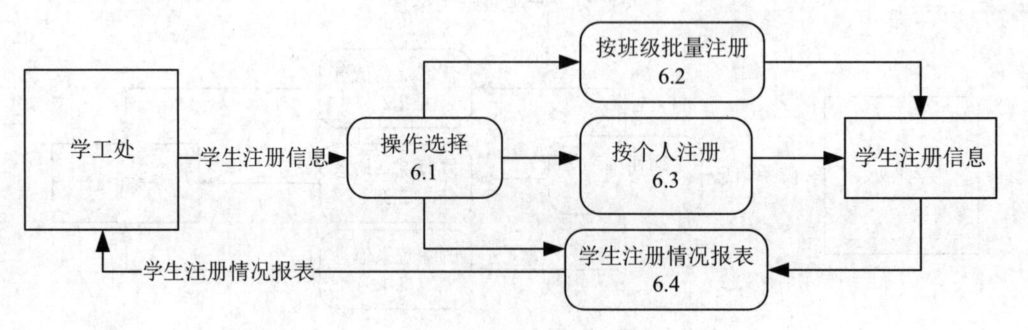

图 4-8 学生注册管理 1 层图

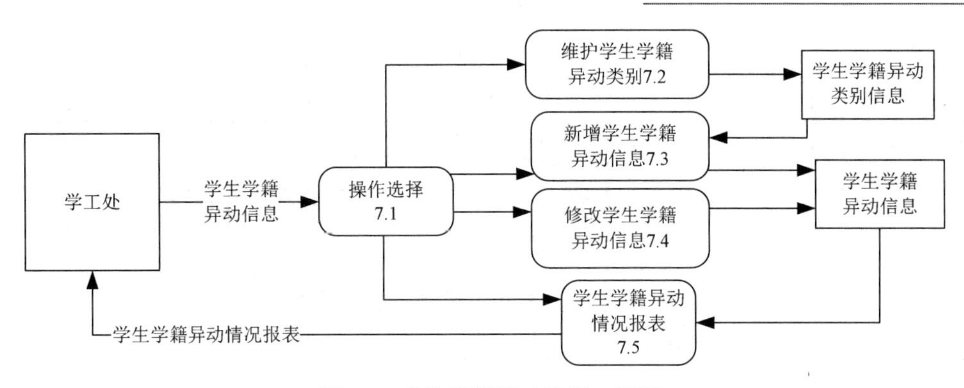

图 4-9　学生学籍异动管理 1 层图

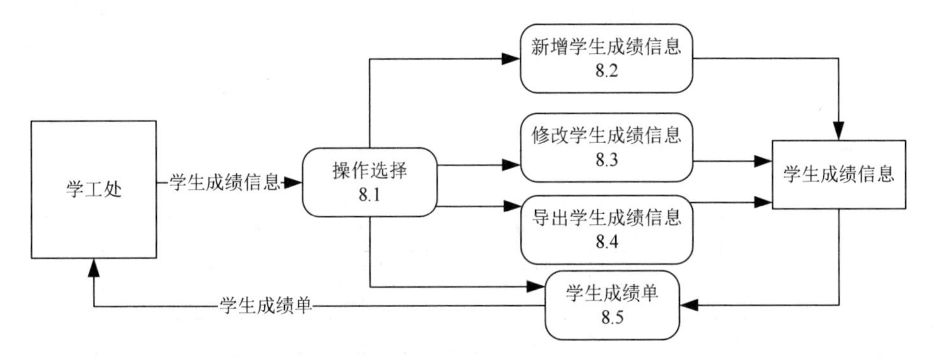

图 4-10　学生成绩管理 1 层图

5. 数据字典

数据字典由数据项、数据结构、数据流、数据存储、处理过程组成。以下介绍常见的两种字典：数据存储字典和数据项字典。

数据存储字典如表 4-1 所示，数据项字典如表 4-2 所示。

表 4-1　数据存储字典

数据流名称	组成	组织方式
用户信息	用户名+密码	以用户名为关键字
院系信息	院系代码+院系名称+描述	以院系代码为关键字，院系名称为空
专业信息	专业代码+专业名称+院系代码+描述	以专业代码为关键字，专业名称不能为空
班级信息	班级代码+班级名称+专业代码+辅导员姓名+描述	以班级代码为关键字，班级名称不能为空
学生档案信息	学号+姓名+性别+出生日期+民族+政治面貌+籍贯+入学日期+家庭住址+身份证号+学制+年级+院系名称+专业名称+班级名称+描述	以学号为关键字，姓名不能为空
学生注册信息	编号+学号+学期+注册状态+描述	以编号为关键字，编号自动增长
学生学籍异动类别信息	异动类别代码+异动类别名称	以异动类别代码为关键字
学生学籍异动信息	编号+学号+学籍异动类别代码+异动原因+异动时间+原专业代码+原班级代码+异动后专业代码+异动后班级代码+异动文号+描述	以编号为关键字，编号自动增长
学生成绩信息	编号+学号+学期+科目+成绩+合格+补考成绩	以编号为关键字，编号自动增长

表 4-2 数据项字典

数据项名称	简述	类型	长度	取值范围
用户名	标识用户的身份	字符串	20	
密码		字符串	8	A～Z，a～z，0～9
院系代码	所有院系的编号	字符串	2	0～9
院系名称		字符串	30	
专业代码	所有专业的编号	字符串	3	0～9
专业名称		字符串	30	
班级代码	所有班级的编号	字符串	6	0～9
班级名称		字符串	30	
辅导员姓名	班级辅导员姓名	字符串	8	
学号	学生代号	字符串	9	0～9
姓名		字符串	8	
性别		字符串	2	1-男，2-女
出生日期		日期	8	
民族		字符串	10	
政治面貌		字符串	20	
籍贯		字符串	8	
入学日期		日期	8	
家庭住址		字符串	50	
身份证号		字符串	18	
学制		字符串	1	1～9
年级		字符串	4	
编号	记录的编号	数字	6	自动增长
学期		字符串	7	
注册状态		字符串	20	
学籍异动类别代码		字符串	2	0～9
异动类别名称		字符串	30	
异动原因		字符串	50	
异动日期		日期		
原专业代码		字符串	3	0～9
原班级代码		字符串	6	0～9
异动后专业代码		字符串	3	0～9
异动后班级代码		字符串	6	0～9
异动文号		字符串	30	
科目		字符串	30	
成绩		数字	3	0～9
合格		字符串	1	1-合格，0-不合格
补考成绩		数字	3	0～9
描述		字符串	50	

4.2 高校学籍管理系统设计

4.2.1 高校学籍管理系统设计概况

高校学籍管理系统设计以需求分析阶段产生的工作成果物《需求规格说明书》为基础，采用结构化的设计方法自顶向下逐层分解，将复杂的系统按功能分解成容易理解和实现的单元模块，并确定每个模块的功能和接口，以及模块之间的调用关系。用软件结构图加以描述，并按照国家标准（GB8567－88）《概要设计说明书》形成设计说明书。

本系统采用 Visual C++ 6.0 开发工具开发，采用 Microsoft SQL Server 2000 作为后台数据库。

4.2.2　软件结构图

高校学籍管理系统软件结构图如图 4-11 所示。

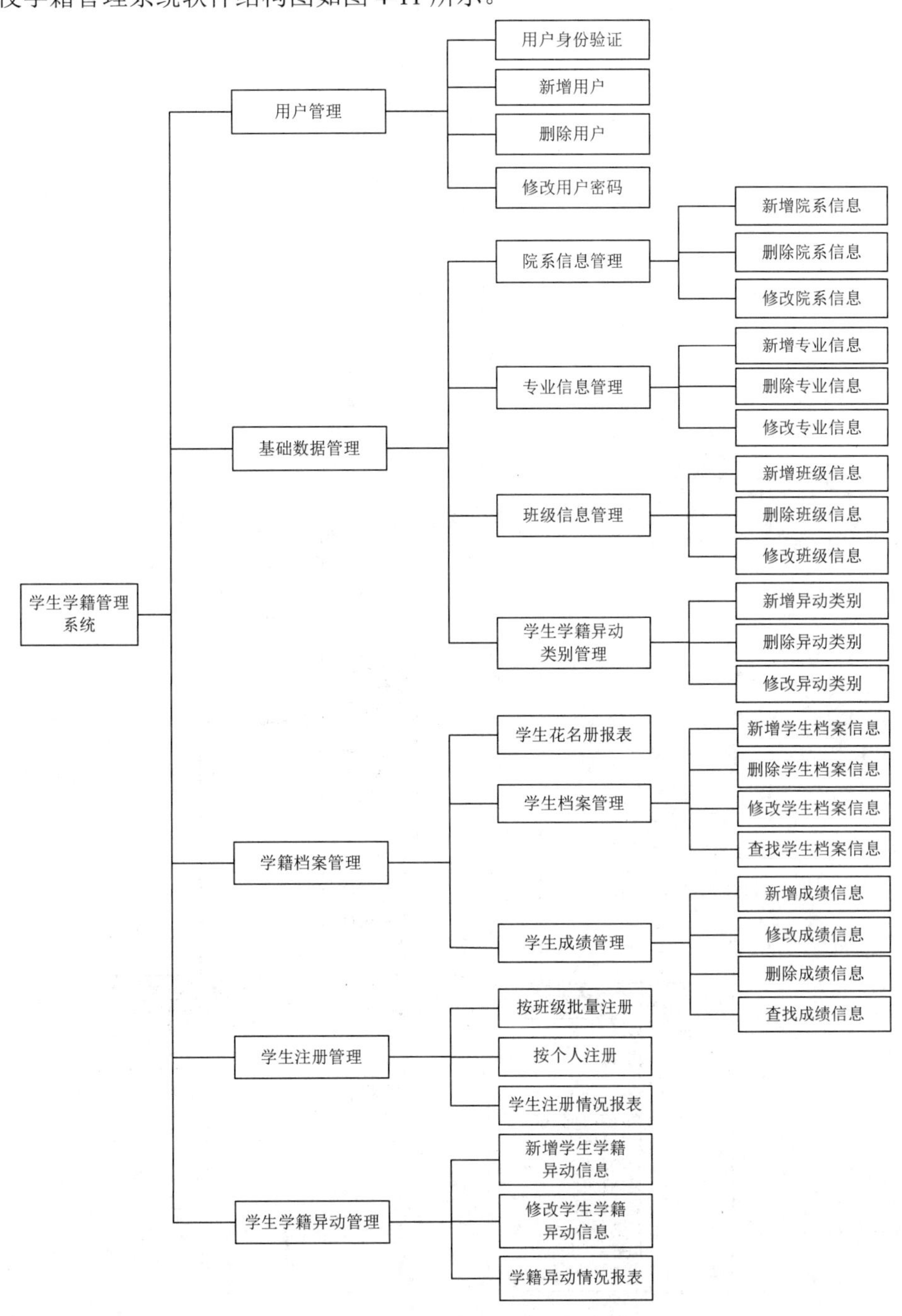

图 4-11　高校学籍管理系统软件结构图

4.2.3 E-R 图

高校学籍管理系统 E-R 图如图 4-12 所示。

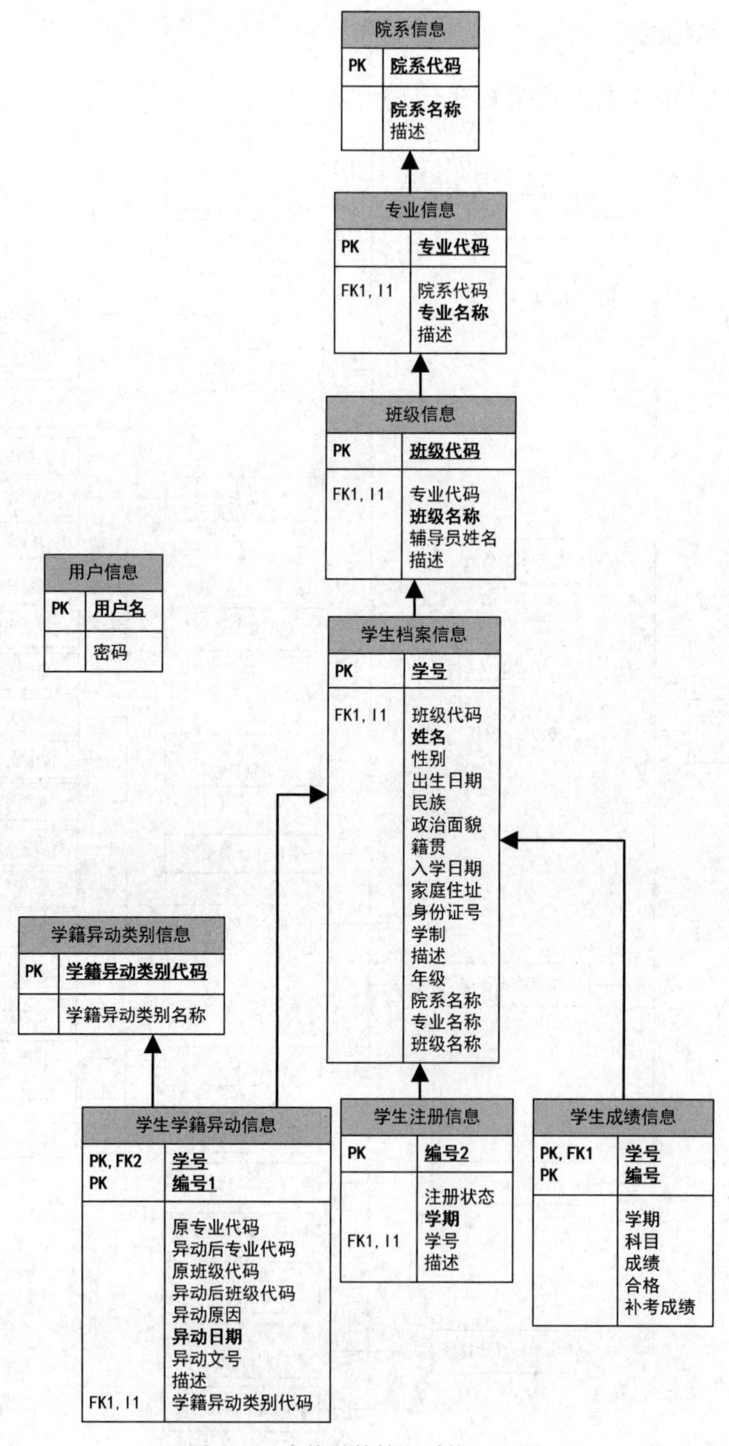

图 4-12 高校学籍管理系统 E-R 图

4.3　ADO 简介

4.3.1　ADO 概况

Microsoft ActiveX Data Objects（ADO）使您能够编写通过 OLE DB 提供者对数据库服务器进行访问和操作的应用程序。其主要优点是易于使用、高速、低内存支出和占用磁盘空间较少。ADO 支持用于建立基于客户端/服务器和 Web 的应用程序的主要功能。

OLE DB 是一组组件对象模型（COM）接口，是新的数据库底层接口。它封装了 ODBC 的功能，并以统一的方式访问存储在不同信息源中的数据。OLE DB 是 Microsoft UDA（Universal Data Access）策略的技术基础。OLE DB 为任何数据源提供了高性能的访问。这些数据源包括关系和非关系数据库、电子邮件和文件系统、文本和图形、自定义业务对象等。也就是说，OLE DB 并不局限于 ISAM、Jet 甚至关系数据源，它能够处理任何类型的数据，而不考虑它们的格式和存储方法。在实际应用中，这种多样性意味着可以访问驻留在 Excel 电子数据表、文本文件、电子邮件/目录服务甚至邮件服务器，诸如 Microsoft Exchange 中的数据。但是，OLE DB 应用程序编程接口的目的是为各种应用程序提供最佳的功能，它并不符合简单化的要求。您需要的 API 应该是一座连接应用程序和 OLE DB 的桥梁，这就是 ActiveX Data Objects（ADO）。

ADO 的目标是访问、编辑和更新数据源，ADO 编程模型体现了为完成该目标所必需的系列动作的顺序。ADO 提供类和对象以完成以下活动：

- 连接到数据源（Connection），并可以选择开始一个事务。
- 可以选择创建对象来表示 SQL 命令（Command）。
- 可以选择在 SQL 命令中指定列、表和值作为变量参数（Parameter）。
- 执行命令（Command、Connection 或 Recordset）。
- 如果命令按行返回，则将行存储在缓存中（Recordset）。
- 可以选择创建缓存视图，以便能对数据进行排序、筛选和定位（Recordset）。
- 通过添加、删除或更改行和列编辑数据（Recordset）。
- 在适当情况下，使用缓存中的更改内容来更新数据源（Recordset）。
- 如果使用了事务，则可以接受或拒绝在完成事务期间所作的更改，结束事务（Connection）。

4.3.2　ADO 对象简介

ADO 由一组对象组成，下面介绍 ADO 库的三个基本对象：Connection、Recordset 和 Command。

1. Connection 对象

代表打开与数据源的连接。使用 Connection 对象的集合、方法和属性可以执行下列操作：

- 在打开连接前使用 ConnectionString、ConnectionTimeout 和 Mode 属性对连接进行配置。

- 设置 CursorLocation 属性以便调用支持批更新的“客户端游标提供者”。
- 使用 DefaultDatabase 属性设置连接的默认数据库。
- 使用 IsolationLevel 属性为在连接上打开的事务设置隔离级别。
- 使用 Provider 属性指定 OLE DB 提供者。
- 使用 Open 方法建立到数据源的物理连接，使用 Close 方法将其断开。
- 使用 Execute 方法执行 SQL 命令，并使用 CommandTimeout 属性对执行进行配置。
- 使用 BeginTrans、CommitTrans 和 RollbackTrans 方法以及 Attributes 属性管理打开的连接上的事务（如果提供者支持则包括嵌套的事务）。
- 使用 Errors 集合检查数据源返回的错误。
- 通过 Version 属性读取使用中的 ADO 执行版本。
- 使用 OpenSchema 方法获取数据库模式信息。

注意：如果不使用 Command 对象执行查询，请向 Connection 对象的 Execute 方法传送 SQL 命令。但是，当需要使命令文本具有持久性并重新执行，或使用查询参数的时候，则必须使用 Command 对象。

2. Recordset 对象

Recordset 对象表示的是来自基本表或命令执行结果的记录全集。任何时候，Recordset 对象所指的当前记录均为集合内的单个记录。

可以使用 Recordset 对象操作来自提供者的数据。使用 ADO 时，通过 Recordset 对象可对几乎所有数据进行操作。所有 Recordset 对象均使用记录（行）和字段（列）进行构造。由于提供者所支持的功能不同，某些 Recordset 方法或属性有可能无效。

在 ADO 中定义了以下四种不同的游标类型：

- 动态游标：用于查看其他用户所做的添加、更改和删除，并用于不依赖书签的 Recordset 中各种类型的移动。如果提供者支持，可使用书签。
- 键集游标：其行为类似动态游标，不同的只是禁止查看其他用户添加的记录，并禁止访问其他用户删除的记录，其他用户所做的数据更改将依然可见。它始终支持书签，因此允许 Recordset 中各种类型的移动。
- 静态游标：提供记录集合的静态副本以查找数据或生成报告。它始终支持书签，因此允许 Recordset 中各种类型的移动。其他用户所做的添加、更改或删除将不可见。这是打开 ADOR Recordset 对象时唯一允许使用的游标类型。
- 仅向前游标：除仅允许在记录中向前滚动之外，其行为类似静态游标。这样，当需要在 Recordset 中单程移动时就可以提高性能。

在打开 Recordset 之前设置 CursorType 属性来选择游标类型，或使用 Open 方法传递 CursorType 参数。部分提供者不支持所有游标类型，请检查提供者的文档。如果没有指定游标类型，ADO 将默认打开仅向前游标。

如果 CursorLocation 属性被设置为 adUseClient 后打开 Recordset，则在返回的 Recordset 对象中，Field 对象的 UnderlyingValue 属性不可用。对部分提供者（例如 Microsoft ODBC Provider for OLE DB 和 Microsoft SQL Server），可以通过使用 Open 方法传递连接字符串，根据以前定义的 Connection 对象独立地创建 Recordset 对象。ADO 仍然创建 Connection 对象，但它不将该对象赋给对象变量。不过，如果正在相同的连接上打开多个 Recordset 对象，就应该显式创建和打开 Connection 对象，由此将 Connection 对象赋给对象变量。如果在打开 Recordset 对象时没有使用该对象变量，即使在传递相同连接字符串的情况下，ADO 也将为每个新的 Recordset 对象创建新的 Connection 对象。

打开 Recordset 对象时，当前记录位于第一个记录（如果有），并且 BOF 和 EOF 属性被设置为 False；如果没有记录，BOF 和 EOF 属性设置为 True。

假设提供者支持相关的功能，可以使用 MoveFirst、MoveLast、MoveNext、MovePrevious 和 Move 方法，以及 AbsolutePosition、AbsolutePage 和 Filter 属性来重新确定当前记录的位置。仅向前 Recordset 对象只支持 MoveNext 方法。当使用 Move 方法访问每个记录（或枚举 Recordset）时，可使用 BOF 和 EOF 属性查看是否移动已经超过了 Recordset 的开始或结尾。

Recordset 对象可支持两类更新：立即更新和批更新。使用立即更新，一旦调用 Update 方法，对数据的所有更改将被立即写入基本数据源。也可以使用 AddNew 和 Update 方法将值的数组作为参数传递，同时更新记录的若干字段。

如果提供者支持批更新，可以使提供者将多个记录的更改存入缓存，然后使用 UpdateBatch 方法在单个调用中将它们传送给数据库。这种情况应用于使用 AddNew、Update 和 Delete 方法所做的更改。调用 UpdateBatch 方法后，可以使用 Status 属性检查任何数据冲突并加以解决。

注意：要执行不使用 Command 对象的查询，应将查询字符串传递给 Recordset 对象的 Open 方法。但是，在想要保持命令文本并重复执行或使用查询参数时，仍然需要 Command 对象。

3. Command 对象

Command 对象定义了将对数据源执行的指定命令。使用 Command 对象查询数据库并返回 Recordset 对象中的记录，以便执行大量操作或处理数据库结构。由于提供者的功能，某些 Command 集合、方法或属性被引用时可能会产生错误。可以使用 Command 对象的集合、方法、属性进行下列操作：

- 使用 CommandText 属性定义命令（例如 SQL 语句）的可执行文本。
- 通过 Parameter 对象和 Parameters 集合定义参数化查询或存储过程参数。
- 可使用 Execute 方法执行命令并在适当的时候返回 Recordset 对象。
- 执行前应使用 CommandType 属性指定命令类型以优化性能。
- 使用 Prepared 属性决定提供者是否在执行前保存准备好（或编译好）的命令版本。
- 使用 CommandTimeout 属性设置提供者等待命令执行的秒数。
- 通过设置 ActiveConnection 属性使打开的连接与 Command 对象关联。
- 设置 Name 属性将 Command 标识为与 Connection 对象关联的方法。
- 将 Command 对象传送给 Recordset 的 Source 属性以便获取数据。

注意：如果不想使用 Command 对象执行查询，请将查询字符串传送给 Connection 对象的 Execute 方法或 Recordset 对象的 Open 方法。但是，当需要使命令文本具有持久性并被重新执行或使用查询参数时，则必须使用 Command 对象。

要独立于先前已定义的 Connection 对象创建 Command 对象，请将它的 ActiveConnection 属性设置为有效的连接字符串。ADO 仍将创建 Connection 对象，但它不会将该对象赋给对象变量。但是，如果正在将多个 Command 对象与同一个连接关联，则必须显式创建并打开 Connection 对象，这样即可将 Connection 对象赋给对象变量。如果没有将 Command 对象的 ActiveConnection 属性设置为该对象变量，则即使使用相同的连接字符串，ADO 也将为每个 Command 对象创建新的 Connection 对象。

要执行 Command 对象，只需通过它所关联的 Connection 对象的 Name 属性将其简单调用即可。必须将 Command 的 ActiveConnection 属性设置为 Connection 对象。如果 Command 对象带有参数，则将这些参数的值作为参数传送给方法。

如果在相同连接上执行两个或多个 Command 对象，并且某个 Command 对象是带输出参数的存储过程，这时会发生错误。要执行一个 Command 对象，请使用独立的连接或将所有其他 Command 对象的连接断开。

4.3.3 初始化 ADO 环境

1. 引入 ADO 库文件

使用 ADO 前必须在工程的 stdafx.h 文件里用直接引入符号#import 引入 ADO 库文件，以使编译器能正确编译，代码如下：

```
#import "c:\\program files\\common files\\system\\ado\\msado15.dll"   no_namespace
    rename("EOF", "adoEOF")
```

这行语句声明在工程中使用 ADO，但不使用 ADO 的名字空间，并且为了避免常数冲突，将常数 EOF 改名为 adoEOF。

2. 初始化 OLE/COM 库环境

必须注意的是，ADO 库是一组 COM 动态库，这意味应用程序在调用 ADO 前必须初始化 OLE/COM 库环境。在 MFC 应用程序里，一个比较好的方法是在应用程序主类的 InitInstance 成员函数里调用 AfxOleInit 函数初始化 OLE/COM 库环境。在 InitInstance 函数里添加如下代码：

```
BOOL CStudentMngApp::InitInstance()
{
    …
    if(!AfxOleInit())
    {
        AfxMessageBox("OLE/COM 初始化出错，退出应用程序!");
        return FALSE;
    }
    …
}
```

4.3.4 打开/关闭数据库连接

1. 打开数据库连接

当 OLE/COM 库环境初始化成功后，需要打开一个数据库连接以便操作数据库，Connection 对象负责维护与数据库的连接。

首先需要声明一个 Connection 对象的智能指针，然后实例化 Connection 对象，再调用 Connection 对象的 Open 方法打开由参数连接字符串指定的数据库的连接，代码如下：

```
_ConnectionPtr dbConn;                          //定义数据库对象
dbConn.CreateInstance(_uuidof(Connection));     //实例化数据库连接对象
dbConn->Open("Provider=SQLOLEDB;Data Source=.;
    Initial Catalog=学籍管理系统","sa","sa_administrator",-1);
```

2. 关闭数据库连接

在使用完数据库之后，需要调用 Connection 对象的 Close 方法关闭数据库连接。在关闭之前最好判断 Connection 对象是否处于打开状态，以防止多次关闭。其代码如下：

```
if(dbConn->State == adStateOpen)                //如果打开了数据库连接就关闭它
    dbConn->Close();
```

4.3.5 执行 SQL 语句

1. insert 语句

Connection 对象的 Execute 方法可以在打开的数据库上执行一条 insert 语句，代码如下：

```
CString strSQL;                                 //组织 SQL 语句
strSQL.Format("Update 院系信息 set 院系名称='计算机学院'");
_variant_t vt;
try
{                                               //调用 ADO 的连接对象执行 SQL 语句
    dbConn->Execute((LPCSTR)strSQL,&vt,adCmdText);
}
catch(_com_error &e)                            //捕获异常
{
    AfxMessageBox(e.Description());
}
```

2. select 语句

使用 Recordset 对象的 Open 方法可以执行 select 语句，并返回查询结果集，代码如下：

```
_RecordsetPtr rdSet;                            //声明记录集对象智能指针
try
{
    rdSet.CreateInstance(_uuidof(Recordset));   //实例化记录集对象
    rdSet->Open("SELECT 院系代码 FROM 院系信息",dbConn.GetInterfacePtr(),adOpenDynamic,
        adLockOptimistic,adCmdText);
}
catch(_com_error &e)                            //捕获异常
{
    AfxMessageBox(e.Description());
    return;
}

//取字段值
_variant_t field;
field = rdSet->GetCollect("院系代码");          //取得院系代码字段的值
AfxMessageBox((char*)_bstr_t(field));

if(rdSet->State==adStateOpen)
```

```
{
    rdSet->Close();                                    //关闭记录集
    rdSet.Detach();                                    //释放 COM 对象
}
```

4.4 高校学籍管理系统实现

4.4.1 实现数据库

若在设计阶段，使用支持正向工程的数据库建模工具，如 PowerDesigner、Rose 等，可以通过其提供的正向工程功能自动生成数据库脚本。以下是用 PowerDesigner9.5 自动生成的高校学籍管理系统数据库创建脚本，其中省略了部分删除数据库中同名表的脚本。

```
/*==============================================================*/
/* Database name:  学籍管理系统物理数据模型                      */
/* DBMS name:      Microsoft SQL Server 2000                    */
/* Created on:     2005-9-24 22:55:20                           */
/*==============================================================*/
create database 学籍管理系统
go

use 学籍管理系统
go

/*==============================================================*/
/* Table: 班级信息                                              */
/*==============================================================*/
create table 班级信息 (
   班级代码             char(6)              not null,
   专业代码             char(3)              null,
   班级名称             varchar(30)          not null,
   辅导员姓名           char(8)              null,
   描述                 varchar(50)          null,
   constraint PK_班级信息 primary key  (班级代码)
)
go

/*==============================================================*/
/* Index: 开设_FK                                               */
/*==============================================================*/
create    index 开设_FK on 班级信息 (
专业代码
)
go

/*==============================================================*/
```

```
/* Table: 学籍异动类别信息                                                   */
/*==============================================================*/
create table 学籍异动类别信息 (
    学籍异动类别代码          char(2)                   not null,
    学籍异动类别名称          varchar(30)               null,
    constraint PK_学籍异动类别信息 primary key (学籍异动类别代码)
)
go

/*==============================================================*/
/* Table: 学生成绩信息                                                       */
/*==============================================================*/
create table 学生成绩信息 (
    编号                      numeric(6)                identity,
    学号                      char(9)                   null,
    学期                      char(7)                   null,
    科目                      varchar(30)               null,
    成绩                      int                       null,
    合格                      char(6)                   null,
    补考成绩                  int                       null,
    constraint PK_学生成绩信息 primary key (编号)
)
go

/*==============================================================*/
/* Index: 学生成绩_FK                                                        */
/*==============================================================*/
create    index 学生成绩_FK on 学生成绩信息 (
学号
)
go

/*==============================================================*/
/* Table: 学生档案信息                                                       */
/*==============================================================*/
create table 学生档案信息 (
    学号                      char(9)                   not null,
    班级代码                  char(6)                   null,
    姓名                      char(8)                   not null,
    性别                      char(2)                   null,
    出生日期                  datetime                  null,
    民族                      char(10)                  null,
    政治面貌                  varchar(20)               null,
    籍贯                      varchar(8)                null,
    入学日期                  datetime                  null,
    家庭住址                  varchar(50)               null,
```

```
    身份证号              char(18)            null,
    学制                  char(1)             null,
    描述                  varchar(50)         null,
    年级                  char(4)             null,
    院系名称              varchar(30)         null,
    专业名称              varchar(30)         null,
    班级名称              varchar(30)         null,
    constraint PK_学生档案信息 primary key (学号)
)
go

/*==============================================================*/
/* Index: 拥有_FK                                               */
/*==============================================================*/
create   index 拥有_FK on 学生档案信息 (
班级代码
)
go

/*==============================================================*/
/* Table: 学生学籍异动信息                                      */
/*==============================================================*/
create table 学生学籍异动信息 (
    原专业代码            char(3)             null,
    异动后专业代码        char(3)             null,
    原班级代码            char(9)             null,
    异动后班级代码        char(9)             null,
    异动原因              varchar(50)         null,
    异动日期              datetime            not null,
    异动文号              varchar(30)         null,
    描述                  varchar(50)         null,
    编号 1                numeric(6)          identity,
    学籍异动类别代码      char(2)             null,
    学号                  char(9)             null,
    constraint PK_学生学籍异动信息 primary key (编号 1)
)
go

/*==============================================================*/
/* Index: 被引用_FK                                             */
/*==============================================================*/
create   index 被引用_FK on 学生学籍异动信息 (
学籍异动类别代码
)
go
```

```
/*==============================================================*/
/* Index: 学籍异动_FK                                            */
/*==============================================================*/
create    index 学籍异动_FK on 学生学籍异动信息 (
学号
)
go

/*==============================================================*/
/* Table: 学生注册信息                                           */
/*==============================================================*/
create table 学生注册信息 (
   注册状态              varchar(20)           null,
   学期                  char(7)               not null,
   编号 2                numeric(6)            identity,
   学号                  char(9)               null,
   描述                  varchar(50)           null,
   constraint PK_学生注册信息 primary key  (编号 2)
)
go

/*==============================================================*/
/* Index: 注册_FK                                                */
/*==============================================================*/
create    index 注册_FK on 学生注册信息 (
学号
)
go

/*==============================================================*/
/* Table: 用户信息                                               */
/*==============================================================*/
create table 用户信息 (
   用户名                char(20)              not null,
   密码                  char(8)               null,
   constraint PK_用户信息 primary key  (用户名)
)
go

/*==============================================================*/
/* Table: 院系信息                                               */
/*==============================================================*/
create table 院系信息 (
   院系代码              char(2)               not null,
   院系名称              varchar(30)           not null,
   描述                  varchar(50)           null,
```

```
    constraint PK_院系信息  primary key  (院系代码)
)
go

/*==============================================================*/
/* Table: 专业信息                                               */
/*==============================================================*/
create table 专业信息 (
    专业代码              char(3)              not null,
    院系代码              char(2)              null,
    专业名称              varchar(30)          not null,
    描述                  varchar(50)          null,
    constraint PK_专业信息  primary key  (专业代码)
)
go

/*==============================================================*/
/* Index: 设立_FK                                                */
/*==============================================================*/
create     index 设立_FK on 专业信息 (
院系代码
)
go

alter table 班级信息
    add constraint FK_班级信息_开设_专业信息 foreign key (专业代码)
        references 专业信息 (专业代码)
go

alter table 学生成绩信息
    add constraint FK_学生成绩信息_学生成绩_学生档案信息 foreign key (学号)
        references 学生档案信息 (学号)
go

alter table 学生档案信息
    add constraint FK_学生档案信息_拥有_班级信息 foreign key (班级代码)
        references 班级信息 (班级代码)
go

alter table 学生学籍异动信息
    add constraint FK_学生学籍异动信息_被引用_学籍异动类别信息 foreign key (学籍异动类别代码)
        references 学籍异动类别信息 (学籍异动类别代码)
go

alter table 学生学籍异动信息
    add constraint FK_学生学籍异动信息_学籍异动_学生档案信息 foreign key (学号)
```

```
        references 学生档案信息 (学号)
go

alter table 学生注册信息
    add constraint FK_学生注册信息_注册_学生档案信息 foreign key (学号)
        references 学生档案信息 (学号)
go

alter table 专业信息
    add constraint FK_专业信息_设立_院系信息 foreign key (院系代码)
        references 院系信息 (院系代码)
go
```

4.4.2 创建高校学籍管理系统工程

启动 Visual C++环境，选择【File|New】菜单项，在弹出的 New 对话框中，选择 MFC AppWizard(exe)，输入 ProjectName（项目名）为 StudentMng。单击“下一步”按钮，选择默认的 MDI 文档视图结构（Multiple documents）。单击“下一步”按钮，选择默认设置，直到 MFC AppWizard step 6 of 6 画面中将默认的视图类名 CStudentMngView 改为 CYXView，修改其头文件为 YXView.h，实现文件为 YXView.cpp，并设置其基类为 CFormView（窗体视图）类。将 CStudentMngDoc 的类名改为 CYXDoc，修改其头文件为 YXDoc.h，实现文件为 YXDoc.cpp。单击 Finish 按钮完成工程创建。

打开 Resource（资源）视图，双击 String Table 文件夹下的 String Table，修改 ID 为 IDR_MAINFRAME 的 Caption 属性为“高校学籍管理系统”。

4.4.3 实现数据库的连接与关闭

高校学籍管理系统设计为单机运行系统。数据库的访问采用持久性访问策略，即在应用程序启动时连接数据库，在程序运行期间保持对数据库的连接，当应用程序退出时关闭数据库的连接。

1. 定义数据库连接对象

在应用程序类的头文件中定义数据库连接对象智能指针，其代码如下：

```
public:
    _ConnectionPtr dbConn;                    //数据库连接对象智能指针
```

2. 打开数据库连接

在应用程序类的 InitInstance 方法中添加打开数据库连接的代码：

```
//初始化 COM 环境，若初始化失败，退出程序
if(!AfxOleInit())
{
    AfxMessageBox("初始化 COM 环境失败",MB_OK|MB_ICONSTOP);
    return false;
}
//打开数据库连接
try
{
```

```
        dbConn.CreateInstance(__uuidof(Connection));        //实例化数据库连接对象
        dbConn->Open("Provider=SQLOLEDB;Data Source=.;  \
            Initial Catalog=学籍管理系统","sa","sa_administrator",-1);     //打开数据库连接
    }
    catch(...)
    {
        AfxMessageBox("打开数据库连接失败",MB_OK|MB_ICONSTOP);
        return false;
    }
```

3. 关闭数据库连接

为应用程序类添加 ExitInstance 消息处理函数 ExitInstance，在该函数中关闭数据库连接，实现代码如下：

```
int CStudentMngApp::ExitInstance()
{
    try
    {
        if(dbConn->State == adStateOpen)                //如果打开了数据库连接就关闭之
            dbConn->Close();
    }
    catch(...)
    {
        AfxMessageBox("关闭数据库连接失败",MB_OK|MB_ICONSTOP);
    }

    return CWinApp::ExitInstance();
}
```

4.4.4 实现高校学籍管理系统用户界面导航

高校学籍管理系统用户界面导航方式采用菜单导航式结构，即程序维护一个统一的主菜单，每个主菜单项对应一个主模块，主菜单项里的子菜单对应该主模块的一个子模块或功能点。

1. 实现应用程序主菜单

高校学籍管理系统采用菜单导航式结构，菜单设计可以参考《概要设计说明书》中的软件结构图，设计后的菜单如表 4-3 所示。

表 4-3 应用程序主菜单

基础数据管理	学籍档案管理	学生注册管理	学生学籍异动管理	学生成绩管理
院系信息管理（ID_MIYXGL）	学生档案管理（ID_MIXSDAGL）	按班级批量注册（ID_MIBJZC）	学籍异动信息管理（ID_MIXJYDGL）	学生成绩信息管理（ID_MICJGL）
专业信息管理（ID_MIZYGL）	学生花名册报表（ID_MIXSHMC）	按个人注册（ID_MIGRZC）	学籍异动情况报表（ID_MIXJYDQK）	学生成绩单（ID_MICJD）
班级信息管理（ID_MIBJGL）		学生注册情况报表（ID_MIZCQK）		
学生学籍异动类别管理（ID_MIXJYDGL）				

注意：表中第一行为主菜单，每一个主菜单项对应一个主模块，如“基础数据管理”主菜单对应于“基础数据管理”主模块。主菜单项下的单元格为该主菜单的子菜单，如“院系信息管理”菜单项是“基础数据管理”主菜单的子菜单项，对应于“院系信息管理”子模块。表中括号内的字符为对应菜单项的 ID。

2. 实现院系信息管理子模块导航

要导航到院系信息管理模块以完成院系信息管理工作，需要有院系信息管理界面和相应的入口。院系信息管理界面在创建工程时已由 App Wizard 自动添加了。院系信息管理模块的入口是“基础数据管理”主菜单下的“院系信息管理”菜单项（参见表 4-3）。

实现院系信息管理模块导航的基本思路是在应用程序类 CStudentMngApp 中保存院系文档对象。当用户单击“院系信息管理”菜单项时，应用程序类处理其单击事件：首先判断院系文档对象是否被创建，若未创建，则应用程序类创建并注册一个院系文档模板，然后调用文档模板的打开文档方法打开院系文档、显示院系窗体视图；若院系文档已存在，则找到该文档对应的窗体视图显示出来即可。

（1）定义院系文档模板指针和“院系信息管理”菜单项单击事件处理函数。

在 CStudentMngApp 类的头文件 StudentMng.h 中添加如下代码：

```
public:
    CMultiDocTemplate* m_pYXDoc;            //院系文档模板指针
    afx_msg void OnYXView();                //“院系信息管理”菜单项单击事件处理函数
```

（2）实现“院系信息管理”菜单项单击事件处理函数。

在 CStudentMngApp 类的实现文件 StudentMng.cpp 中添加“院系信息管理”菜单项单击事件处理函数 OnYXView 的实现代码：

```
void CStudentMngApp::OnYXView()
{
    if(m_pYXDoc ==NULL)
    {//院系文档模板未创建
        m_pYXDoc = new CMultiDocTemplate(
            IDR_MAINFRAME,                              //共用同一个框架主菜单
            RUNTIME_CLASS(CYXDoc),
            RUNTIME_CLASS(CChildFrame),
            RUNTIME_CLASS(CYXView));
        AddDocTemplate(m_pYXDoc);
        RegisterShellFileTypes(TRUE);
        m_pYXDoc->OpenDocumentFile(NULL);
    }
    else
    {//院系文档模板已创建
        POSITION p=m_pYXDoc->GetFirstDocPosition();     //查找活动的院系文档
        if(p)
        {//院系文档存在
            CDocument* pDoc=m_pYXDoc->GetNextDoc(p);    //取得院系文档
            p=pDoc->GetFirstViewPosition();             //查找院系窗体视图
            if(p)
            {//院系窗体视图存在
```

```
                CView* pView=pDoc->GetNextView(p);              //取得院系视图
                pView->GetParentFrame()->BringWindowToTop();     //显示院系视图
            }
        }
        else
        {//院系文档不存在，打开文档
            m_pYXDoc->OpenDocumentFile(NULL);
        }
    }
}
```

（3）映射“院系信息管理”菜单项单击事件到 OnYXView 处理函数。

在 CStudentMngApp 类的实现文件的消息映射区添加如下代码：

```
BEGIN_MESSAGE_MAP(CStudentMngApp, CWinApp)
    …
    ON_COMMAND(ID_MIYXGL, OnYXView)
END_MESSAGE_MAP()
```

其中 ID_MIYXGL 是“院系信息管理”菜单项的 ID，OnYXView 是“院系信息管理”菜单项的单击事件处理函数。当用户单击“院系信息管理”菜单项时，会调用 CStudentMngApp 类的 OnYXView 方法响应用户单击事件。

（4）删除系统自动添加的注册院系文档代码。

每当添加一对文档视图类时，Visual C++开发环境会在应用程序类的 InitInstance 方法中添加注册文档模板的代码。该系统的文档模板注册是在子模块的菜单项单击事件处理函数中进行的，因此需要删除应用程序类的 InitInstance 方法中关于文档注册的代码：

```
CMultiDocTemplate* pDocTemplate;
pDocTemplate = new CMultiDocTemplate(
    IDR_STUDENTYPE,
    RUNTIME_CLASS(CYXDoc),
    RUNTIME_CLASS(CChildFrame),                //自定义 MDI 子框架
    RUNTIME_CLASS(CYXView));
AddDocTemplate(pDocTemplate);
```

（5）修改文档标题。

在 CYXDoc 的 OnNewDocument 方法中调用文档对象的 SetTitle 方法设置文档标题，代码如下：

```
BOOL CYXDoc::OnNewDocument()
{
    if (!CDocument::OnNewDocument())
        return FALSE;
    // TODO: add reinitialization code here
    // (SDI documents will reuse this document)
    this->SetTitle("院系信息管理");
    return TRUE;
}
```

编译、运行应用程序，单击“基础数据管理”主菜单中的“院系信息管理”菜单项，将导航到“院系信息管理”模块的工作窗体。

3. 实现学生档案管理子模块导航

（1）新建学生档案文档类。

选择【Insert|New Class】菜单项，弹出 New Class 对话框。在 Base Class（基类）下拉列表框中选择 CDocument，在 Name 文本框中输入类名 CXSDADoc，文件名默认为 XSDADoc.cpp。

（2）新建学生档案窗体视图类。

选择【Insert|New Form】菜单项，弹出 New Form 对话框。Base Class 下拉列表框中默认为 CFormView，保持不变。在 Name 文本框中输入类名 CXSDAView，文件名默认为 XSDAView.cpp，在 Document 下拉列表框中选择对应的文档 CXSDADoc。

（3）定义学生档案文档模板指针和“学生档案管理”菜单项单击事件处理函数。

在 CStudentMngApp 类的头文件 StudentMng.h 中添加如下代码：

```
public:
    CMultiDocTemplate* m_pXSDADoc;              //学生档案文档模板指针
    afx_msg void OnXSDAView();                  //“学生档案管理”菜单项单击事件处理函数
```

（4）实现“学生档案管理”菜单项单击事件处理函数。

在 CStudentMngApp 类的实现文件 StudentMng.cpp 中添加包含 CXSDADoc 类的头文件的包含指令：

```
#include "XSDADoc.h"
```

在 CStudentMngApp 类的实现文件 StudentMng.cpp 中添加“学生档案管理”菜单项单击事件处理函数 OnXSDAView 的实现代码：

```
void CStudentMngApp::OnXSDAView ()
{
    if(m_pXSDADoc ==NULL)
    {//学生档案文档模板未创建
        m_pXSDADoc = new CMultiDocTemplate(
            IDR_MAINFRAME,                              //共用同一个框架菜单
            RUNTIME_CLASS(CXSDADoc),
            RUNTIME_CLASS(CChildFrame),
            RUNTIME_CLASS(CXSDAView));
        AddDocTemplate(m_pXSDADoc);
        RegisterShellFileTypes(TRUE);
        m_pXSDADoc->OpenDocumentFile(NULL);
    }
    else
    {//学生档案文档模板已创建
        POSITION p=m_pXSDADoc->GetFirstDocPosition();       //查找活动的学生档案文档
        if(p)
        {//学生档案文档存在
            CDocument* pDoc=m_pXSDADoc->GetNextDoc(p);      //取得学生档案文档
            p=pDoc->GetFirstViewPosition();                 //查找学生档案窗体视图
            if(p)
            {//学生档案窗体视图存在
                CView* pView=pDoc->GetNextView(p);          //取得学生档案视图
                pView->GetParentFrame()->BringWindowToTop();    //显示学生档案视图
```

```
                }
            }
            else
            {//学生档案文档不存在，打开文档
                m_pXSDADoc->OpenDocumentFile(NULL);
            }
        }
    }
```

（5）映射“学生档管理”菜单项单击事件到 OnXJDAView 处理函数。

在 CStudentMngApp 类的实现文件的消息映射区添加如下代码：

```
BEGIN_MESSAGE_MAP(CStudentMngApp, CWinApp)
    ……
    ON_COMMAND(ID_MIXSDAGL,OnXJDAView)
END_MESSAGE_MAP()
```

其中 ID_MIXSDAGL 是“学生档管理”菜单项的 ID，OnXJDAView 是“学生档管理”菜单项的单击事件处理函数。

（6）删除系统自动添加的注册学生档案文档代码。

在 CStudentMngApp 应用程序类的 InitInstance 方法中删除如下代码：

```
{   // BLOCK: doc template registration
    // Register the document template.  Document templates serve
    // as the connection between documents, frame windows and views.
    // Attach this form to another document or frame window by changing
    // the document or frame class in the constructor below.
    CMultiDocTemplate* pNewDocTemplate = new CMultiDocTemplate(
        IDR_XSDAVIEW_TMPL,
        RUNTIME_CLASS(CXSDADoc),            //文档类
        RUNTIME_CLASS(CMDIChildWnd),        //框架类
        RUNTIME_CLASS(CXSDAView));          //视图类
    AddDocTemplate(pNewDocTemplate);
}
```

（7）修改学生档案文档标题。

在 CXSDADoc 的 OnNewDocument 方法中调用文档对象的 SetTitle 方法设置文档标题，代码如下：

```
BOOL CYXDoc::OnNewDocument()
{
    if (!CDocument::OnNewDocument())
        return FALSE;
    // TODO: add reinitialization code here
    // (SDI documents will reuse this document)
    this->SetTitle("学生档案管理");
    return TRUE;
}
```

编译、运行应用程序，单击“学籍档案管理”主菜单中的“学生档案管理”菜单项，将导航到“学生档案管理”模块的工作窗体。考虑到本书篇幅，其他子模块导航的实现不作介绍

了，留给读者作为练习。

4.4.5 实现用户身份验证子模块

用户身份验证模块实现身份验证功能，确定用户对系统的使用权，其用户界面为登录对话框，如图 4-13 所示。

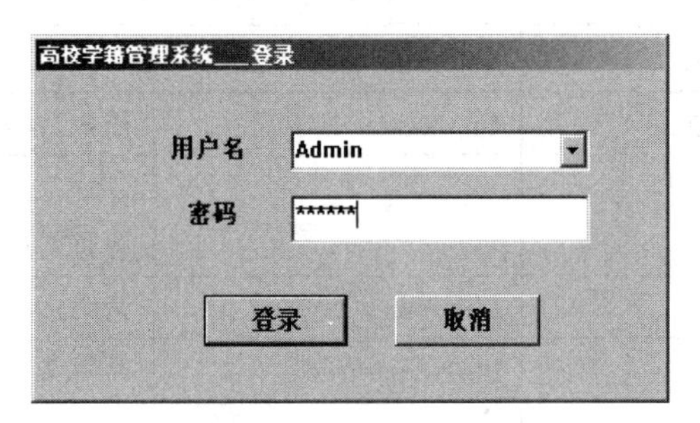

图 4-13　登录对话框

登录对话框是应用程序启动的第一个对话框，该对话框询问用户登录的用户名和密码。若用户给出的用户名和密码正确，则进入系统主界面；否则提示用户名或密码错误，并请求用户重新输入密码。

图 4-14 所示为用户身份验证模块的流程图。

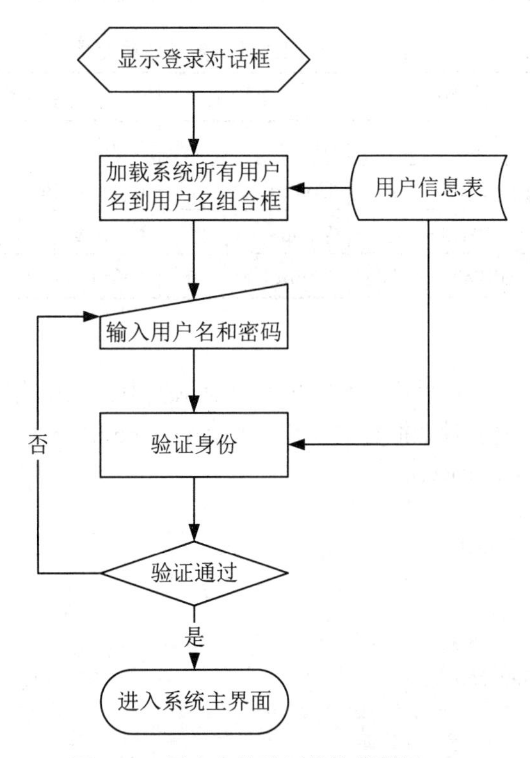

图 4-14　用户身份验证模块流程图

1. 创建登录对话框

选择【Insert|New Form】菜单项，弹出 New Form 对话框。在此对话框中设置登录对话框

的 Name（类名）为 CLoginDlg，Base class（基类）为 CDialog，ID 为 IDD_LOGINDLG_DIALOG。单击 OK 按钮，系统将添加一个对话框类 CLoginDlg 和对话框资源到工程中。修改该对话框的 Caption 属性为“高校学籍管理系统___登录”，并按照表 4-4 所示为该对话框添加控件，各控件属性如表 4-4 所示。

表 4-4 登录对话框控件属性

控件类型	ID	属性	说明
Static Text	IDC_STATIC	Caption=用户名	用户名标签
Combo Box	IDC_CBUN		“用户名”组合框，用于显示系统所有用户名，供用户选择。
Static Text	IDC_STATIC	Caption=密码	密码标签
Edit Box	IDC_EDPWD	Password=true	密码文本框
Button	IDC_BTLOGIN	Caption=登录 Default button=true	“登录”按钮
Button	IDC_BTCANCEL	Caption=取消	“取消”按钮

2. 为登录对话框类添加控件成员变量

按照表 4-5 所示为登录对话框的控件添加相应控件成员变量。

表 4-5 登录对话框控件成员变量

控件 ID	变量名	变量种类	变量类型	最大字符数
ID_CBUN	m_strUN	Value	CString	20
ID_CBUN	m_cbUN	Control	CComboBox	
ID_EDPWD	m_strPWD	Value	CString	8
ID_EDPWD	m_edPWD	Control	CEdit	

3. 初始化登录对话框

在登录对话框初始化的过程中，需要从用户信息表中读取所有用户的名称信息添加到“用户名”组合框中。打开登录对话框类的实现文件，在 OnInitDialog 方法中添加如下代码：

```
BOOL CLoginDlg::OnInitDialog()
{
    CDialog::OnInitDialog();

    m_cbUN.Clear();                                    //清空用户名组合框

    _RecordsetPtr rdSetUN;                             //定义记录集对象智能指针
    try
    {
        rdSetUN.CreateInstance(_uuidof(Recordset));    //实例化记录集对象
        _variant_t vUN;
        CString strSql="SELECT 用户名 FROM 用户信息";
```

```
        //执行 SQL 查询语句，从用户信息表中查询出所有用户的用户名
        rdSetUN->Open((LPCTSTR)strSql,
            ((CStudentMngApp *)AfxGetApp())->dbConn.GetInterfacePtr(),
            adOpenDynamic,adLockOptimistic,adCmdText);
        while(!rdSetUN->adoEOF)                         //遍历查询结果记录集
        {
            vUN = rdSetUN->GetCollect("用户名");          //取出当前记录的用户名字段
            if(vUN.vt!=VT_NULL)
                m_cbUN.AddString((char*)_bstr_t(vUN));  //添加用户名到"用户名"组合框
            rdSetUN->MoveNext();                        //移到下一条记录
        }
        m_cbUN.SetCurSel(0);                            //在"用户名"组合框中第一个显示用户名
    }
    catch(_com_error &e)
    {
        AfxMessageBox(e.Description());
    }
    if(rdSetUN->State==adStateOpen)                     //关闭记录集
    {
        rdSetUN->Close();
        rdSetUN.Detach();
    }
    return TRUE;
}
```

4. 添加"登录"按钮单击事件处理函数

为登录对话框类添加"登录"按钮单击事件处理函数 OnBtlogin，实现代码如下：

```
void CLoginDlg::OnBtlogin()
{
    this->UpdateData(true);

    CString strSql;
    strSql.Format("SELECT 用户名 FROM 用户信息 WHERE 用户名='%s' \
        AND 密码='%s' ",m_strUN,m_strPWD);

    _RecordsetPtr rdSetUN;                          //声明记录集对象
    try
    {
        rdSetUN.CreateInstance(__uuidof(Recordset));    //实例化记录集对象
        rdSetUN->Open((LPCTSTR)strSql,
            ((CStudentMngApp *)AfxGetApp())->dbConn.GetInterfacePtr(),
            adOpenStatic,adLockOptimistic,adCmdText);
        if(rdSetUN->RecordCount==1)
        {//验证通过
            this->OnOK();
        }
        else
```

```
        {//验证失败
            AfxMessageBox("密码错误，请重新输入！",
                MB_OK|MB_ICONQUESTION);
            m_edPWD.SetFocus();
        }
    }
    catch(_com_error &e)
    {
        AfxMessageBox(e.Description());
    }
    catch(...)
    {
        AfxMessageBox("数据库操作错误！",MB_OK|MB_ICONSTOP);
    }
    if(rdSetUN->State==adStateOpen)                    //关闭记录集
    {
        rdSetUN->Close();
        rdSetUN.Detach();
    }
}
```

OnBtlogin 函数组织一条 SQL 查询语句在用户信息表中查找指定的用户名和密码的记录。若记录存在，则表示身份验证成功，进入主界面；否则，提示用户重新输入用户名和密码。

5. 添加“取消”按钮单击事件处理函数

为登录对话框类添加“取消”按钮单击事件处理函数 OnBtcancel，实现代码如下：

```
void CDlgLogin::OnBtcancel()
{
    CDialog::OnCancel();
}
```

6. 在应用程序初始化时弹出登录对话框

打开应用程序类的实现文件 StudentMng.cpp，在其顶部添加如下包含指令：

```
#include "LoginDlg.h"                              //包含登录对话框类头文件
```

修改应用程序类的 InitInstance 方法，在打开数据库连接的后面添加显示登录对话框的代码，修改后的 InitInstance 方法代码如下：

```
BOOL CStudentMngApp::InitInstance()
{
    //初始化 COM 环境，若初始化失败，退出程序
    if(!AfxOleInit())
    {
        AfxMessageBox("初始化 COM 环境失败",MB_OK|MB_ICONSTOP);
        return false;
    }
    //打开数据库连接
    try
    {
```

```
        dbConn.CreateInstance(_uuidof(Connection));  //实例化数据库连接对象
        dbConn->Open("Provider=SQLOLEDB;Data Source=.;  \
            Initial Catalog=学籍管理系统","sa","sa_administrator",-1);    //打开数据库连接
    }
    catch(...)
    {
        AfxMessageBox("打开数据库连接失败",MB_OK|MB_ICONSTOP);
        return false;
    }

    CLoginDlg loginDlg;
    if (loginDlg.DoModal() == IDCANCEL)             //如果用户按下“取消”按钮，则退出应用程序
        return false;

    AfxEnableControlContainer();

    // Standard initialization
    // If you are not using these features and wish to reduce the size
    //  of your final executable, you should remove from the following
    //  the specific initialization routines you do not need.

#ifdef _AFXDLL
    Enable3dControls();                             // Call this when using MFC in a shared DLL
#else
    Enable3dControlsStatic();                       // Call this when linking to MFC statically
#endif

    // Change the registry key under which our settings are stored.
    // TODO: You should modify this string to be something appropriate
    // such as the name of your company or organization.
    SetRegistryKey(_T("Local AppWizard-Generated Applications"));

    LoadStdProfileSettings();                       // Load standard INI file options (including MRU)

    // create main MDI Frame window
    CMainFrame* pMainFrame = new CMainFrame;
    if (!pMainFrame->LoadFrame(IDR_MAINFRAME))
        return FALSE;
    m_pMainWnd = pMainFrame;

    // Parse command line for standard shell commands, DDE, file open
    CCommandLineInfo cmdInfo;
    ParseCommandLine(cmdInfo);

    // Dispatch commands specified on the command line
```

```
    if (!ProcessShellCommand(cmdInfo))
        return FALSE;

    // The main window has been initialized, so show and update it.
    pMainFrame->ShowWindow(SW_SHOWMAXIMIZED);   //最大化显示
    pMainFrame->UpdateWindow();
    return TRUE;
}
```

4.4.6 实现院系信息管理子模块

院系信息管理模块是基础数据管理模块的子模块，为学籍管理系统各个功能模块提供院系数据，其功能包括新增、修改、删除院系信息等。该模块的 IPO 图如图 4-15 所示。

模块名：院系信息管理	设计人：略
输入：院系信息（院系代码，院系名称，描述）	输出：更新的院系信息表

处理：
1．单击【基础数据管理|院系信息管理】启动院系信息管理窗体视图
2．从院系信息表中读取所有院系信息，并写入院系列表视图控件
3．单击院系列表视图控件，选择一条院系信息记录
　　显示所选院系的详细信息
4．单击“新增”按钮
　　将各文本框的内容作为一条院系记录添加到院系信息表中
5．单击“删除”按钮
　　IF 选择了院系信息记录 THEN
　　　　删除当前所选择的院系信息记录
　　ELSE
　　　　提示用户“没有选择院系记录”
　　ENDIF
6．单击“修改”按钮
　　IF 选择了院系信息记录 THEN
　　　　修改当前所选择的院系信息记录
　　ELSE
　　　　提示用户“没有选择院系记录”
　　ENDIF

图 4-15　院系信息管理子模块 IPO 图

1. 实现用户界面

院系信息管理子模块采用创建工程时自动创建的文档视图，即 CYXDoc 和 CYXView。下面我们就打开院系窗体视图的资源编辑器绘制界面。

（1）编辑院系窗体资源。

院系窗体的资源 ID 是 IDD_YXVIEW_FORM，编辑该窗体资源，添加 3 个 Edit Box 控件、4 个 Button 控件和 1 个 List Control 控件。各控件属性如表 4-6 所示。

表 4-6　院系窗体控件属性表

控件类型	ID	属性	说明
Group box	IDC_STATIC	Caption=院系信息	框架
Static Text	IDC_STATIC	Caption=院系代码	院系代码标签
Edit Box	IDC_EDYXDM		院系代码文本框
Static Text	IDC_STATIC	Caption=院系名称	院系名称标签
Edit Box	IDC_EDYXMC		院系名称文本框
Static Text	IDC_STATIC	Caption=描述	描述标签
Edit Box	IDC_EDYXMS	Multiline=true; Want return=true	描述文本框
Button	IDC_BTADDYX	Caption=新增	“新增”按钮
Button	IDC_BTDELYX	Caption=删除	“删除”按钮
Button	IDC_BTSAVEYX	Caption=修改	“修改”按钮
Button	IDC_BTCLEAR	Caption=清除	“清除”按钮
Button	IDC_BTRETURN	Caption=返回	“返回”按钮
List Control	IDC_LVYX	View=Report	院系列表视图

院系窗体界面如图 4-16 所示。

图 4-16　院系窗体界面

（2）为院系窗体视图类 CYXView 添加控件成员变量。

按照表 4-7 所示为院系窗体的控件添加相应控件成员变量。

表 4-7 院系窗体控件成员变量表

控件 ID	变量名	变量种类	变量类型	最大字符数
IDC_EDYXDM	m_strYXDM	Value	CString	2
IDC_EDYXDM	m_edYXDM	Control	CEdit	
IDC_EDYXMC	m_strYXMC	Value	CString	30
IDC_EDYXMS	m_strYXMS	Value	CString	50
IDC_LVYX	m_lvYX	Control	CListCtrl	

2. 初始化院系窗体视图

院系窗体视图初始化工作主要是从院系信息表中加载所有院系记录到院系列表视图控件中。为院系窗体视图类重载其基类的成员方法 OnInitialUpdate，实现代码如下：

```
void CYXView::OnInitialUpdate()
{
    CFormView::OnInitialUpdate();
    ResizeParentToFit();

    //图像列表控件添加图标
    m_pIcons.Create(16,16,ILC_COLOR16,2,2);
    m_pIcons.Add(AfxGetApp()->LoadIcon(IDI_ICONYX));

    //设置 CListCtrl 控件的图像列表
    m_lvYX.SetImageList(&m_pIcons,LVSIL_SMALL);

    //院系列表视图控件添加三列，并设置网格线和全行选择属性
    m_lvYX.InsertColumn(0,"院系代码",LVCFMT_CENTER,100);
    m_lvYX.InsertColumn(1,"院系名称",LVCFMT_CENTER,150);
    m_lvYX.InsertColumn(2,"描述",LVCFMT_CENTER,350);

m_lvYX.SetExtendedStyle(m_lvYX.GetExtendedStyle()|LVS_EX_FULLROWSELECT|LVS_EX_GRIDLINES);

    //从院系信息表中读取院系信息到 CListCtrl 控件
    RefreshYXXX();
}
```

其中 m_pIcons 是在院系窗体视图类的头文件中定义的一个 private 的 CImageList 变量，代码如下：

```
private:
    CImageList m_pIcons;
```

CImageList::Add 方法添加一个图标资源到图像列表对象中。IDI_ICONYX 是系统的一个图标资源的 ID，读者需要根据实际情况修改该参数。

分析院系信息管理子模块，一个重复性的工作就是从院系信息表中读取院系信息加载到院系列表视图控件。用户单击“新增”“删除”或“修改”按钮时，院系信息表中的数据都会被更新，院系列表视图控件的数据也要跟着更新。当院系信息不多的情况下可以考虑定义一个

方法从院系信息表中读入院系记录加载到列表控件中。这个方法就是在OnInitialUpdate方法中调用的RefreshYXXX方法，该方法将会被“新增”“删除”“修改”三个按钮复用。当然在数据很多的情况下，RefreshYXXX方法是很耗时的，所以读者要视实际情况在运行时间和开发效率之间权衡。

在CYXView类的头文件中声明RefreshYXXX成员函数，代码如下：

```
private
    void RefreshYXXX();                   //从院系信息表中加载所有院系信息到院系列表控件
```

在CYXView类的实现文件中添加RefreshYXXX方法的实现代码：

```
void CYXView::RefreshYXXX()
{
    m_lvYX.DeleteAllItems();                          //清空 CListCtrl 控件
    _RecordsetPtr rdSetYX;
    try
    {
        rdSetYX.CreateInstance(_uuidof(Recordset));
        rdSetYX->Open("SELECT * FROM 院系信息",((CStudentMngApp *) AfxGetApp())->
            dbConn.GetInterfacePtr(),
            adOpenDynamic,adLockOptimistic,adCmdText);
        _variant_t yxdm,yxmc,yxms;
        int i=0;
        while(!rdSetYX->adoEOF)                       //遍历查询结果记录集
        {
            yxdm = rdSetYX->GetCollect("院系代码");    //取得院系代码字段的值
            if(yxdm.vt != VT_NULL)
                m_lvYX.InsertItem(i,(char*)_bstr_t(yxdm));
            yxmc = rdSetYX->GetCollect("院系名称");    //取得院系名称字段的值
            if(yxmc.vt    != VT_NULL)
                m_lvYX.SetItemText(i,1,(char*)_bstr_t(yxmc));
            yxms = rdSetYX->GetCollect("描述");        //取得描述字段的值
            if(yxms.vt != VT_NULL)
                m_lvYX.SetItemText(i,2,(char*)_bstr_t(yxms));
            rdSetYX->MoveNext();                      //移动到下一条记录
            i++;
        }
    }
    catch(_com_error &e)
    {
        AfxMessageBox(e.Description());
    }
    if(rdSetYX->State==adStateOpen)
    {
        rdSetYX->Close();                             //关闭记录集
        rdSetYX.Detach();                             //释放 COM 对象
    }
}
```

3. 处理院系列表视图控件的 LVN_ITEMCHANGED 消息

当用户在院系信息列表控件中单击选中一条院系记录时，会产生 LVN_ITEMCHANGED 消息。为院系视图类添加该消息的处理函数，使用户选择一条院系记录后在相应的文本框中显示该记录的详细信息。

为院系视图类添加 LVN_ITEMCHANGED 消息处理函数 OnItemchangedLvyx，实现代码如下：

```
void CYXView::OnItemchangedLvyx(NMHDR* pNMHDR, LRESULT* pResult)
{
    NM_LISTVIEW* pNMListView = (NM_LISTVIEW*)pNMHDR;
    int selItem=pNMListView->iItem;                    //取得当前选择项
    m_strYXDM = m_lvYX.GetItemText(selItem,0);         //取得院系代码字段值
    m_strYXMC = m_lvYX.GetItemText(selItem,1);         //取得院系名称字段值
    m_strYXMS = m_lvYX.GetItemText(selItem,2);         //取得描述字段值
    this->UpdateData(false);
    *pResult = 0;
}
```

4. 处理“新增”按钮的单击事件

为院系视图类添加“新增”按钮单击事件处理函数 OnbtAddYX，实现代码如下：

```
void CYXView::OnbtAddYX()
{
    //更新控件成员变量
    this->UpdateData(true);

    //数据校验
    if(!strlen(m_strYXDM) || !strlen(m_strYXMC))
    {
        MessageBox("院系代码或院系名称不能为空","非法操作",MB_OK|MB_ICONEXCLAMATION);
        return;
    }

    //组织 insert SQL 语句
    CString strSQL;
    strSQL.Format("insert into 院系信息(院系代码,院系名称,描述) \
        VALUES('%s', '%s', '%s')", m_strYXDM, m_strYXMC, m_strYXMS);

    //调用 ADO 连接对象执行 SQL 语句
    _variant_t vt;
    try
    {
        ((CStudentMngApp *)AfxGetApp())->dbConn->Execute((LPCSTR)strSQL,&vt,adCmdText);
    }
    catch(_com_error &e)
    {
        AfxMessageBox(e.Description());
        return;
```

```
    }

    //清空控件成员变量，更新控件，使院系代码文本框获得焦点
    m_strYXDM="";
    m_strYXMC="";
    m_strYXMS="";
    this->UpdateData(false);
    m_edYXDM.SetFocus();

    //刷新院系列表控件
    RefreshYXXX();
}
```

OnbtAddYX 方法首先判断院系代码和院系名称是否为空，如果都不为空就将院系代码、院系名称和描述组织成一条记录插入院系信息表中，然后更新院系列表视图控件。

5. 处理“删除”按钮的单击事件

为院系视图类添加“删除”按钮单击事件处理函数 OnbtDelYX，实现代码如下：

```
void CYXView::OnbtDelYX()
{
    //更新控件成员变量
    this->UpdateData(true);

    //数据校验
    if(m_strYXDM == "")
    {
        MessageBox("没有选择要删除的记录","非法操作",MB_OK|MB_ICONEXCLAMATION);
        return;
    }

    //组织 delete SQL 语句
    CString strSQL;
    strSQL.Format("Delete 院系信息 Where 院系代码='%s'", m_strYXDM);

    //调用 ADO 的连接对象执行 SQL 语句
    _variant_t vt;
    try
    {
        ((CStudentMngApp *)AfxGetApp())->dbConn->Execute((LPCSTR)strSQL,&vt,adCmdText);
    }
    catch(_com_error &e)
    {
        AfxMessageBox(e.Description());
        return;
    }

    //清空控件成员变量，更新控件
    m_strYXDM="";
```

```
    m_strYXMC="";
    m_strYXMS="";
    this->UpdateData(false);

    //刷新院系列表控件
    RefreshYXXX();
}
```

OnbtDelYX 方法首先判断院系代码是否为空，如果不为空则删除这条院系记录，然后更新院系列表视图控件。

6. 处理“修改”按钮的单击事件

为院系视图类添加“修改”按钮单击事件处理函数 OnbtModYX，实现代码如下：

```
void CYXView::OnbtModYX()
{
    //更新控件成员变量
    this->UpdateData(true);

    //数据校验
    if(!strlen(m_strYXDM) || !strlen(m_strYXMC))
    {
        MessageBox("院系代码或院系名称不能为空","非法操作",MB_OK|MB_ICONEXCLAMATION);
        return;
    }

    //组织 update SQL 语句
    CString strSQL;
    strSQL.Format("Update  院系信息  set  院系名称='%s', 描述='%s'  \
        where    院系代码='%s' ", m_strYXMC,m_strYXMS,m_strYXDM);

    //调用 ADO 的连接对象执行 SQL 语句
    _variant_t vt;
    try
    {
        ((CStudentMngApp *)AfxGetApp())->dbConn->Execute((LPCSTR)strSQL,&vt,adCmdText);
    }
    catch(_com_error &e)
    {
        AfxMessageBox(e.Description());
        return;
    }

    //设置院系代码文本框获得焦点
    m_edYXDM.SetFocus();

    //刷新院系列表控件
    RefreshYXXX();
}
```

OnbtModYX 方法首先校验欲修改的院系信息值是否有效，若有效则组织一条 update SQL 语句更新院系信息表，然后刷新院系列表视图控件。

注意： OnbtModYX 方法根据院系代码来定位到欲修改的院系记录。如果所选择的院系记录的院系代码修改了，则不能正确定位到相应记录，修改就不会得到预期的结果。

7. 处理“清除”按钮的单击事件

为院系视图类添加“清除”按钮单击事件处理函数 OnbtClear，实现代码如下：

```
void CYXView::OnbtClear()
{
    m_strYXDM="";
    m_strYXMC="";
    m_strYXMS="";
    this->UpdateData(false);
    m_edYXDM.SetFocus();
}
```

8. 处理“返回”按钮的单击事件

为院系视图类添加“返回”按钮单击事件处理函数 OnbtReturn，实现代码如下：

```
void CYXView::OnbtReturn()
{
    this->GetDocument()->OnCloseDocument();        //关闭文档
}
```

4.4.7　实现学生档案管理子模块

学生档案管理模块是学籍档案管理模块的子模块，负责维护学生档案信息，包括新增、删除、修改、查找学生档案信息。该模块的 IPO 图如图 4-17 所示。

模块名：学生档案管理	设计人：略
输入：学生档案信息	输出：更新的学生档案信息表

处理：

1.启动学生档案管理窗体视图

2.从院系信息表中读取所有院系信息，并写入“院系”组合框

3.加载年级信息和性别信息

4.从学生档案信息表中加载所有学生档案信息，写入学生档案列表视图控件中

5.在“院系”组合框中选择某院系，从专业信息表中读取所属该院系的专业信息，并写入“专业”组合框

6.在“专业”组合框中选择某专业，从班级信息表中读取所属该专业的班级信息，并写入“班级”组合框

7.在学生档案列表视图控件中选择一条学生记录

　　在各文本控件中显示所选学生的详细信息

8.单击“查找”按钮

　　根据院系、年级、专业、班级等查询条件查询学生记录并显示在学生档案信息表中

9.单击“新增”按钮

　　将各文本框的内容作为一条学生档案记录添加到学生档案信息表中

10.单击“删除”按钮

　　IF 选择了学生记录 THEN

　　　　删除当前所选择的学生记录

图 4-17　学生档案管理子模块 IPO 图

```
        ELSE
            提示用户没有选择学生记录
        ENDIF
11.单击“修改”按钮
        IF 选择了学生记录 THEN
                修改当前所选择的学生记录
        ELSE
            提示用户没有选择学生记录
      ENDIF
12.单击“清除”按钮
        清空文本框控件的内容
13.单击“返回”按钮
        关闭学生档案管理窗体，回到主界面
```

图 4-17　学生档案管理子模块 IPO 图（续图）

1. 用户界面设计

（1）编辑学生档案管理窗体。

按照表 4-8 所示为学生档案管理窗体添加控件。

表 4-8　学生档案管理窗体属性表

控件类型	控件 ID	属性	其他
Combo Box	IDC_CBNJ		“年级”组合框
Combo Box	IDC_CBYX		“院系”组合框
Combo Box	IDC_CBZY		“专业”组合框
Combo Box	IDC_CBBJ		“班级”组合框
Edit Box	IDC_EDXH		“学号”文本框
Edit Box	IDC_EDXM		“姓名”文本框
Combo Box	IDC_CBXB		“性别”组合框
Edit Box	IDC_EDMZ		“民族”文本框
Edit Box	IDC_EDJG		“籍贯”文本框
Edit Box	IDC_EDZZMM		“政治面貌”文本框
Edit Box	IDC_EDRXRQ		“入学日期”文本框
Edit Box	IDC_EDCSRQ		“出生日期”文本框
Edit Box	IDC_EDXZ		“学制”文本框
Edit Box	IDC_EDSFZH		“身份证号”文本框
Edit Box	IDC_EDJTZZ		“家庭住址”文本框
Button	IDC_BTFIND	Caption=查找	“查找”按钮
Button	IDC_BTADD	Caption=新增	“新增”按钮
Button	IDC_BTDEL	Caption=删除	“删除”按钮

续表

控件类型	控件 ID	属性	其他
Button	IDC_BTMOD	Caption=修改	“修改”按钮
Button	IDC_BTCLEAR	Caption=清除	“清除”按钮
Button	IDC_BTRETURN	Caption=返回	“返回”按钮
List Control	IDC_LVXSDA	View=Report Show Selection always=true	学生档案列表视图

学生档案管理界面如图 4-18 所示。

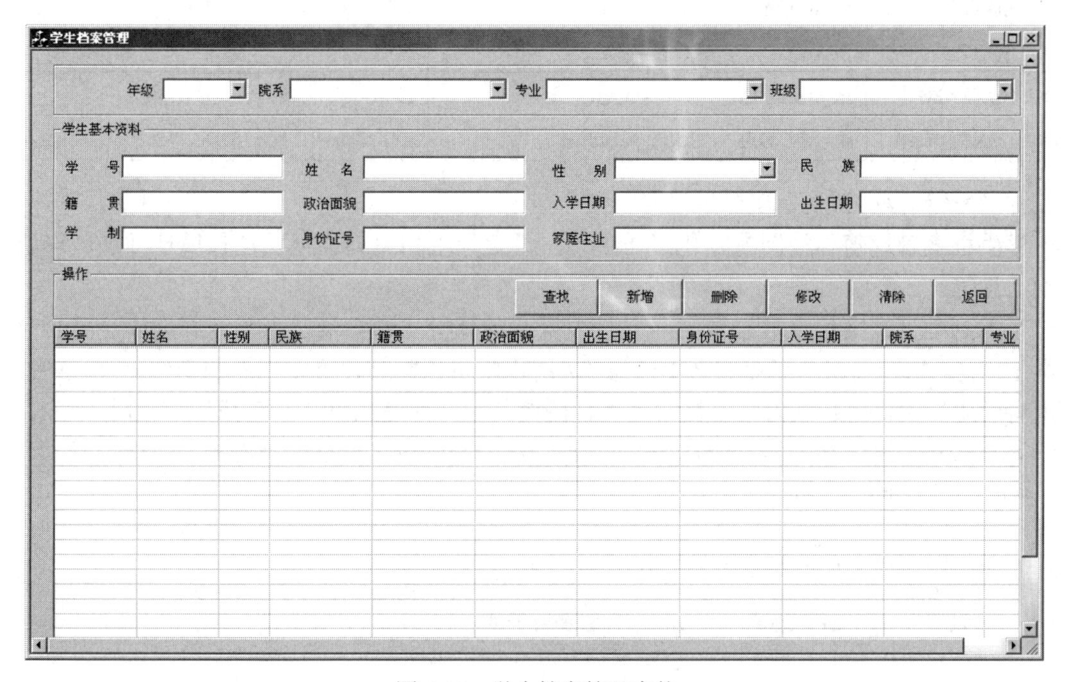

图 4-18　学生档案管理窗体

（2）为学生档案管理窗体视图类 CXSDAView 添加控件成员变量。

按照表 4-9 所示为学生档案管理窗体的控件添加相应控件成员变量。

表 4-9　学生档案管理窗体控件成员变量表

控件 ID	变量名	变量种类	变量类型	最大字符数
IDC_CBBJ	m_cbBJ	Control	CComboBox	
IDC_CBNJ	m_cbNJ	Control	CComboBox	
IDC_CBYX	m_cbYX	Control	CComboBox	
IDC_CBZY	m_cbZY	Control	CComboBox	
IDC_LVXSDA	m_lvXSDA	Control	CListCtrl	
IDC_CBXB	m_cbXB	Control	CComboBox	
IDC_EDCSRQ	m_strCSRQ	value	CString	8

续表

控件 ID	变量名	变量种类	变量类型	最大字符数
IDC_EDRXRQ	m_strRXRQ	Value	CString	8
IDC_EDJG	m_strJG	Value	CString	8
IDC_EDJTZZ	m_strJTZZ	Value	CString	50
IDC_EDMZ	m_strMZ	Value	CString	6
IDC_EDSFZH	m_strSFZH	Value	CString	18
IDC_EDXH	m_strXH	Value	CString	9
IDC_EDXM	m_strXM	Value	CString	8
IDC_EDXZ	m_strXZ	Value	CString	1
IDC_EDZZMM	m_strZZMM	Value	CString	10
IDC_LVXSDA	m_lvXSDA	Control	CListCtrl	

2. 初始化学生档案管理窗体视图

学生档案管理窗体视图初始化工作主要是设置学生档案列表视图控件属性并加载年级和性别信息等。

考虑到学生档案信息数据量大，并且根据业务分析，通常情况下只需查询满足某个条件的学生信息，如查询某个专业的学生信息等。所以学生档案管理窗体视图的初始化过程中没有将所有学生档案信息加载到学生档案列表视图控件中，而是在单击“查找”按钮时加载。

为学生档案窗体视图类重载其基类的成员方法 OnInitialUpdate，实现代码如下：

```
void CXSDAView::OnInitialUpdate()
{
    CFormView::OnInitialUpdate();

    //设置学生档案列表视图控件属性，并添加若干列
    m_lvXSDA.SetExtendedStyle(m_lvXSDA.GetExtendedStyle()
        |LVS_EX_FULLROWSELECT|LVS_EX_GRIDLINES);
    m_lvXSDA.InsertColumn(0,"学号",LVCFMT_LEFT,80);
    m_lvXSDA.InsertColumn(1,"姓名",LVCFMT_LEFT,80);
    m_lvXSDA.InsertColumn(2,"性别",LVCFMT_LEFT,50);
    m_lvXSDA.InsertColumn(3,"民族",LVCFMT_LEFT,100);
    m_lvXSDA.InsertColumn(4,"籍贯",LVCFMT_LEFT,100);
    m_lvXSDA.InsertColumn(5,"政治面貌",LVCFMT_LEFT,100);
    m_lvXSDA.InsertColumn(6,"出生日期",LVCFMT_LEFT,100);
    m_lvXSDA.InsertColumn(7,"身份证号",LVCFMT_LEFT,100);
    m_lvXSDA.InsertColumn(8,"入学日期",LVCFMT_LEFT,100);
    m_lvXSDA.InsertColumn(9,"院系",LVCFMT_LEFT,100);
    m_lvXSDA.InsertColumn(10,"专业",LVCFMT_LEFT,100);
    m_lvXSDA.InsertColumn(11,"年级",LVCFMT_LEFT,100);
    m_lvXSDA.InsertColumn(12,"班级",LVCFMT_LEFT,100);
    m_lvXSDA.InsertColumn(13,"学制",LVCFMT_LEFT,100);
    m_lvXSDA.InsertColumn(14,"家庭住址",LVCFMT_LEFT,100);
```

```
    //初始化“年级”组合框
    CString strItem;
    for(int i=2000;i<2050;i++)
    {
        strItem.Format("%d",i);
        m_cbNJ.AddString(strItem);
    }

    //初始化“性别”组合框
    m_cbXB.AddString("男");
    m_cbXB.AddString("女");

    //加载院系信息到“院系”组合框中
    RefreshCBCtrl("Select 院系名称 from 院系信息","院系名称",m_cbYX);
}
```

CXSDAView::OnInitialUpdate 方法调用了 RefreshCBCtrl 方法加载院系信息到“院系”组合框中。RefreshCBCtrl 方法的声明如下：

```
private:
    //执行 strSQL 指定的 SQL 语句，并在返回的结果记录集中读取
    //将 strField 指定的字段加载到 cbCtrl 指定的下拉列表框中
    void RefreshCBCtrl(CString strSQL,CString strField,CComboBox &cbCtrl);
```

RefreshCBCtrl 方法的实现代码如下：

```
void CXSDAView::RefreshCBCtrl(CString strSQL,CString strField,CComboBox &cbCtrl)
{
    //清除 cbCtrl 组合框中的项和文本
    cbCtrl.SetWindowText("");
    for(int i=cbCtrl.GetCount()-1;i>=0;i--)
        cbCtrl.DeleteString(i);

    _RecordsetPtr rdSetComm;
    try
    {
        rdSetComm.CreateInstance(_uuidof(Recordset));
        rdSetComm->Open((LPCSTR)strSQL,
            ((CStudentMngApp *)AfxGetApp())->dbConn.GetInterfacePtr(),
            adOpenDynamic,adLockOptimistic,adCmdText);
        _variant_t vt_Comm;
        while(!rdSetComm->adoEOF)                          //遍历记录集
        {
            //取得 strField 指定字段的值
            vt_Comm = rdSetComm->GetCollect((LPCSTR)strField);
            if(vt_Comm.vt != VT_NULL)
                cbCtrl.AddString((char*)_bstr_t(vt_Comm));     //将值添加到组合框中
            rdSetComm->MoveNext();                         //移到下一条记录
        }
    }
    catch(_com_error &e)
```

```
    {
        AfxMessageBox(e.Description());
    }

    if(rdSetComm->State==adStateOpen)
    {
        rdSetComm->Close();                    //关闭记录集
        rdSetComm.Detach();                    //释放 COM 对象
    }
}
```

3. 加载专业信息到“专业”组合框

当用户在“院系”组合框中选择了一个院系后，需要在“专业”组合框中显示所属该院系的专业。这种操作方式属于级联查询方式。

为学生档案管理视图类添加 IDC_CBYX“院系”组合框的 CBN_SELCHANGE 事件处理函数 OnSelchangeCbyx，实现代码如下：

```
void CXSDAView::OnSelchangeCbyx()
{
    //获得当前选择的院系
    m_cbYX.SetCurSel(m_cbYX.GetCurSel());
    CString strYX;
    m_cbYX.GetWindowText((char *)(LPCTSTR)strYX,255);

    //组织 SQL 语句
    CString strSQL;
    strSQL.Format("select 专业名称 from 专业信息 where \
        院系代码= (select 院系代码 from 院系信息 where 院系名称='%s')",strYX);

    //更新“专业”组合框
    RefreshCBCtrl(strSQL,"专业名称",m_cbZY);
}
```

4. 加载班级信息到“班级”组合框

为学生档案管理视图类添加 IDC_CBZY“专业”组合框的 CBN_SELCHANGE 事件处理函数 OnSelchangeCbzy，其实现代码如下：

```
void CXSDAView::OnSelchangeCbzy()
{
    //获得当前选择的专业
    m_cbZY.SetCurSel(m_cbZY.GetCurSel());
    CString strZY;
    m_cbZY.GetWindowText((char *)(LPCTSTR)strZY,255);

    //组织 SQL 语句
    CString strSQL;
    strSQL.Format("select 班级名称 from 班级信息 where \
        专业代码= (select 专业代码 from 专业信息 where 专业名称='%s')",strZY);
```

```
    //更新“班级”组合框
    RefreshCBCtrl(strSQL,"班级名称",m_cbBJ);
}
```

5. 处理“查找”按钮的单击事件

为学生档案管理视图类添加“查找”按钮单击事件处理函数 OnBtfind，实现代码如下：

```
void CXSDAView::OnBtfind()
{
    this->UpdateData(true);

    CString strSQLSet="Select * From 学生档案信息 Where 1=1 ";
    char strNJ[255],strYX[255],strZY[255],strBJ[255];

    //获得年级子条件
    m_cbNJ.GetWindowText(strNJ,255);
    if(strlen(strNJ)>0)
    {
        strSQLSet.Format(strSQLSet + " And 年级='%s' ",strNJ);
    }

    //获得院系子条件
    m_cbYX.GetWindowText(strYX,255);
    if(strlen(strYX)>0)
    {
        strSQLSet.Format(strSQLSet + " And 院系名称='%s' ",strYX);
    }

    //获得专业子条件
    m_cbZY.GetWindowText(strZY,255);
    if(strlen(strZY)>0)
    {
        strSQLSet.Format(strSQLSet + " And 专业名称='%s' ",strZY);
    }

    //获得班级子条件
    m_cbBJ.GetWindowText(strBJ,255);
    if(strlen(strBJ)>0)
    {
        strSQLSet.Format(strSQLSet + " And 班级名称='%s' ",strBJ);
    }

    //刷新学生档案列表视图控件
    RefreshXSDAXX(strSQLSet);
}
```

CXSDAView::OnBtfind 方法首先根据用户设置的查询参数组织一条查询语句，然后调用 CXSDAView::RefreshXSDAXX 方法刷新学生档案列表视图控件。

CXSDAView::RefreshXSDAXX 方法执行参数指定的 SQL 查询语句，并将返回的结果记录集加载到学生档案列表视图控件中。该方法的声明如下：

```
private:
    //执行 strSQL 指定的 SQL 语句，并将返回的学生档案
    //信息记录集中加载到学生档案列表视图控件中
    void RefreshXSDAXX(CString strSQL);
```

该方法的实现代码如下：

```
void CXSDAView::RefreshXSDAXX(CString strSQL)
{
    m_lvXSDA.DeleteAllItems();
    _RecordsetPtr rdSetXSDA;
    try
    {
        rdSetXSDA.CreateInstance(_uuidof(Recordset));
        rdSetXSDA->Open((LPCTSTR)strSQL,
            ((CStudentMngApp *)AfxGetApp())->dbConn.GetInterfacePtr(),
            adOpenDynamic,adLockOptimistic,adCmdText);
        _variant_t vt;
        int i=0;
        while(!rdSetXSDA->adoEOF)
        {
            vt = rdSetXSDA->GetCollect("学号");           //取得学号字段的值
            if(vt.vt != VT_NULL)
                m_lvXSDA.InsertItem(i,(char*)_bstr_t(vt));
            vt = rdSetXSDA->GetCollect("姓名");           //取得姓名字段的值
            if(vt.vt != VT_NULL)
                m_lvXSDA.SetItemText(i,1,(char*)_bstr_t(vt));
            vt = rdSetXSDA->GetCollect("性别");           //取得性别字段的值
            if(vt.vt != VT_NULL)
                m_lvXSDA.SetItemText(i,2,(char*)_bstr_t(vt));
            vt = rdSetXSDA->GetCollect("民族");           //取得民族字段的值
            if(vt.vt != VT_NULL)
                m_lvXSDA.SetItemText(i,3,(char*)_bstr_t(vt));
            vt = rdSetXSDA->GetCollect("籍贯");           //取得籍贯字段的值
            if(vt.vt != VT_NULL)
                m_lvXSDA.SetItemText(i,4,(char*)_bstr_t(vt));
            vt = rdSetXSDA->GetCollect("政治面貌");       //取得政治面貌字段的值
            if(vt.vt != VT_NULL)
                m_lvXSDA.SetItemText(i,5,(char*)_bstr_t(vt));
            vt = rdSetXSDA->GetCollect("出生日期");       //取得出生日期字段的值
            if(vt.vt != VT_NULL)
                m_lvXSDA.SetItemText(i,6,(char*)_bstr_t(vt));
            vt = rdSetXSDA->GetCollect("身份证号");       //取得身份证号字段的值
            if(vt.vt != VT_NULL)
                m_lvXSDA.SetItemText(i,7,(char*)_bstr_t(vt));
            vt = rdSetXSDA->GetCollect("入学日期");       //取得入学日期字段的值
```

```
            if(vt.vt != VT_NULL)
                m_lvXSDA.SetItemText(i,8,(char*)_bstr_t(vt));
            vt = rdSetXSDA->GetCollect("院系");          //取得院系字段的值
            if(vt.vt != VT_NULL)
                m_lvXSDA.SetItemText(i,9,(char*)_bstr_t(vt));
            vt = rdSetXSDA->GetCollect("专业");          //取得专业字段的值
            if(vt.vt != VT_NULL)
                m_lvXSDA.SetItemText(i,10,(char*)_bstr_t(vt));
            vt = rdSetXSDA->GetCollect("年级");          //取得年级字段的值
            if(vt.vt != VT_NULL)
                m_lvXSDA.SetItemText(i,11,(char*)_bstr_t(vt));
            vt = rdSetXSDA->GetCollect("班级");          //取得班级字段的值
            if(vt.vt != VT_NULL)
                m_lvXSDA.SetItemText(i,12,(char*)_bstr_t(vt));
            vt = rdSetXSDA->GetCollect("学制");          //取得学制字段的值
            if(vt.vt != VT_NULL)
                m_lvXSDA.SetItemText(i,13,(char*)_bstr_t(vt));
            vt = rdSetXSDA->GetCollect("家庭住址");      //取得家庭住址字段的值
            if(vt.vt != VT_NULL)
                m_lvXSDA.SetItemText(i,14,(char*)_bstr_t(vt));
            rdSetXSDA->MoveNext();                       //移到下一条记录
            i++;
        }
    }
    catch(_com_error &e)
    {
        AfxMessageBox(e.Description());
    }
    if(rdSetXSDA->State==adStateOpen)
    {
        rdSetXSDA->Close();                              //关闭记录集
        rdSetXSDA.Detach();                              //释放 COM 对象
    }
}
```

6. 处理学生档案列表视图控件的 LVN_ITEMCHANGED 消息

当用户在学生档案列表视图控件中选择一条学生记录时，会产生 LVN_ITEMCHANGED 消息。为学生档案管理视图类添加该消息的处理函数，使用户选择学生记录后在相应的文本框中显示该记录的详细信息。

为学生档案管理视图类添加 LVN_ITEMCHANGED 消息的处理函数 OnItemchangedLvxsda，实现代码如下：

```
void CXSDAView::OnItemchangedLvxsda(NMHDR* pNMHDR, LRESULT* pResult)
{
    NM_LISTVIEW* pNMListView = (NM_LISTVIEW*)pNMHDR;
    int selItem = pNMListView->iItem;
    m_strXH = m_lvXSDA.GetItemText(selItem,0);
```

```
    m_strXM = m_lvXSDA.GetItemText(selItem,1);
    m_strXB = m_lvXSDA.GetItemText(selItem,2);
    m_strMZ= m_lvXSDA.GetItemText(selItem,3);
    m_strJG = m_lvXSDA.GetItemText(selItem,4);
    m_strZZMM = m_lvXSDA.GetItemText(selItem,5);
    m_strCSRQ = m_lvXSDA.GetItemText(selItem,6);
    m_strSFZH = m_lvXSDA.GetItemText(selItem,7);
    m_strRXRQ = m_lvXSDA.GetItemText(selItem,8);
    m_strYX = m_lvXSDA.GetItemText(selItem,9);
    m_strZY = m_lvXSDA.GetItemText(selItem,10);
    m_strNJ = m_lvXSDA.GetItemText(selItem,11);
    m_strBJ = m_lvXSDA.GetItemText(selItem,12);
    m_strXZ = m_lvXSDA.GetItemText(selItem,13);
    m_strJTZZ = m_lvXSDA.GetItemText(selItem,14);
    this->UpdateData(false);
    *pResult = 0;
}
```

7. 处理“新增”按钮的单击事件

为学生档案管理视图类添加“新增”按钮的单击事件处理函数 OnBtadd，实现代码如下：

```
void CXSDAView::OnBtadd()
{
    this->UpdateData();

    //组织 insert 语句
    CString strSQL;
    strSQL.Format("Insert into 学生档案信息(学号,姓名,性别,民族,籍贯,政治面貌 \
    出生日期,身份证号,入学日期,院系,专业,年级,班级,学制,家庭住址) \
        Values('%s','%s','%s','%s','%s','%s','%s','%s','%s','%s','%s','%s','%s','%s','%s')",
        m_strXH,m_strXM,m_strXB,m_strMZ,m_strJG,m_strZZMM,m_strCSRQ \
        m_strSFZH,m_strRXRQ,m_strYX,m_strZY,m_strNJ,m_strBJ,m_strXZ,m_strJTZZ);

    //调用 ADO 的连接对象执行 SQL 语句
    _variant_t vt;
    try
    {
        ((CStudentMngApp *)AfxGetApp())->dbConn->Execute((LPCSTR)strSQL,&vt,adCmdText);
    }
    catch(_com_error &e)
    {
        AfxMessageBox(e.Description());
        return;
    }

    //在学生档案列表视图控件中添加新记录
    int itemCount = m_lvXSDA.InsertItem(m_lvXSDA.GetItemCount(),m_strXH);
    m_lvXSDA.SetItemText(itemCount,1,m_strXM);
```

```
    m_lvXSDA.SetItemText(itemCount,2,m_strXB);
    m_lvXSDA.SetItemText(itemCount,3,m_strMZ);
    m_lvXSDA.SetItemText(itemCount,4,m_strJG);
    m_lvXSDA.SetItemText(itemCount,5,m_strZZMM);
    m_lvXSDA.SetItemText(itemCount,6,m_strCSRQ);
    m_lvXSDA.SetItemText(itemCount,7,m_strSFZH);
    m_lvXSDA.SetItemText(itemCount,8,m_strRXRQ);
    m_lvXSDA.SetItemText(itemCount,9,m_strYX);
    m_lvXSDA.SetItemText(itemCount,10,m_strZY);
    m_lvXSDA.SetItemText(itemCount,11,m_strNJ);
    m_lvXSDA.SetItemText(itemCount,12,m_strBJ);
    m_lvXSDA.SetItemText(itemCount,13,m_strXZ);
    m_lvXSDA.SetItemText(itemCount,14,m_strJTZZ);

    //清空控件，设置学号文本框获得焦点
    m_strXH = "";
    m_strXM = "";
    m_strXB = "";
    m_strMZ = "";
    m_strJG = "";
    m_strZZMM = "";
    m_strCSRQ = "";
    m_strSFZH = "";
    m_strRXRQ = "";
    m_strXZ = "";
    m_strJTZZ = "";
    this->UpdateData(false);
    GetDlgItem(IDC_EDXH)->SetFocus();
}
```

8. 处理“删除”按钮的单击事件

为学生档案管理视图类添加“删除”按钮的单击事件处理函数 OnBtdel，实现代码如下：

```
void CXSDAView::OnBtdel()
{
    //更新控件成员变量
    this->UpdateData(true);

    //数据校验
    if(!strlen(m_strXH))
    {
        MessageBox("没有选择要删除的记录","非法操作",MB_OK|MB_ICONEXCLAMATION);
        return;
    }

    //组织 delete SQL 语句
    CString strSQL;
```

```
    strSQL.Format("Delete 学生档案信息 Where 学号='%s'",m_strXH);

    //调用 ADO 的连接对象执行 SQL 语句
    _variant_t vt;
    try
    {
        ((CStudentMngApp *)AfxGetApp())->dbConn->Execute((LPCSTR)strSQL,&vt,adCmdText);
    }
    catch(_com_error &e)
    {
        AfxMessageBox(e.Description());
        return;
    }

    //刷新学生档案列表视图控件
    OnBtfind();

    //清除界面，设置学号文本框获得焦点
    m_strXH = "";
    m_strXM = "";
    m_strXB = "";
    m_strMZ = "";
    m_strJG = "";
    m_strZZMM = "";
    m_strCSRQ = "";
    m_strSFZH = "";
    m_strRXRQ = "";
    m_strXZ = "";
    m_strJTZZ = "";
    this->UpdateData(false);
    GetDlgItem(IDC_EDXH)->SetFocus();
}
```

9. 处理“修改”按钮的单击事件

为学生档案管理视图类添加“修改”按钮的单击事件处理函数 OnBtmod，实现代码如下：

```
void CXSDAView::OnBtmod()
{
    //更新控件成员变量
    this->UpdateData(true);

    //数据校验
    if(!strlen(m_strXH) || !strlen(m_strXM))
    {
        MessageBox("学号或姓名不能为空","非法操作",MB_OK|MB_ICONEXCLAMATION);
        return;
    }

    //组织 update SQL 语句
```

```
    CString strSQL;
    strSQL.Format("Update 学生档案信息 set 姓名='%s', 性别='%s',民族='%s' \,
        籍贯='%s',政治面貌='%s',出生日期='%s',身份证号='%s',入学日期='%s' \,
        院系名称='%s',专业='%s',年级='%s',班级='%s',学制='%s' \,
        家庭住址='%s' where 学号='%s'",m_strXM,m_strXB,m_strMZ,m_strJG,
        m_strZZMM,m_strCSRQ,m_strSFZH,m_strRXRQ,m_strYX,m_strZY,m_strNJ,
        m_strBJ,m_strXZ,m_strJTZZ,m_strXH);

    //调用 ADO 的连接对象执行 SQL 语句
    _variant_t vt;
    try
    {
        ((CStudentMngApp *)AfxGetApp())->dbConn->Execute((LPCSTR)strSQL,&vt,adCmdText);
    }
    catch(_com_error &e)
    {
        AfxMessageBox(e.Description());
        return;
    }

    //刷新学生档案列表视图控件
    OnBtfind();
}
```

10. 处理“清除”按钮的单击事件

为学生档案管理视图类添加“清除”按钮的单击事件处理函数 OnBtclear，实现代码如下：

```
void CXSDAView::OnBtclear()
{
    m_strXH = "";
    m_strXM = "";
    m_strXB = "";
    m_strMZ = "";
    m_strJG = "";
    m_strZZMM = "";
    m_strCSRQ = "";
    m_strSFZH = "";
    m_strRXRQ = "";
    m_strXZ = "";
    m_strJTZZ = "";
    this->UpdateData(false);
    GetDlgItem(IDC_EDXH)->SetFocus();
}
```

11. 处理“返回”按钮的单击事件

为学生档案管理视图类添加“返回”按钮的单击事件处理函数 OnBtreturn，实现代码如下：

```
void CXSDAView::OnBtreturn()
{
    this->GetDocument()->OnCloseDocument();
}
```

4.4.8 MFC 打印及打印预览

MFC 框架提供了灵活高效的打印及打印预览模型，且完成了打印和打印预览的绝大部分工作，留给程序员的仅是重载打印模型中的虚函数，实现打印逻辑。图 4-19 所示为 MFC 打印模型。

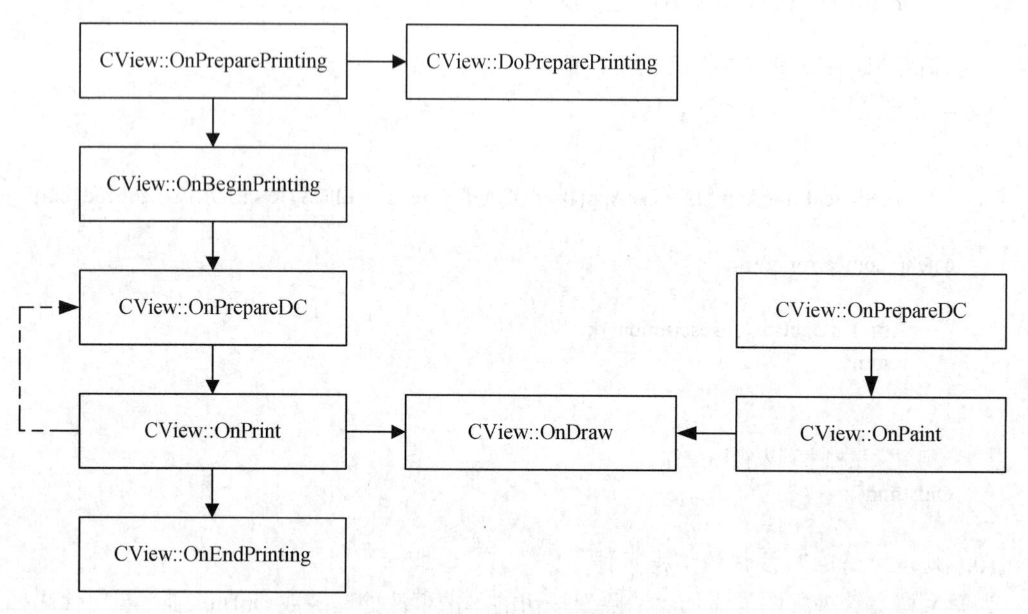

图 4-19 MFC 打印模型

如图 4-19 所示，打印任务从调用 CView::OnFilePrint 方法开始。CView::OnFilePrint 会调用一系列的函数以完成打印任务，其中许多函数为虚函数，重载这些虚函数以实现特定的打印逻辑。

CView::OnPreparePrinting 是一个虚函数，默认该函数调用 DoPreparePrinting。DoPreparePrinting 方法并不是虚函数，而是 CView 的一个辅助函式。CView::DoPreparePrinting 将存储在 CPrintInfo 结构中的对话框 CPrintDialog* m_pPD 显示出来，以收集用户对打印机的各种设定，然后产生一个打印机设备描述符，存储在 printinfo.m_pPD->m_pd.hDC 中。

CView::OnPreparePrinting 执行完后，CView::OnFilePrint 把 CDC 对象（打印机设备描述符）以及 CPrintInfo 对象作为实参调用 CView::OnBeginPrinting 方法。CView::OnBeginPrinting 是 CView 的一个虚函数，原本什么也没做。重载这个函数，在其中创建整个打印任务中都需要用到的 GDI 对象，如字体等。一次打印任务 CView::OnFilePrint 只会调用一次 CView::OnPreparePrinting 函数，所以在该函数中创建的字体等 GDI 对象只会创建一次。而 CView::OnPrepareDC 或 OnPrint 函数每打印一页都会调用一次，若在这些方法中创建 GDI 对象，则会造成资源浪费。

CView::OnPrepareDC 是一个虚函数。如果需要显示器映射模式，而不是 MM_TEXT（我们经常需要这样做），通常在该函数中设置。该函数的第二个参数是指向 CPrintInfo 结构的指针，只要在打印之前调用该函数，这个指针就有效。可以通过调用 CDC 的成员函数 IsPrinting 来测试是否正在执行打印任务。如果要使用 CView::OnPrepareDC 函数来为显示器和打印机设置不同的映射方式，则 IsPrinting 函数是非常方便的。如果事先不知道打印页数，重载的 OnPrepareDC 函数可以检测文档的结尾，并在 CPrintInfo 结构中重新设置 m_bContinuePrinting 标志。当这个标志为 FALSE 的时候，不再调用 OnPrint 函数，并且控制会转到打印循环的结尾。

CView::OnPrint 是一个虚函数，默认该函数调用 CView::OnDraw 方法。重载 CView::OnPrint 函数，在其中打印诸如标题、页眉、页脚等。在重载的 OnPrint 函数中，可以选择根本不调用 OnDraw 来支持打印逻辑，这样打印逻辑就与显示逻辑分开了。对每个需要打印的页，应用程序框架都要调用一次 OnPrint 函数。

OnDraw 函数带一个 CDC 对象参数，不要关心这个对象来自哪里。应用程序框架构造了它，并把它作为参数传递给视图的 OnDraw 函数。OnDraw 函数担负着双重的任务。若为显示任务，OnPaint 函数便调用 OnDraw，并且设备环境是显示器环境；若为打印任务，OnPrint 函数便调用 OnDraw，用一个打印机设备环境作为参数。在打印预览模式下，OnDraw 的 CDC 参数实际上是指向 CPreviewDC 对象的一个指针。不管是在打印还是预览，OnPrint 和 OnDraw 函数都起着同样的作用。

打印工作结束后，调用 OnEndPrinting 虚函数。重载这个函数可以删除在 OnBeginPrinting 函数中创建的 GDI 对象。

4.4.9　实现学生花名册报表子模块

学生花名册子模块能按年级、院系、专业、班级生成学生花名册报表。该模块 IPO 图如图 4-20 所示。

模块名：学生花名册	设计人：略
输入：学生档案信息查询条件	输出：学生花名册

处理：

1.启动学生花名册报表窗体视图

2.从院系信息表中读取所有院系信息，并写入“院系”组合框控件

3.加载年级信息和性别信息

4.在“院系”组合框中选择某院系，从专业信息表中读取所属该院系的专业信息，并写入“专业”组合框

5.在“专业”组合框中选择某专业，从班级信息表中读取所属该专业的班级信息，并写入“班级”组合框

6.设置查找条件，单击“查找”按钮

　　在列表控件中显示查找结果记录集

7.单击“打印预览”按钮

　　弹出“打印预览”对话框，预览学生花名册

8.单击“打印”按钮

　　弹出“打印”对话框，打印学生花名册

9.单击“清除”按钮

　　清除查询条件

10．单击“返回”按钮

　　关闭学生花名册报表窗体，回到主界面

图 4-20　学生花名册子模块 IPO 图

1. 用户界面设计

（1）编辑学生花名册报表窗体。

学生花名册报表窗体视图的资源 ID 是 IDD_XSHMCVIEW_FORM，按照表 4-10 所示为学生花名册报表窗体添加控件。

表 4-10　学生花名册报表窗体控件属性表

控件类型	控件 ID	属性	其他
Combo Box	IDC_CBNJ		“年级”组合框
Combo Box	IDC_CBYX		“院系”组合框
Combo Box	IDC_CBZY		“专业”组合框
Combo Box	IDC_CBBJ		“班级”组合框
Button	IDC_BTFIND	Caption=查找	“查找”按钮
Button	IDC_BTPRINTPREVIEW	Caption=打印预览	“打印预览”按钮
Button	IDC_BTPRINT	Caption=打印	“打印”按钮
Button	IDC_BTCLEAR	Caption=清除	“清除”按钮
Button	IDC_BTRETURN	Caption=返回	“返回”按钮
List Control	IDC_LVXSDA	View=Report Show Selection always=true	

学生花名册报表窗体界面如图 4-21 所示。

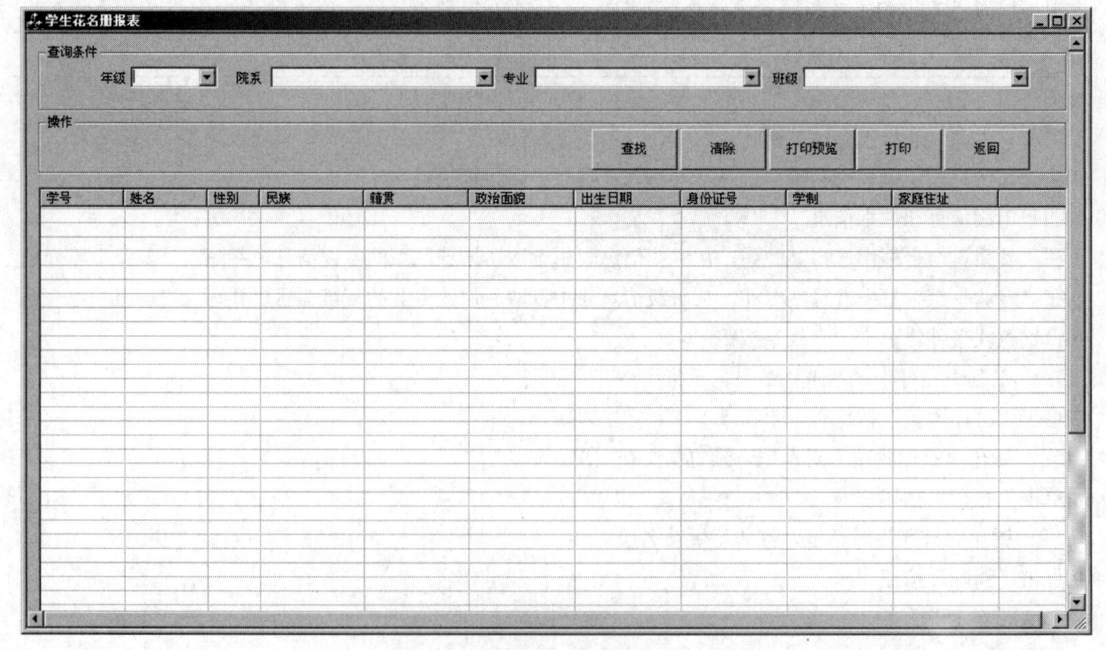

图 4-21　学生花名册报表窗体

（2）添加控件成员变量。

按照表 4-11 所示为学生花名册报表窗体视图的控件添加相应控件成员变量。

表 4-11　学生花名册报表窗体视图类控件成员变量表

控件 ID	变量名	变量种类	变量类型	最大字符数
IDC_CBNJ	m_cbNJ	Control	CComboBox	
IDC_CBYX	m_cbYX	Control	CComboBox	
IDC_CBZY	m_cbZY	Control	CComboBox	
IDC_CBBJ	m_cbBJ	Control	CComboBox	
IDC_LVXSDA	m_lvXSDA	Control	CListCtrl	

2. 初始化学生花名册报表窗体视图

学生花名册报表窗体视图初始化工作主要是设置学生档案列表视图控件属性并加载年级信息等。

为学生花名册报表窗体视图类重载其基类的成员方法 OnInitialUpdate，实现代码如下：

```
void CXSHMCView::OnInitialUpdate()
{
    CFormView::OnInitialUpdate();

    //设置学生档案列表视图控件属性，并添加若干列
    m_lvXSDA.SetExtendedStyle(m_lvXSDA.GetExtendedStyle()
        |LVS_EX_FULLROWSELECT|LVS_EX_GRIDLINES);
    m_lvXSDA.InsertColumn(0,"学号",LVCFMT_LEFT,80);
    m_lvXSDA.InsertColumn(1,"姓名",LVCFMT_LEFT,80);
    m_lvXSDA.InsertColumn(2,"性别",LVCFMT_LEFT,50);
    m_lvXSDA.InsertColumn(3,"民族",LVCFMT_LEFT,100);
    m_lvXSDA.InsertColumn(4,"籍贯",LVCFMT_LEFT,100);
    m_lvXSDA.InsertColumn(5,"政治面貌",LVCFMT_LEFT,100);
    m_lvXSDA.InsertColumn(6,"出生日期",LVCFMT_LEFT,100);
    m_lvXSDA.InsertColumn(7,"身份证号",LVCFMT_LEFT,100);
    m_lvXSDA.InsertColumn(13,"学制",LVCFMT_LEFT,100);
    m_lvXSDA.InsertColumn(14,"家庭住址",LVCFMT_LEFT,100);

    //初始化“年级”组合框
    CString strItem;
    for(int i=2000;i<2050;i++)
    {
        strItem.Format("%d",i);
        m_cbNJ.AddString(strItem);
    }

    //加载院系信息到“院系”组合框中
    RefreshCBCtrl("Select 院系 from 院系信息","院系",m_cbYX);
}
```

CXSHMCView::OnInitialUpdate 方法调用了 RefreshCBCtrl 方法加载院系信息到“院系”组合框中。RefreshCBCtrl 方法的声明如下：

```
private:
    //执行 strSQL 指定的 SQL 语句，并在返回的结果记录集中读取
    //strField 指定的字段加载到 cbCtrl 指定的下拉列表框中
    void RefreshCBCtrl(CString strSQL,CString strField,CComboBox &cbCtrl);
```

RefreshCBCtrl 方法的实现代码如下：

```
void CXSHMCView::RefreshCBCtrl(CString strSQL,CString strField,CComboBox &cbCtrl)
{
    //清除 cbCtrl 组合框中的项和文本
    cbCtrl.SetWindowText("");
    for(int i=cbCtrl.GetCount()-1;i>=0;i--)
        cbCtrl.DeleteString(i);

    _RecordsetPtr rdSetComm;
    try
    {
        rdSetComm.CreateInstance(_uuidof(Recordset));
        rdSetComm->Open((LPCSTR)strSQL,
            ((CStudentMngApp *)AfxGetApp())->dbConn.GetInterfacePtr(),
            adOpenDynamic,adLockOptimistic,adCmdText);
        _variant_t vt_Comm;
        while(!rdSetComm->adoEOF)                              //遍历记录集
        {
            //取得 strField 指定字段的值
            vt_Comm = rdSetComm->GetCollect((LPCSTR)strField);
            if(vt_Comm.vt != VT_NULL)
                cbCtrl.AddString((char*)_bstr_t(vt_Comm));     //将值添加到组合框中
            rdSetComm->MoveNext();                             //移到下一条记录
        }
    }
    catch(_com_error &e)
    {
        AfxMessageBox(e.Description());
    }

    if(rdSetComm->State==adStateOpen)
    {
        rdSetComm->Close();                        //关闭记录集
        rdSetComm.Detach();                        //释放 COM 对象
    }
}
```

3. 加载专业信息到“专业”组合框

为学生花名册报表窗体视图类添加 IDC_CBYX“院系”组合框的 CBN_SELCHANGE 事件处理函数 OnSelchangeCbyx，实现代码如下：

```
void CXSDAView::OnSelchangeCbyx()
{
    //获得当前选择的院系
```

```
    m_cbYX.SetCurSel(m_cbYX.GetCurSel());
    CString strYX;
    m_cbYX.GetWindowText((char *)(LPCTSTR)strYX,255);

    //组织 SQL 语句
    CString strSQL;
    strSQL.Format("select 专业名称 from 专业信息 where \
            院系代码= (select 院系代码 from 院系信息 where 院系名称='%s')",strYX);

    //更新“专业”组合框
    RefreshCBCtrl(strSQL,"专业名称",m_cbZY);
}
```

4. 加载班级信息到“班级”组合框

为学生花名册报表窗体视图类添加 IDC_CBZY“专业”组合框的 CBN_SELCHANGE 事件处理函数 OnSelchangeCbzy，实现代码如下：

```
void CXSHMCView::OnSelchangeCbzy()
{
    //获得当前选择的专业
    m_cbZY.SetCurSel(m_cbZY.GetCurSel());
    CString strZY;
    m_cbZY.GetWindowText((char *)(LPCTSTR)strZY,255);

    //组织 SQL 语句
    CString strSQL;
    strSQL.Format("select 班级名称 from 班级信息 where \
        专业代码= (select 专业代码 from 专业信息 where 专业名称='%s')",strZY);

    //更新“班级”组合框
    RefreshCBCtrl(strSQL,"班级名称",m_cbBJ);
}
```

5. 处理“查找”按钮的单击事件

为学生花名册报表窗体视图类添加“查找”按钮单击事件处理函数 OnBtfind，实现代码如下：

```
void CXSHMCView::OnBtfind()
{
    this->UpdateData(true);

    CString strSQLSet="Select * From 学生档案信息 Where 1=1 ";
    char strNJ[255],strYX[255],strZY[255],strBJ[255];

    //获得年级子条件
    m_cbNJ.GetWindowText(strNJ,255);
    if(strlen(strNJ)>0)
    {
        strSQLSet.Format(strSQLSet + " And 年级='%s' ",strNJ);
    }
```

```
    //获得院系子条件
    m_cbYX.GetWindowText(strYX,255);
    if(strlen(strYX)>0)
    {
        strSQLSet.Format(strSQLSet + " And 院系名称='%s' ",strYX);
    }

    //获得专业子条件
    m_cbZY.GetWindowText(strZY,255);
    if(strlen(strZY)>0)
    {
        strSQLSet.Format(strSQLSet + " And 专业名称='%s' ",strZY);
    }

    //获得班级子条件
    m_cbBJ.GetWindowText(strBJ,255);
    if(strlen(strBJ)>0)
    {
        strSQLSet.Format(strSQLSet + " And 班级名称='%s' ",strBJ);
    }

    //刷新学生档案列表视图控件
    RefreshXSDAXX(strSQLSet);
}
```

CXSHMCView::OnBtfind 方法首先根据用户设置的查询参数组织一条查询语句，然后调用 CXSHMCView::RefreshXSDAXX 方法刷新学生档案列表视图控件。

CXSHMCView::RefreshXSDAXX 方法执行参数指定的 SQL 查询语句，并将返回的结果记录集加载到学生档案列表视图控件中。该方法的声明如下：

```
private:
    //执行 strSQL 指定的 SQL 语句，并将返回的学生档案
    //信息记录集中加载到学生档案列表视图控件中
    void RefreshXSDAXX(CString strSQL);
```

该方法的实现代码如下：

```
void CXSHMCView::RefreshXSDAXX(CString strSQL)
{
    m_lvXSDA.DeleteAllItems();
    _RecordsetPtr rdSetXSDA;
    try
    {
        rdSetXSDA.CreateInstance(_uuidof(Recordset));
        rdSetXSDA->Open((LPCTSTR)strSQL,((CStudentMngApp *)AfxGetApp())->
            dbConn.GetInterfacePtr(),adOpenDynamic,adLockOptimistic,adCmdText);
        _variant_t vt;
        int i=0;
        while(!rdSetXSDA->adoEOF)
```

```
        {
            vt = rdSetXSDA->GetCollect("学号");          //取得学号字段的值
            if(vt.vt != VT_NULL)
                m_lvXSDA.InsertItem(i,(char*)_bstr_t(vt));
            vt = rdSetXSDA->GetCollect("姓名");          //取得姓名字段的值
            if(vt.vt != VT_NULL)
                m_lvXSDA.SetItemText(i,1,(char*)_bstr_t(vt));
            vt = rdSetXSDA->GetCollect("性别");          //取得性别字段的值
            if(vt.vt != VT_NULL)
                m_lvXSDA.SetItemText(i,2,(char*)_bstr_t(vt));
            vt = rdSetXSDA->GetCollect("民族");          //取得民族字段的值
            if(vt.vt != VT_NULL)
                m_lvXSDA.SetItemText(i,3,(char*)_bstr_t(vt));
            vt = rdSetXSDA->GetCollect("籍贯");          //取得籍贯字段的值
            if(vt.vt != VT_NULL)
                m_lvXSDA.SetItemText(i,4,(char*)_bstr_t(vt));
            vt = rdSetXSDA->GetCollect("政治面貌");      //取得政治面貌字段的值
            if(vt.vt != VT_NULL)
                m_lvXSDA.SetItemText(i,5,(char*)_bstr_t(vt));
            vt = rdSetXSDA->GetCollect("出生日期");      //取得出生日期字段的值
            if(vt.vt != VT_NULL)
                m_lvXSDA.SetItemText(i,6,(char*)_bstr_t(vt));
            vt = rdSetXSDA->GetCollect("身份证号");      //取得身份证号字段的值
            if(vt.vt != VT_NULL)
                m_lvXSDA.SetItemText(i,7,(char*)_bstr_t(vt));
            vt = rdSetXSDA->GetCollect("学制");          //取得学制字段的值
            if(vt.vt != VT_NULL)
                m_lvXSDA.SetItemText(i,8,(char*)_bstr_t(vt));
            vt = rdSetXSDA->GetCollect("家庭住址");      //取得家庭住址字段的值
            if(vt.vt != VT_NULL)
                m_lvXSDA.SetItemText(i,9,(char*)_bstr_t(vt));
            rdSetXSDA->MoveNext();                       //移到下一条记录
            i++;
        }
    }
    catch(_com_error &e)
    {
        AfxMessageBox(e.Description());
    }

    if(rdSetXSDA->State==adStateOpen)
    {
        rdSetXSDA->Close();                          //关闭记录集
        rdSetXSDA.Detach();                          //释放 COM 对象
    }
}
```

6. 处理“打印预览”按钮的单击事件

打印或打印预览时首先会调用 CView::OnPreparePrinting 方法，该方法会调用 CView::DoPreparePrinting 方法将 CPrintInfo 结构中的“打印”对话框 CPrintDialog* m_pPD 显示出来，以收集用户对打印机的各种设定，然后产生一个打印机 DC，存储在 pInfo->m_pPD->m_pd.hDC 中。

在视图类 CXSHMCView 中重载 OnPreparePrinting 方法，默认调用其基类的 OnPreparePrinting 方法，而基类的 OnPreparePrinting 方法不做任何事情，直接返回 true，并没有设置打印机 DC（pInfo->m_pPD->m_pd.hDC），所以程序会出错，解决此问题的方法是重载基类的 OnPreparePrinting 方法，将方法中的语句：

```
return CFormView::OnPreparePrinting(pInfo);
```

修改为：

```
return CFormView::DoPreparePrinting(pInfo);
```

为学生花名册报表窗体视图类添加“打印预览”按钮的单击事件处理程序 OnBtprintpreview，实现代码如下：

```
void CXSHMCView::OnBtprintpreview()
{
    CFormView::OnFilePrintPreview();
}
```

CXSHMCView::OnBtprintpreview 方法直接调用基类的 OnFilePrintPreview 方法显示“打印预览”对话框。

7. 处理“打印”按钮的单击事件

为学生花名册报表窗体视图类添加“打印”按钮的单击事件处理程序 OnBtprint，实现代码如下：

```
void CXSHMCView::OnBtprint()
{
    CFormView::OnFilePrint();
}
```

8. 实现打印功能

在 CXSHMCView 类的头文件中定义如下变量：

```
private:
    int m_nCurPage;                          //当前打印页
    int m_nPageCount;                        //总共页数
    enum{nLinesPerPage = 30};                //每页记录数
    CFont titleFont,bodyFont;                //报表标题字体、正文字体
```

其中 m_nPageCount 变量记录总共要打印的页数，等于学生记录数除以每页打印的学生记录数；m_nCurPage 变量记录当前打印的页号；nLinesPerPage 表示每页打印的学生记录数；titleFont 和 bodyFont 表示报表标题字体和正文字体。

重载基类的 OnPreparePrinting 方法，在其中计算并设置打印页数，该方法的代码如下：

```
BOOL CXSHMCView::OnPreparePrinting(CPrintInfo* pInfo)
{
    //计算报表总页数=总行数/每页行数
    m_nPageCount = m_lvXSDA.GetItemCount() / nLinesPerPage;
```

```
//计算报表最后一页行数
m_nLastPageLineCount = m_lvXSDA.GetItemCount() % nLinesPerPage;

//设置打印页数
    pInfo->SetMaxPage(m_nPageCount);

    return CFormView::DoPreparePrinting(pInfo);
}
```

重载基类的 OnBeginPrinting 方法，在其中创建报表标题和报表正文的字体对象，该方法的代码如下：

```
void CXSHMCView::OnBeginPrinting(CDC* pDC, CPrintInfo* pInfo)
{
    //创建标题字体
    titleFont.CreateFont(-300,0,0,0,FW_BOLD,false,false,0,ANSI_CHARSET,
        OUT_DEFAULT_PRECIS,CLIP_DEFAULT_PRECIS,DEFAULT_QUALITY,
        DEFAULT_PITCH|FF_MODERN,"Couriler New");

    //创建表头和正文字体
    bodyFont.CreateFont(-150,0,0,0,300,false,false,0,ANSI_CHARSET,
        OUT_DEFAULT_PRECIS,CLIP_DEFAULT_PRECIS,DEFAULT_QUALITY,
        DEFAULT_PITCH|FF_MODERN,"Couriler New");

    CFormView::OnBeginPrinting(pDC, pInfo);
}
```

重载基类的 OnEndPrinting 方法，在其中释放字体对象，该方法的代码如下：

```
void CXSHMCView::OnEndPrinting(CDC* pDC, CPrintInfo* pInfo)
{
    //释放字体对象
    bodyFont.DeleteObject();
    titleFont.DeleteObject();
    CFormView::OnEndPrinting(pDC, pInfo);
}
```

重载基类的 OnPrint 方法，在其中打印报表页眉、标题、表头和正文等内容，代码如下：

```
void CXSHMCView::OnPrint(CDC* pDC, CPrintInfo* pInfo)
{
    int nStart,nEnd;                          //开始行，结束行
    int nLeft= 1 * 1440 ;                     //左边距=1 英寸
    int nCurY;                                //打印的当前 Y 轴
    int nHeight;                              //行高
    CString strTitle,strColHeader,strPrint,strXH,strXM,strXB,strMZ,strJG,strZZMM,strCSRQ,
        strSFZH,strXZ,strJTZZ;

    //设置映射模式
    pDC->SetMapMode(MM_TWIPS);

    //设置正文字体
```

```
CFont* pOldFont = (CFont *)(pDC->SelectObject(&bodyFont));

//获得当前打印页号
m_nCurPage = pInfo->m_nCurPage;

//打印页眉
CString strPageHead;
strPageHead.Format("第 %d 页/共 %d 页",m_nCurPage,m_nPageCount);
pDC->TextOut((int)(0.5*1440),0,strPageHead);

//计算打印行高
TEXTMETRIC tm;
pDC->GetTextMetrics(&tm);
int nCHeight = tm.tmHeight+tm.tmExternalLeading;      //计算字符的高度
nHeight = nCHeight + 200;                             //计算每行记录的高度

//计算当页的开始记录和结束记录
nStart = (m_nCurPage-1) *  nLinesPerPage;
if(m_nCurPage == this->m_nPageCount)
{
    nEnd = m_lvXSDA.GetItemCount();
}
else
{
    nEnd = nStart + nLinesPerPage;
}

//若为第一页，则打印报表标题
if(m_nCurPage == 1)
{
    pDC->SelectObject(&titleFont);                    //设置打印字体（标题）
    strTitle = "学生花名册";                          //报表标题
    //获得打印纸的物理宽度（单位 mm）
    double fMMPageWidth= pDC->GetDeviceCaps(HORZSIZE);
    //计算出打印纸的逻辑宽度（逻辑单位）
    double fLogPageWidth= fMMPageWidth/25.4*1440;
    //计算报表标题字符串的宽度
    double fTitleWidth = pDC->GetTextExtent(strTitle).cx;
    //在纸张的水平中间位置输出报表标题
    pDC->TextOut((int)(fLogPageWidth/2-fTitleWidth/2),(int)(-0.5*1440),strTitle);
}

//打印表头
pDC->SelectObject(&bodyFont);
strColHeader.Format("%9s %6s %6s %6s %9s %12s %9s %13s %7s %s","学号","姓名","性别",
    "民族","籍贯","政治面貌","出生日期","身份证号","学制","家庭住址");
pDC->TextOut(nLeft ,-1 * 1440,strColHeader);

//打印当页报表正文
nCurY = (int)(-1.2 * 1440);                           //报表正文从 Y 轴=1.2 英寸处开始打印
```

```
    //从 CListControl 控件中读取 nStart--nEnd 之间的学生记录并逐行打印
    for(int i=nStart;i<nEnd;i++)
    {
        //取得 CListControl 控件中第 i 行各列的值并保存到各变量中
        strXH = m_lvXSDA.GetItemText(i,0);
        strXM = m_lvXSDA.GetItemText(i,1);
        strXB = m_lvXSDA.GetItemText(i,2);
        strMZ = m_lvXSDA.GetItemText(i,3);
        strJG = m_lvXSDA.GetItemText(i,4);
        strZZMM = m_lvXSDA.GetItemText(i,5);
        strCSRQ = m_lvXSDA.GetItemText(i,6);
        strSFZH = m_lvXSDA.GetItemText(i,7);
        strXZ = m_lvXSDA.GetItemText(i,8);
        strJTZZ = m_lvXSDA.GetItemText(i,9);
        //格式化打印字符串
        strPrint.Format("%9s %8s %2s %9s %9s %8s %10s %.18s %2s %s",strXH,strXM,strXB,
            strMZ,strJG,strZZMM,strCSRQ,strSFZH,strXZ,strJTZZ);
        //输出学生记录
        pDC->TextOut(nLeft,nCurY,strPrint);
        //输出记录分隔线
        pDC->MoveTo(nLeft,nCurY - nCHeight);
        pDC->LineTo((int)(pDC->GetDeviceCaps(HORZSIZE)/25.4*1440 - nLeft),
            nCurY - nCHeight);
        nCurY -=nHeight;                         //设置打印的当前 Y 轴下移一行
    }
    pDC->SelectObject(pOldFont);
}
```

9. 处理“清除”按钮的单击事件

为学生花名册报表窗体视图类添加“清除”按钮的单击事件处理程序 OnBtclear，其实现代码如下：

```
void CXSHMCView::OnBtclear()
{
    m_cbNJ.SetWindowText("");
    m_cbYX.SetWindowText("");
    m_cbZY.SetWindowText("");
    m_cbBJ.SetWindowText("");
    m_cbNJ.SetFocus();
}
```

10. 处理“返回”按钮的单击事件

为学生花名册报表窗体视图类添加“返回”按钮的单击事件处理程序 OnBtreturn，实现代码如下：

```
void CXSHMCView::OnBtreturn()
{
    this->GetDocument()->OnCloseDocument();
}
```

第5章　高校学籍管理系统的改进与完善

第 4 章对高校学籍管理系统进行了分析设计，并实现了其三个子模块，分别为：院系信息管理子模块、学生档案管理子模块和学生花名册报表子模块。本章将从应用系统体系结构的角度继续讨论高校学籍管理系统，涉及的内容主要包括：

- 应用系统体系结构与 COM 简介。
- 创建和访问登录 COM 组件。

本章知识重点：

- 应用系统体系结构。
- 在 Visual C++ 中创建和访问 COM 组件。

5.1　应用系统体系结构与 COM 简介

5.1.1　应用系统体系结构分析

1．两层结构的应用系统

过去在应用系统开发过程中，传统两层体系结构的应用系统得到了广泛的应用。其特点是，应用程序逻辑通常分布在客户端应用程序和数据库服务器端的存储过程、触发器中。应用程序使用 ADO 直接与数据库服务器（如 Microsoft SQL Server）进行通信。

两层结构的应用系统的优点是开发工作简单、快捷，可快速建立并运行应用程序的基本功能，适用于单机运行的小型应用程序。

两层结构的应用系统具有以下缺点：

（1）业务规则大多包含在前端代码中。因而，如果需要更改业务规则，则必须更新全部客户端。除非能够进行自动更新，否则这种维护工作将十分繁琐。当然，如果使用 SQL Server，则可以将某些业务规则放到存储过程中，从而减少维护的时间和成本。

（2）尽管 SQL 可以在数据库结构和应用程序的其他部分之间提供某种程度的精简，但字段名称通常还是在源代码或控件属性中硬编码的。如果更改字段名称，则必须查找和替换应用程序中所有该字段的名称。

（3）很多代码（如 SQL 语句和业务规则）常常在应用程序中重复出现，这是因为不同的窗体使用了某些相同的表。这使得此类应用程序的维护非常困难，因为如果需要更改表或字段的名称，则必须在多个位置进行更改，同时还需要在多个位置进行额外的回归测试。

（4）如果数据源发生变化，则对用于将数据加载到数据集中的代码的更改将更加困难。例如，如果原来使用文本文件存储数据，然后又希望转换到 SQL Server，其访问方式是截然不同的。

第 4 章中介绍的高校学籍管理系统是一个典型的两层结构的应用系统，其体系结构如图 5-1 所示。

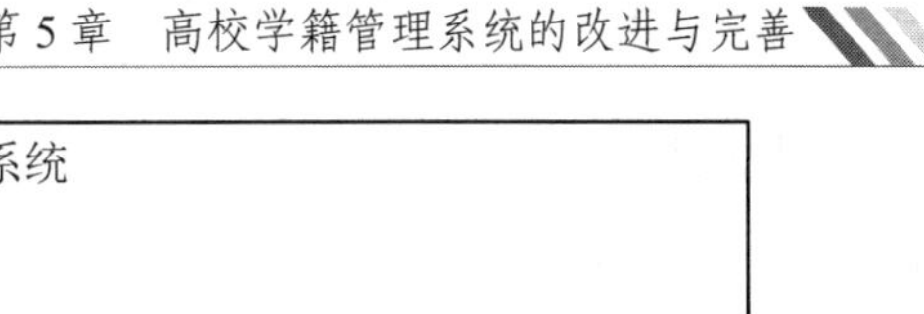

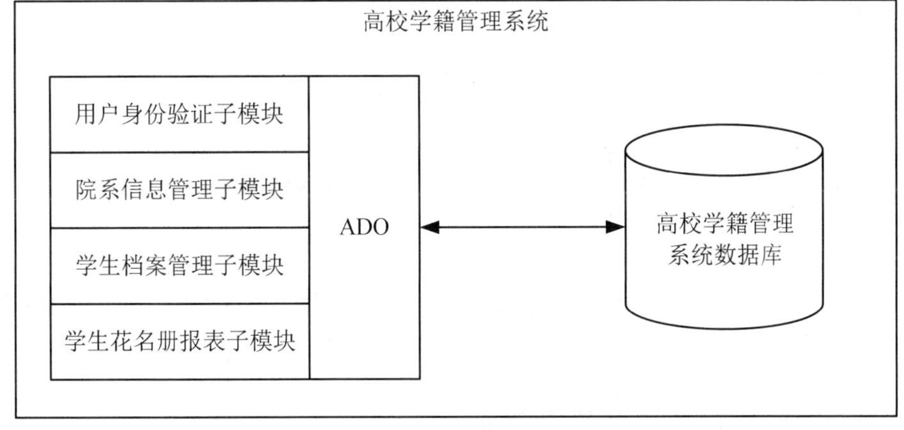

图 5-1　两层结构的高校学籍管理系统体系结构

2. 三层结构的应用系统

所谓三层体系结构，是在客户端与数据库之间加入了一个“中间层”，即业务层。这里所说的三层体系，不是指物理上的三层，不是简单地放置三台机器就是三层体系结构，三层是指逻辑上的三层，即使这三层放置到一台机器上。

三层体系的应用程序将业务规则、数据访问、合法性校验等工作放到了中间层进行处理。通常情况下，客户端不直接与数据库进行交互，而是通过访问中间层提供的服务来实现业务。当业务改变时，只需修改中间层，并以相同的接口或开放新的接口提供服务。客户端应用程序不需要修改或稍做修改便可适应新的业务需求。

三层结构的应用系统具有以下优点：

（1）将系统分为三层（或多层），业务逻辑分布在中间层，软件的维护集中在中间层，客户端的维护就相对简单多了，有利于软件维护及系统管理。

（2）将客户端与数据库隔离起来，客户端没有权限直接访问数据库，有利于安全管理，可有效防止恶意攻击。还可以利用中间层的安全管理特性进一步加强权限控制管理。

三层结构应用中可划分出业务（事务）级权限，利用中间层的安全管理对其进行访问控制。数据库的权限只分为对表（或表中的列）的 Insert（插入）、Delete（删除）、Update（修改）、Select（查询）权限，它属于数据库表级的权限。而实际应用中往往以业务为主线，也就要求对业务实现权限控制，三层结构应用可以方便地对客户端实现业务权限管理控制。业务级权限控制的引入丰富和方便了权限控制与管理，实际上两层应用体系结构中可通过存储过程类似地实现业务级权限控制，但采用三层应用体系结构实现业务级权限控制更加灵活、方便、高效。

若要提高系统性能、处理速度，可增加应用服务器分担一部分应用服务工作即可，而原来的应用服务器几乎可以不动。

图 5-2 所示为三层结构的高校学籍管理系统体系结构图。

5.1.2　COM 简介

简单地说，COM 是一种跨应用和语言共享二进制代码的方法。与 C++不同，C++提倡源代码重用，源码级重用虽然好，但只能用于 C++。Windows 使用 DLL 在二进制级共享代码。这也是 Windows 程序运行的关键——重用 kernel32.dll、user32.dll 等。但 DLL 是针对 C 接口写的，只能被 C 语言或理解 C 语言调用规范的语言使用。

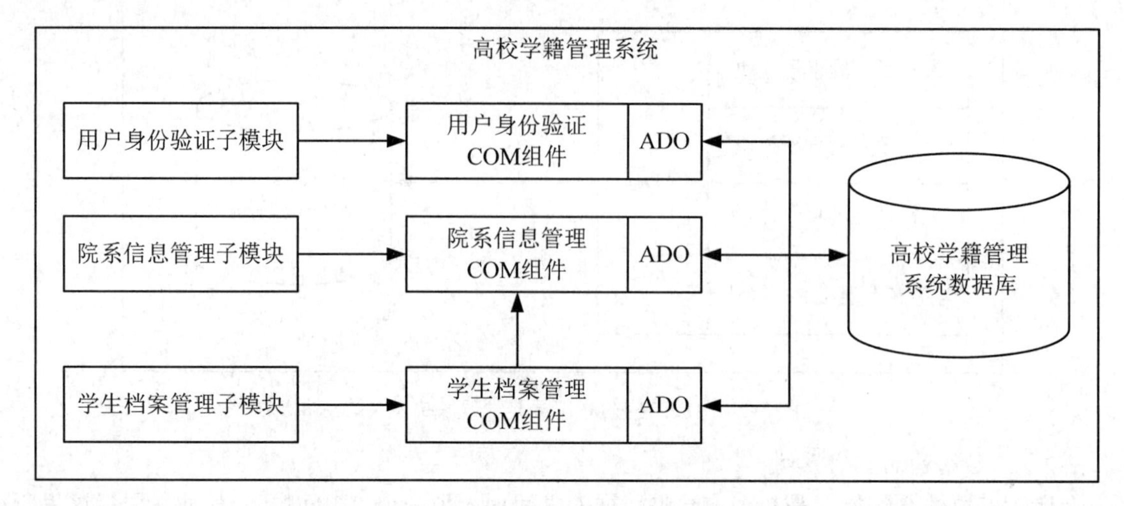

图 5-2　三层结构的高校学籍管理系统体系结构图

COM 通过定义二进制标准解决了这些问题，即 COM 明确指出二进制模块（DLL 和 EXE）必须被编译成指定的结构。这个标准也确切规定了在内存中如何组织 COM 对象。COM 定义的二进制标准还必须独立于任何编程语言。一旦满足了这些条件，就可以轻松地从任何编程语言中存取这些模块。由编译器负责所产生的二进制代码与标准兼容。这样后来的人就能更容易地使用这些二进制代码了。

符合 COM 规范的二进制模块称为 COM 组件。从应用的角度来理解 COM 组件，一个 COM 组件由若干对象组成。对象通过属性和方法为 COM 客户端应用程序（访问 COM 组件对象方法和属性的应用程序）提供服务。

有关 COM 的更多知识，请参考中国电力出版社出版的《COM 本质论》([美]Don Box)。

5.2　创建和访问登录 COM 组件

5.2.1　实现身份验证 COM 组件

身份验证 COM 组件为高校学籍管理系统提供身份验证服务。身份验证 COM 组件的 Login 方法提供身份验证逻辑，并以 IsLoginSuccess 属性返回身份验证结果。

1. 创建身份验证 COM 组件工程

启动 Visual C++ 6.0，选择【File|New】菜单项，在弹出的 New 对话框中选择 ATL COM AppWiazrd，在 Project name 中输入 LoginSer，选择工程存放路径，单击 OK 按钮。在其后的向导中选择默认设置，单击 Finish 按钮完成工程创建。

2. 添加 Login 对象

选择【Insert|New ATL Object】菜单项，弹出 ATL Object Wizard 对话框，如图 5-3 所示。

在 ATL Object Wizard 对话框中选择 Simple Object，单击 Next 按钮，弹出“ATL Object Wizard 属性”对话框，如图 5-4 所示。

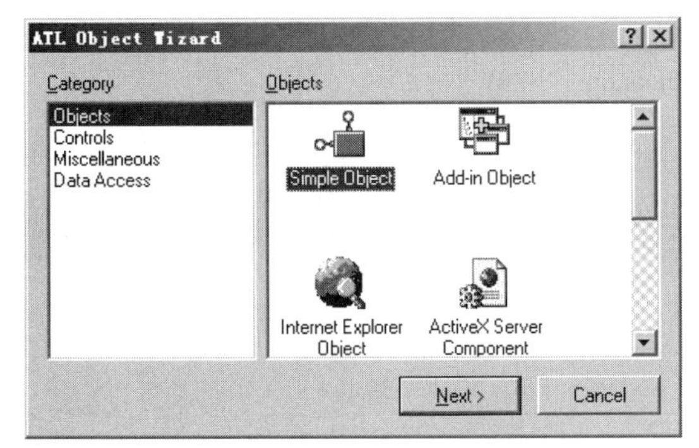

图 5-3 ATL Object Wizard 对话框

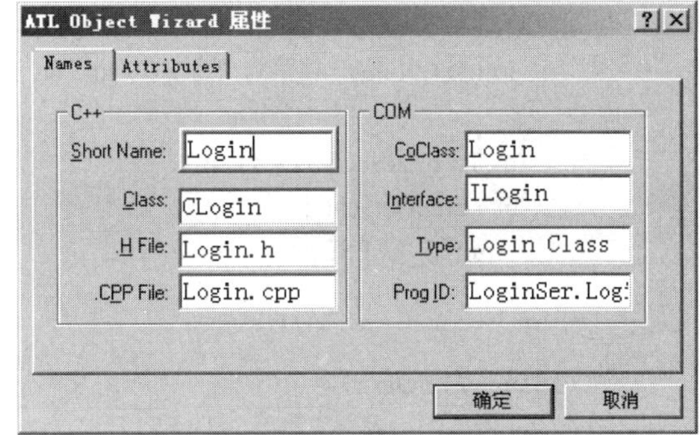

图 5-4 “ATL Object Wizard 属性”对话框

在 Short Name 文本框中输入 Login，将自动生成其他属性。按照图 5-4 所示设置 Login 对象的属性，然后单击“确定”按钮。

3. 为 Login 对象添加 Login 方法

在 ClassView 选项卡中右击 ILogin 接口，选择 Add Method 菜单项，如图 5-5 所示。

弹出 Add Method to Interface 对话框，如图 5-6 所示。

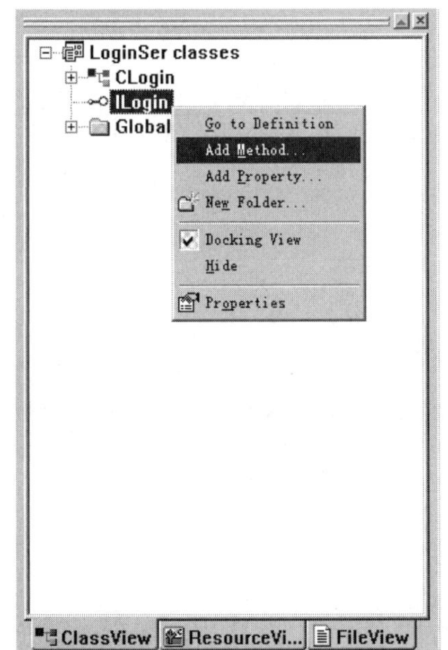

图 5-5 添加 Login 方法

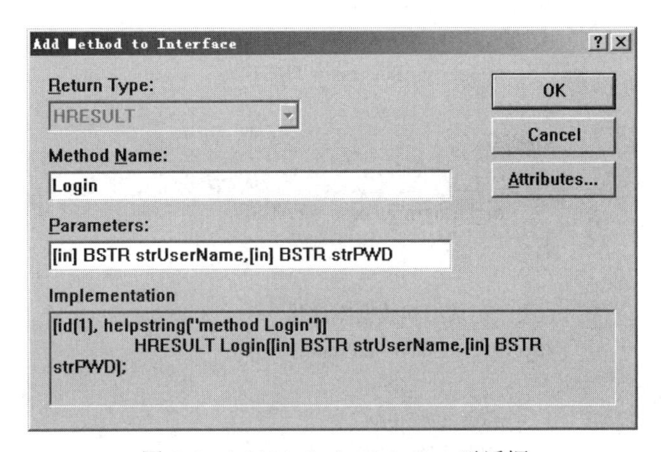

图 5-6 Add Method to Interface 对话框

按照图 5-6 所示在 Add Method to Interface 对话框中输入方法名和参数，然后单击 OK 按钮。

打开 Login.cpp 文件，定位到 Login 方法处，在其中添加如下代码：

```
STDMETHODIMP CLogin::Login(BSTR strUserName, BSTR strPWD)
{
    //打开数据库
    _ConnectionPtr dbConn;
    dbConn.CreateInstance(_uuidof(Connection));
```

```
    if(FAILED(dbConn->Open("Provider=SQLOLEDB;Data Source=.; \
        Initial Catalog=学籍管理系统","sa","sa_administrator",-1)))
    {
        m_IsLoginSuccess = false;
        dbConn.Detach();
        return S_FALSE;
    }

    //组织查询 SQL 语句
    CComBSTR strSql;
    strSql.Append("SELECT 1 FROM  用户信息  WHERE  用户名='");
    strSql.Append(strUserName);
    strSql.Append("' And  密码='");
    strSql.Append(strPWD);
    strSql.Append("'");
    _bstr_t bstrSql(strSql,FALSE);

    //执行 SQL 语句
    CComVariant vt;
    _RecordsetPtr pRdset;
    pRdset = dbConn->Execute(bstrSql,&vt,-1);

    //判断身份验证是否成功
    if(!pRdset->adoEOF)
    {
        m_IsLoginSuccess = TRUE;
    }
    else
    {
        m_IsLoginSuccess = FALSE;
    }

    //关闭记录集和数据库连接
    if(pRdset->State==adStateOpen)
    {
        pRdset->Close();
        pRdset.Detach();
    }
    if(dbConn->State == adStateOpen)
    {
        dbConn->Close();
        dbConn.Detach();
    }
    return S_OK ;
}
```

以上代码打开数据库并查找是否存在指定的用户名和密码，如果有，则将 CLogin 的成员变量 m_IsLoginSuccess 设置为 TRUE，否则设置为 FALSE。

打开 CLogin 类的头文件 Login.h，在其中添加如下语句：

```
private:
    BOOL m_IsLoginSuccess;
```

因为 Login 方法使用了 ADO 访问数据库，因此需要添加导入 ADO 库的代码。打开 Stdafx.h 文件，在#include <atlcom.h>语句后添加如下语句：

```
#import "c:\\program files\\common files\\system\\ado\\msado15.dll"
    no_namespace rename("EOF", "adoEOF")
```

4. 为 Login 对象添加 IsLoginSuccess 属性

在 ClassView 选项卡中右击 ILogin 接口，选择 Add Property 菜单项，弹出 Add Property to Interface 对话框，如图 5-7 所示。

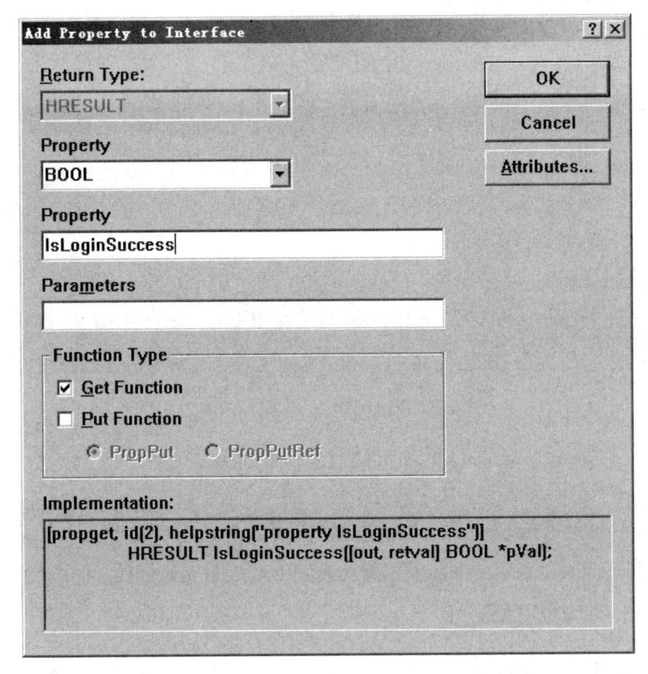

图 5-7 Add Property to Interface 对话框

在 Add Property to Interface 对话框中，设置属性类型为 BOOL，属性名称为 IsLoginSuccess，Fuction Type 为 Get Function，然后单击 OK 按钮。

打开 CLogin 类的实现文件 Login.cpp，定位到 get_IsLoginSuccess 方法，在其中添加如下代码：

```
STDMETHODIMP CLogin::get_IsLoginSuccess(BOOL *pVal)
{
    *pVal = m_IsLoginSuccess;
    return S_OK;
}
```

以上代码设置访问 IsLoginSuccess 属性将返回 m_IsLoginSuccess 成员变量的值。

5. 生成 LoginSer.dll

选择【Build|Build LoginSer.dll】菜单项，将生成 LoginSer.dll。

5.2.2 访问身份验证 COM 组件

1. 生成 COM 组件 LoginSer 的包装类

打开第 4 章实现的高校学籍管理系统工程，启动 MFC ClassWizard，单击 Add Class 按钮，在弹出菜单中选择 From a type library 菜单项，如图 5-8 所示。

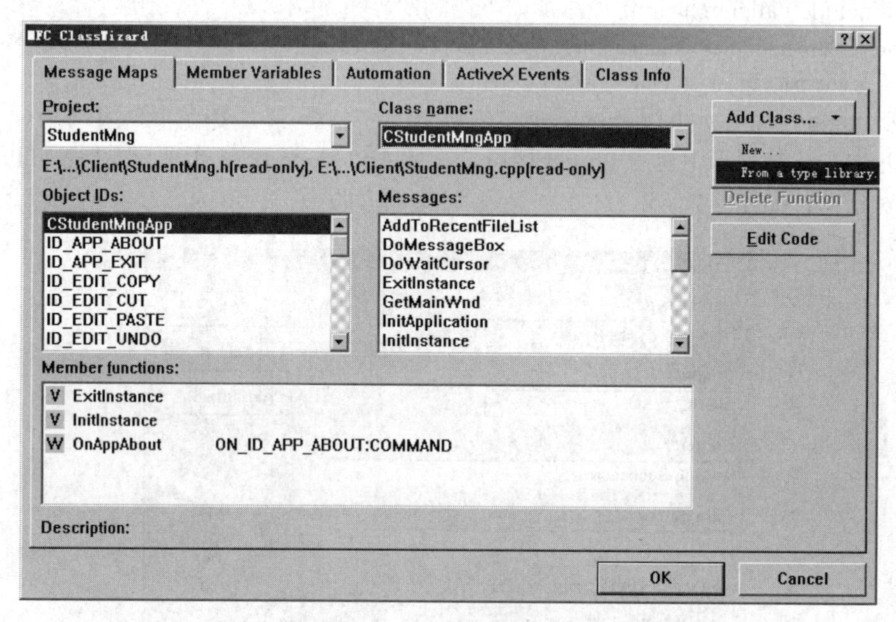

图 5-8　MFC ClassWizard

弹出 Import from Type Library 对话框，如图 5-9 所示。

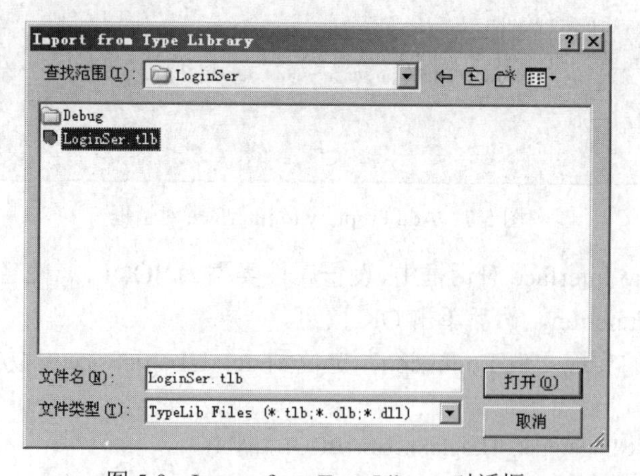

图 5-9　Import from Type Library 对话框

在 Import from Type Library 对话框中，从 LoginSer 工程中找到 LoginSer.tlb 文件，单击“打开”按钮，将添加 loginSer.h 和 loginSer.cpp 两个文件到高校学籍管理系统工程中。在这两个文件中声明了 Login 对象的包装类 ILogin。

2. 访问组件实现登录功能

打开“登录”对话框类的实现文件 LoginDLg.cpp，在其顶部添加如下包含指令：

```
#include "loginser.h"
```

定位到“登录”按钮的单击事件处理函数 OnBtlogin，在该方法中定义 ILogin 对象，并调用其 Login 方法完成身份验证，代码如下：

```
void CLoginDlg::OnBtlogin()
{
    this->UpdateData(true);

    //定义 ILogin 对象
    ILogin itLogin;
    itLogin.CreateDispatch("LoginSer.Login.1");

    //访问 ILogin 对象的 Login 方法
    m_strUN.TrimRight();
    itLogin.Login(m_strUN,m_strPWD);

    //访问 IsLoginSuccess 属性判断是否登录成功
    if(itLogin.GetIsLoginSuccess())
    {
        this->OnOK();
    }
    else
    {
        AfxMessageBox("密码错误，请重新输入！",
            MB_OK|MB_ICONQUESTION);
        m_edPWD.SetFocus();
    }

    //释放 ILogin 对象
    itLogin.ReleaseDispatch();
}
```

编译、运行应用程序，在“登录”对话框输入用户名和密码，单击“登录”按钮，将访问身份验证 COM 组件完成身份验证工作。若身份验证逻辑有所改变，只要接口不变，则只需修改中间层的身份验证组件便可适应新的身份验证逻辑。如用户密码需加密存储，则需要对用户提交的密码进行加密运算后与原始密码进行验证，或还原原始密码进行验证等，这些工作都只需修改身份验证 COM 组件的 Login 方法即可实现。其他组件的设计和实现留给读者作为练习。

参考文献

[1] 邓恩·博克斯. COM 本质论 [M]. 潘爱民，译，北京：中国电力出版社，2001.

[2] 理查德·史蒂文斯. TCP/IP 详解卷 1：协议 [M]. 范建华，译，北京：机械工业出版社，2000.

[3] 理查德·史蒂文斯. TCP/IP 详解卷 2：实现 [M]. 陆雪莹，译，北京：机械工业出版社，2004.